ナノワイヤ最新技術の基礎と応用展開

Nanowires : Fundamentals and Applications

《普及版／Popular Edition》

監修 福井孝志

シーエムシー出版

刊行にあたって

ナノワイヤなどナノメートルスケールでトポロジカルに一次元構造を持つ材料は，古くはウィスカー（髭結晶）と呼ばれて，その結晶構造が克明に調べられてきた。材料は半導体を始め金属，酸化物などあらゆる分野に及んでいる。この一次元構造をデバイスに使おうと最初に試みたのは日立製作所の比留間らのグループで，1990年代にGaAsウイスカーで発光ダイオードを試作した。その後，21世紀に入ってからナノワイヤを用いてデバイスに応用しようとする研究が急速に拡大してきた。電子デバイスではナノワイヤトランジスタ，ワイヤメモリー，光デバイスでは発光ダイオード，レーザーなど，さらに太陽電池からセンサーまで，その特異な構造からくる性質を最大限生かすことで，これまでのデバイスの性能限界を突破しようという動きである。また，半導体ナノワイヤなどでは，その結晶構造を始め物理的性質が変化するものもあり，計算機物理と対比するような基礎的な物性への興味も広がっているとともに，作製方法もいわゆるコアーシェル構造など格段に進歩した。

2000年から2012年にかけて論文数も右肩上がりに伸びており，日本国内でも研究人口が近年大幅に増えている。この機会をとらえて，ナノワイヤ研究分野全体を捉えた著書が，今後の動向を予測するうえでも，重要であることが指摘されていた。そこで，今回ナノワイヤに関する研究を進めておられる方に分担をお願いして本書をまとめることとした。

執筆者の方々にはお忙しい中を短期間に原稿を仕上げていただき感謝を申し上げたい。ナノワイヤの研究が急展開する中，我が国のこの分野において第一線で研究を行っている多くのグループの方々に協力を得て刊行される本書が，研究遂行上の一助となれば，本書を企画し監修に携わったものとして望外の喜びである。

2013年2月

福井孝志

普及版の刊行にあたって

本書は2013年に『ナノワイヤ最新技術の基礎と応用展開』として刊行されました。普及版の刊行にあたり，内容は当時のままであり加筆・訂正などの手は加えておりませんので，ご了承ください。

2019年12月

シーエムシー出版　編集部

執筆者一覧（執筆順）

福井　孝志	北海道大学　大学院情報科学研究科　教授
比留間健之	㈱日立製作所　中央研究所　通信エレクトロニクス研究部 主任研究員
竹田　精治	大阪大学　産業科学研究所　ナノテクノロジーセンター ナノ構造・機能評価研究分野　教授
清水　智弘	関西大学　システム理工学部　助教
小田　俊理	東京工業大学　量子ナノエレクトロニクス研究センター　教授
舘野　功太	NTT 物性科学基礎研究所　量子光物性研究部 量子光デバイス研究グループ　主任研究員
池尻圭太郎	北海道大学　大学院情報科学研究科；㈱日本学術振興会　特別研究員
山口　雅史	名古屋大学　大学院工学研究科　電子情報システム専攻　准教授
原　真二郎	北海道大学　量子集積エレクトロニクス研究センター　准教授
岡田　龍雄	九州大学　大学院システム情報科学研究院　教授
中村　大輔	九州大学　大学院システム情報科学研究院　准教授
本久　順一	北海道大学　大学院情報科学研究科　教授
深田　直樹	㈱物質・材料研究機構　国際ナノアーキテクトニクス研究拠点（MANA） 無機ナノ構造物質ユニット　半導体ナノ構造物質グループ グループリーダー

河　口　研　一　㈱富士通研究所　次世代ものづくり技術研究センター
シニアリサーチャー

荒　川　泰　彦　東京大学　ナノ量子情報エレクトロニクス研究機構　機構長・教授；
生産技術研究所　光電子融合研究センター　センター長・教授

有　田　宗　貴　東京大学　ナノ量子情報エレクトロニクス研究機構　特任准教授

舘　林　　　潤　東京大学　ナノ量子情報エレクトロニクス研究機構　特任助教

八　井　　　崇　東京大学大学院　工学系研究科　電気系工学専攻　准教授

秋　山　　　亨　三重大学　大学院工学研究科　物理工学専攻　助教

広　瀬　賢　二　日本電気㈱　スマートエネルギー研究所　主任研究員

小　林　伸　彦　筑波大学　数理物質系　物理工学域　准教授

岸　野　克　巳　上智大学　理工学部　教授

和　保　孝　夫　上智大学　理工学部　情報理工学科　教授

冨　岡　克　広　北海道大学　大学院情報科学研究科；量子集積エレクトロニクス研究
センター，㈱科学技術振興機構　さきがけ専任研究者

柳　田　　　剛　大阪大学　産業科学研究所　極微材料プロセス研究分野　准教授

吉　村　正　利　北海道大学　大学院情報科学研究科；㈱日本学術振興会　特別研究員

執筆者の所属表記は，2013年当時のものを使用しております。

目　　次

序章　ナノワイヤ研究の最新動向　　福井孝志

【第Ⅰ編　成長】

第1章　ナノワイヤ成長の概論　　比留間 健之

第2章　VLS シリコンナノワイヤ成長　　竹田精治

第3章　テンプレート成長法について　　清水智弘

第4章　VLS Ge ナノワイヤ成長　**小田俊理**

第5章　VLS 法によるⅢ-Ⅴ族ナノワイヤ成長　**舘野功太**

第6章　選択成長法によるⅢ-Ⅴ族化合物半導体ナノワイヤ　**池尻圭太郎，福井孝志**

第7章　Ⅲ-Ⅴナノワイヤ on Si　**山口雅史**

第8章　強磁性体／半導体複合ナノワイヤ　　原　真二郎

第9章　ZnOナノワイヤ成長　　岡田龍雄，中村大輔

【第Ⅱ編　物性・理論】

第1章　光物性　　本久順一

第2章　ドーピング　　深田直樹

第３章　径方向量子井戸・量子ドットナノワイヤ構造と光学特性

河口研一

第４章　ナノワイヤ量子ドットの光学特性

荒川泰彦，有田宗貴，舘林　潤

第５章　ZnOナノロッド量子井戸構造を用いたナノフォトニックデバイスの進展

八井　崇

第６章　形成機構計算

秋山　亨

第７章　熱伝導，熱電性能

広瀬賢二，小林伸彦

【第Ⅲ編 デバイス】

第1章 GaN ナノコラム発光デバイス　岸野克巳

第2章 回路応用　和保孝夫

第3章 ナノワイヤのトランジスタ応用　冨岡克広

第4章 ナノワイヤを活用した不揮発性メモリ―ナノワイヤメモリスタ―　柳田 剛

第５章　Ⅲ-Ⅴ族化合物半導体ナノワイヤ太陽電池　福井孝志，吉村正利

序章　ナノワイヤ研究の最新動向

福井孝志*

近年，ナノワイヤあるいはナノロッドという名称で呼ばれる，ナノメートルスケールの断面寸法を持つ，自立型の一次元細線構造が，ナノエレクトロニクス・ナノフォトニクスの基本構成要素となる新しいナノ材料として注目を集めている。これらのナノワイヤは，主に金属微粒子の触媒を用いた気相-液相-固相成長機構により，細線構造が自発的に形成されることを利用している。この方法は古くから知られていたが，1990年代に比留間らがその微小なサイズに注目し，有機金属気相成長装置を用い，金触媒を蒸着したGaAs基板に対して，GaAsあるいはInAsを成長させることにより，ウイスカーを形成した。そして，それらを量子細線として応用し，ヘテロ構造の作製や，pn接合形成，マスク基板を用いた選択的形成，プレーナ構造形成など，いくつもの先駆的な研究を行った[1)]。彼らの研究は当時注目を集めなかったが，その後，シランガスの化学気相堆積によるナノサイズのSiウイスカーの形成，そしてレーザーアブレーションを用いたSiおよびGeナノワイヤの作製など，ナノテクノロジーとそのボトムアップ的手法による様々なナノワイヤの研究が活発化した。現在，さまざまな材料系でナノワイヤの成長が報告されており，また，その形態も，ヘテロ構造，コアーシェル構造，枝分岐構造など多岐にわたっている。応用面でも，電界効果トランジスタ，単電子素子，ナノワイヤにより構成した論理回路，発光ダイオード，レーザー，光検出器，センサー，太陽電池など，ナノスケールの電子・光素子応用において，さまざまな観点で研究が進められている。特に2000年以降に「ナノテクノロジー」が科学技術の重点課題と目されるようになってから，ナノワイヤの研究が世界中で活発化している。図1は，Web of Scienceで検索した論文数であるが，半導体，誘電体，金属などあらゆる材料系を含めると4万5千編にものぼり，右肩上がりで直近の2011年においても依然として増加傾向にある。主な国は中国，米国であるが韓国と日本も活発に研究が進められており，日本の論文数も図2のように増加傾向にある。

研究内容は，大きく分けてナノワイヤ作製，物性，デバイス応用であるが，作製関連では特に半導体に関して，結晶成長機構，結晶構造相転移が詳細に調べられている。やや少数派であるが，物性では，一次元伝導，一次元材料固有の光物性などである。ただ，最近では成長機構，物性などは横ばい状態で，デバイスの研究が最も活発であり，応用面での期待感も大きい。

類似の研究と比較すると，例えばカーボンナノチューブは，1990年代から研究人口も増えて研究が活発化しており，おおむねナノワイヤ研究より10年早い。2000年代に入り合成法よりも

＊　Takashi Fukui　北海道大学　大学院情報科学研究科　教授

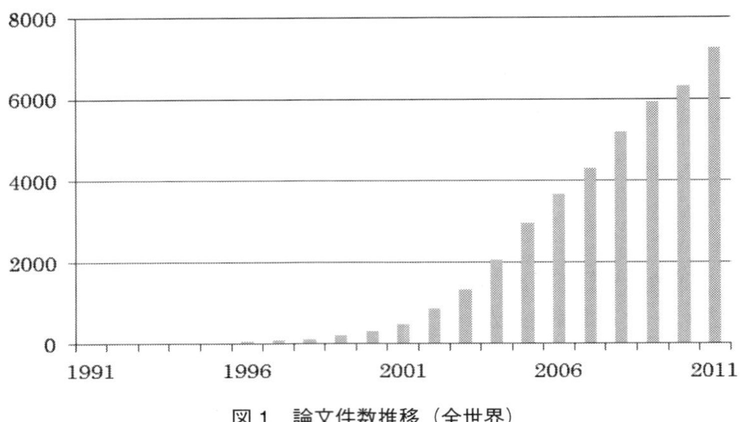

図１　論文件数推移（全世界）

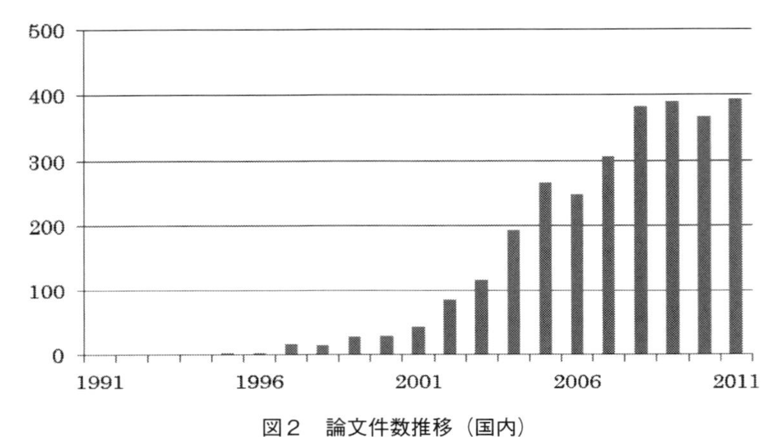

図２　論文件数推移（国内）
Web of Science より「タイトル」,「抄録」,「著者キーワード」内に
“nanowire” または “nanowires” を含む文献を検索

応用研究に全体としてシフトしているが，決定的な応用分野（キラーアプリケーション）はまだない。また突如現れたグラフェンに研究人口の多くが移っているのが現状かと思われる。対照的な例としてやはり 1990 年代に大きく進展した窒化物系半導体は，青色発光ダイオードから現在ではパワーデバイスまで応用面でも実用的なデバイスとして研究が進んでいる。

このような視点でナノワイヤに関してみると，2012 年の時点で窒化物半導体における青色発光ダイオードのような，いわゆるキラーアプリケーションはまだない。ただ今後の推移を予測してみると，いくつかの突破口の可能性が見いだせる。まず，シリコン基板を使ったⅢ-Ｖ半導体ナノワイヤの進展である。半導体集積回路の進歩は，最近まで加工最少寸法の低減により集積度を向上させてきた，いわゆるムーアの法則が最近破綻してしまった。これは単に加工寸法の低減の限界ばかりではなく，発熱量の問題も深刻になったためである。そこで材料自体がシリコンより高い移動度を持ち，サブスレッショールド領域と言われる，従来よりも低い電圧駆動で動作するトランジスタ構造が模索された。その一つの候補としてシリコン基板上のⅢ-Ⅴ族半導体ナノワイヤトランジスタがあげられる[2)]。詳細は，本書の冨岡克広博士の解説（第Ⅲ編第3章）に委ねるが，全世界で20兆円のマーケットを持つといわれるシリコン集積回路の次世代モデルの有力候補としてⅢ-Ⅴ族半導体ナノワイヤトランジスタに大きな期待が持てる。

発光デバイス応用としては，ナノ構造特有の効果としてRGB（赤緑青）フルカラーのナノワイヤ発光ダイオードが，期待が持てる。岸野教授のグループでは，ナノ領域において寸法をわずかに変えることで，一個の発光ダイオードのなかで，多色発光を実現している（第Ⅲ編第1章）[3)]。ワイヤアレイの特徴をそのまま生かしており，コスト面をうまくカバーできれば，将来的には白色光源などのマーケットも大きいだけに期待もかかる。発光ダイオードは，古くて新しい研究開発分野であり，特に液晶ディスプレイのバックライトばかりでなく，電球，蛍光灯に代わる光源となる可能性もある。

グリーンイノベーションの代表格である太陽光発電に関しても，ワイヤアレイの形状からくる反射率の低減，さらにに格子不整合に対して条件が緩和されることを利用すれば，タンデム構造も従来のような格子整合条件を満たさなくてもよい組み合わせを選ぶことが可能となり，太陽エネルギー変換効率50％以上も十分実現可能である[4)]。さらに，電力源として用いるためには広大な面積が必要となるが，ワイヤ部分だけを剥離して用いることも可能なために，原料が通常の薄膜型に比較しても2桁程度下げられる。いずれも現時点では，計算上の数値でしかないが，コストを抑える技術開発があれば，将来的なポテンシャルは充分ある（第Ⅲ編第5章）。

センサーに関しては，ワイヤの表面を使えば，例えばDNAなどが吸着して伝導度変化を起こす場合でも，面でセンシングする場合と比較して，伝導度変化ははるかに大きく，そのぶん高感度になる可能性はある。この他にもワイヤの形状，固有の物性を利用したデバイスの提案と実証実験が数多く進められている。それとともに，作製方法にも工夫が必要であり，特にワイヤ部分だけ剥離することで，フレキシブル素子応用なども試みられており，今後の研究の進展が待たれる。

文　　献

1) K. Hiruma, *et al.*, *J. Appl. Phys.*, **77**, 447 (1995)
2) K. Tomioka, M. Yoshimura, T. Fukui, *Nature*, **488**, 189 (2012)
3) J. Kamimura, K, Kishino, A. Kikuchi, *Appl. Phys. Lett.*, **97** 141913 (2010)
4) T. Fukui, M. Yoshimura, E. Nakai, K. Tomioka, *AMBIO* **41** (Suppl. 2), 119 (2012)

【第Ⅰ編　成長】

第1章　ナノワイヤ成長の概論

比留間 健之*

1　はじめに ―ナノワイヤのルーツ：ホイスカー―

私達は半導体，金属，そして絶縁体等，いろいろな材料で猫のヒゲのように細長い繊維をホイスカー（whisker）と呼んできた。猫の他にも，狼，鼠，ライオン，虎，オットセイ等，さまざまな哺乳動物にホイスカーは生えている。動物に見られるホイスカーの一般的な特徴としては体毛（fur）よりも硬くて丈夫な点が挙げられる。動物以外の分野において，私達のくらしを支えるエレクトロニクスとホイスカーとの関係は1948年初めに遡る。当時，米国ベル電話会社の電話回線において原因不明の故障が発生していた。故障は電話回線幹線システムを構成する多チャネル伝送ラインにおける周波数帯保持用フィルター回路の短絡による不具合であり，同じ故障が数回にわたってくりかえし発生した。ベル研究所では不具合が発生したフィルター回路を詳細に検査した。その結果，部品として組み込まれている可変空気コンデンサの極板部とわずかな隙間を隔てて固定された金属板のメッキ面との間を短絡している非常に細い金属繊維（ホイスカー）が見つかった。この電話回線故障に端を発し，関連するホイスカーの発生や成長条件を色々と調べた報告[1]が発表されて以降，各種の金属ホイスカーに関する研究論文が現れはじめている。HerringとGaltは太さ1μm，長さ数mmの錫ホイスカーについて，曲げ変形による歪耐性がバルクから予想される値に比べて2桁も大きいことを発見した[2]。Herring達の報告を契機として，ホイスカーに対する関心が一気に高まったと見られる。鉄のホイスカーはその機械的（引張）強度がバルクの値より約2桁大きく完全結晶の強度に近いことから複合強化材料として期待された[3]。セラミックの一種アルミナ（Al_2O_3）においてもホイスカーになるとバルクの場合よりも強度が増すことがわかった[4]。ホイスカーの機械的強度と成長機構に関する探究心からか1950年代には，錫[5]，水銀[6]，銅[7]等の金属，そして半導体Si[8]の力学的性質に関する論文報告も確認できる。

本章では半導体製造技術の視点で，ナノワイヤの成長に関する概要を述べる。なお1950年代以降，今日までに出版された原著論文では，形態を表す記述法として繊維状結晶，ホイスカー，ナノワイヤ，ナノコラム等色々な呼び方が使われており，本章の中でも原著論文に従った呼び方をするが意味するところは同じである。

＊　Kenji Hiruma　㈱日立製作所　中央研究所　通信エレクトロニクス研究部　主任研究員

2　ホイスカーからナノワイヤへ

1950年代には，半導体，絶縁体，そして金属も含めてホイスカーの成長には中軸ラセン転位，不純物のいずれかがトリガーになっていると推測されていたが，詳細は未解明のままだった。1964年，米国ベル研究所のWagnerとEllisによるSiホイスカーの気相-液相-固相（Vapor-Liquid-Solid：VLS）成長法がApplied Physics Lettersに掲載された[9]。彼らはホイスカーの成長にはAuなどの不純物が必要であることを実験的に確認している。1980年代までの論文ではSiの他にGaP[10]，GaAs[11]，Ge[12]等の成長機構，結晶形態，そして材料強度学的特性に関する議論がほとんどを占める。数少ないながら電子物性という視点から半導体材料としてSiホイスカーの受光特性[13]，ダイオード特性[14]を調べた論文もある。しかし，これら論文が発表された当時の半導体加工技術レベルから推測すると，Siホイスカーに電極を形成すること自体が困難であったためか，実際に二端子電極を形成して電気特性を測定したSiホイスカーで太さは1 μm以上であり[13]，量子効果が観測可能な100nm以下の太さの素子作製までには至らなかったと見られる。

1990年代までにはホイスカーの成長機構に関して，⑴格子欠陥に由来する中軸ラセン転位，⑵触媒物質が関与するVLS，そして⑶界面歪応力の3つが考えられていた。⑵のVLS成長については，Si，Ge，GaAs，InP，…等各種半導体に適用され，論文報告数が非常に多い。1990年代後半には，選択成長によるナノワイヤの形成，格子歪系異種材料接合の形成におけるナノワイヤ（ナノコラム）の発生という新たな現象も報告された。以下，ナノワイヤのいろいろな成長法，成長機構について概要を紹介する。

3　ナノワイヤの成長機構

3.1　中軸ラセン転位による成長

中軸ラセン転位による成長とは，基板表面に存在する転位など結晶欠陥が原因となって，その転位を起点にラセン状に結晶成長が進行しナノワイヤが形成されるというモデルである[3,15]。図1に中軸ラセン転位によるナノワイヤ成長モデルを模式的に示す。図1⒜は，基板表面に存在する結晶のラセン転位のまわりに原子のステップ（段差）が形成され始めている様子である。気相（液相）からナノワイヤの原料を供給するとラセン転位のまわりの原子ステップに沿って原料原子が付着しステップが前進していく。この過程が進行するとラセン状に膜が積層され，次第に柱状となりナノワイヤが成長する（図1⒝）。この場合，ラセン状に成長したナノワイヤの中心には基のラセン転位による痕跡が残っているはずであり，ナノワイヤの透過電子顕微鏡観察を行うと中心軸に沿って中軸転位といわれる1本の転位線が観測される。DrumはAlN繊維状結晶の気相成長を行い，成長した試料の透過電子顕微鏡観察によりこの中軸転位の存在を確認している[16]。また，Webbは溶液からNaClホイスカーの成長を行い，成長したホイスカーのX線回折

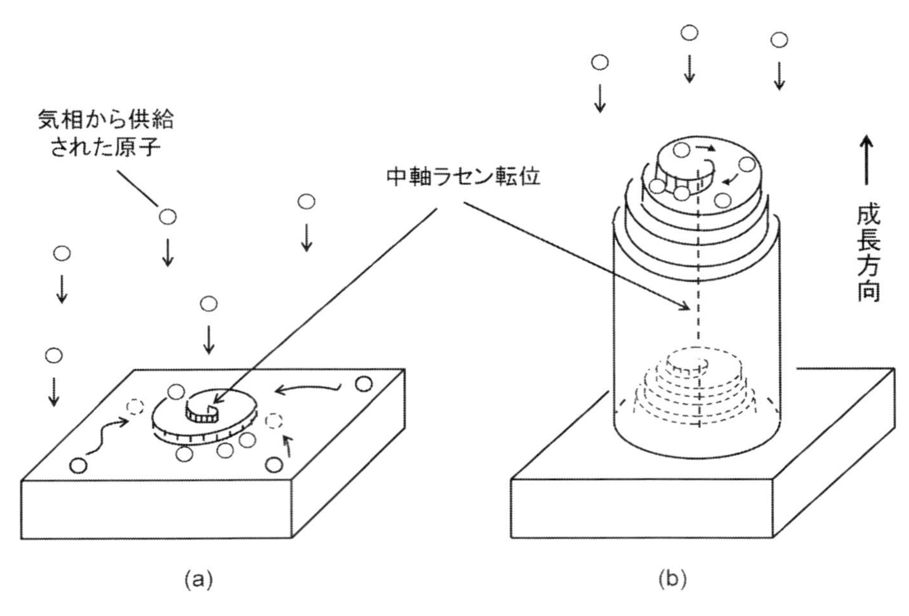

図1　中軸ラセン転位によるホイスカー成長の模式図
(a)成長初期，(b)中軸ラセン転位を含んで成長した後。

から中軸ラセン転位を確認している[17]。しかし，Drum，Webbの報告以降，中軸ラセン転位によるナノワイヤの成長に関する報告は見当たらない。

3.2　気相-液相-固相（Vapor-Liquid-Solid）成長

気相-液相-固相（Vapor-Liquid-Solid：VLS）成長法は，WagnerとEllisによる新奇な発明と言える[9]。彼らはAuを触媒材として用いSiホイスカーの気相成長を行った。一連の成長実験からSiホイスカーの成長には，中軸ラセン転位は不用であり，不純物が必要であると彼らは主張している。VLS成長法は，リソグラフィーを使用せずに太さ数10nmのホイスカーが成長できることから，現在でも論文報告数が非常に多い。図2にSiのVLS成長の原理を模式的に示す。Wagnerらの論文によれば，Si基板(111)表面にAu粒子を付着し，950℃にて加熱するとAuとSiの合金化反応によるAu-Si合金液滴が形成される。HansenによるAu-Si二元合金系の相図によれば，Auは1063℃，Siは1404℃に融点があるが，Auに対するSiの原子濃度が31%付近では，370℃において両者は溶け合い共晶合金（eutectic alloy）を形成する[18]。この共晶合金付近の濃度において，Au-Si合金は370℃よりも低温側で固体，これよりも高温側で液体（液滴）になっていると考えられる。今，基板を950℃に加熱した状態で，気相から原料ガス$SiCl_4$を基板表面に供給すると，Au-Si合金液滴に付着したSi原子（Au-Siの触媒効果により$SiCl_4$ガスの熱分解が促進され，Si原子が解離すると考えられる）は，液滴内に吸収される。Au-Si合金液滴内部におけるSi濃度が過飽和な状態になると，合金液滴とSi基板との界面にSiが析出し堆積

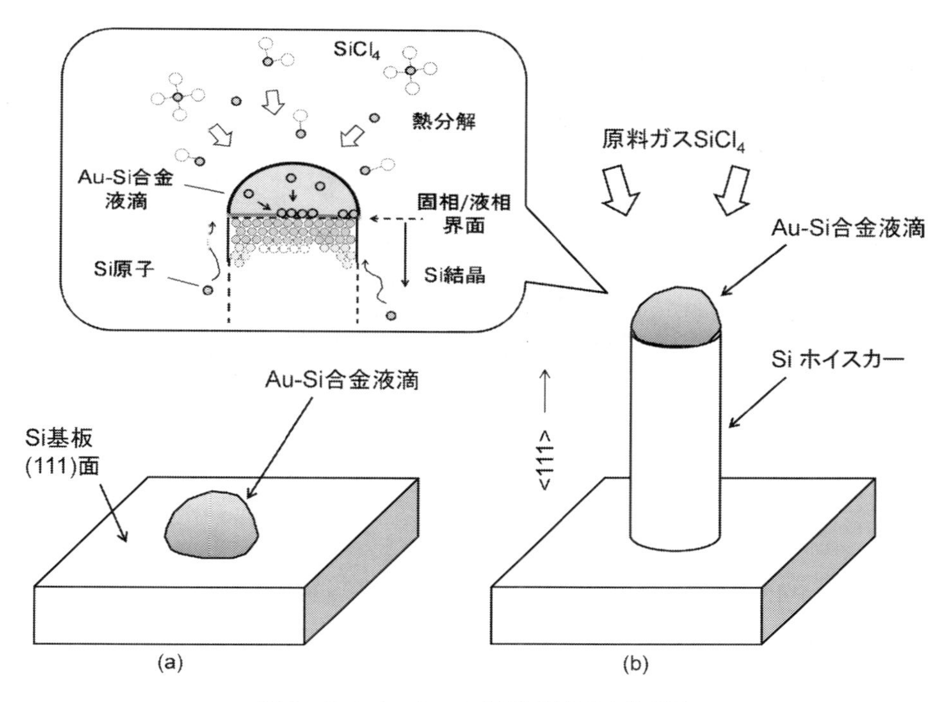

図2　Si ホイスカーの成長過程を示す模式図
(a) Si(111) 基板表面に形成された Au-Si 合金液滴，(b)〈111〉方向に成長した Si ホイスカー。
挿入図は Au-Si 合金液滴とその周囲における反応の様子を模式的に描いたもの。

していく，すなわち Si の結晶成長が起こる。Wagner らの論文に掲載されている Si ホイスカーの電子顕微鏡像によれば，成長したホイスカーの最小太さは 100nm，長さは 2 μm の程度と読み取れる。また，Wagner らは論文の中で Au 以外の不純物として Pt，Ag，Pd，Cu，Ni を用いた場合も同様な結果を得たと記載している。

Laverko らは Ge 基板(111)面上へ GaAs を膜成長した際に，GaAs ホイスカーも同時に成長したと報告している[19]。彼らによれば，GaAs の成長中に Ge 基板上に供給された Ga が局所的に過剰となって Ga 液滴が形成され，GaAs ホイスカーの VLS 成長が発現したとしており，Wagner らによる Si ホイスカーの成長で使われた Au 等の外来不純物は使用していない。従って，この場合は VLS 成長における自己触媒効果によってホイスカーが成長したものと解釈できる。

筆者らは 1990 年代以降，有機金属気相成長（MOVPE）法を用いて，Au を触媒にした GaAs，InAs，AlGaAs ホイスカーの成長と素子化応用を試みた[20]。図 3 に成長した GaAs ホイスカーの電子顕微鏡像を示す[21]。ここで GaAs ホイスカーの成長は次のように行った。まず，GaAs(111) B 面基板上に真空蒸着により Au を付着する。次に，H_2 と AsH_3 雰囲気中で基板を例えば 400℃ にて 10 分間加熱する。この加熱工程では，基板の GaAs と Au とが合金化反応を起こし Au-Ga，ないしは Au-Ga-As 合金が形成されるものと推測される。ただしここで，As は Au，Ga

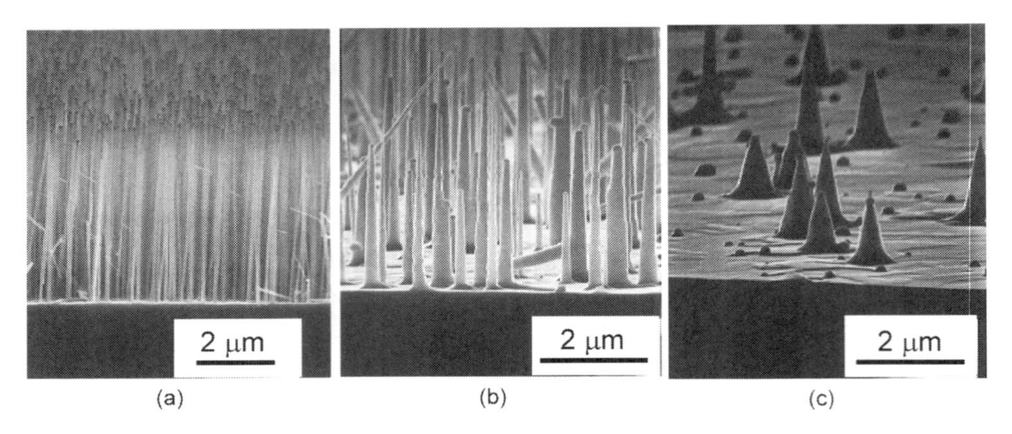

図3　GaAs(111)B 基板表面上に成長した GaAs ホイスカーの電子顕微鏡像[21]
成長温度は，(a)420℃，(b)460℃，(c)520℃。

に比べて蒸気圧が10桁も高いこと，MOVPE工程ではGaAs結晶表面からのAs脱離を防止するためにAs供給圧力をGaに対して相対的に過剰（即ち成長中の圧力比でAs/Ga>1）にしていることから，気相中および合金内共にAs/Ga>1という仮定をする。そうすると，Ga供給量が成長速度を支配する単純なモデルで考えることができる。Au-Ga-As三元系合金の相図を用いたモデル[22]も報告されているが，ここでは単純にHansenによるAu-Ga二元合金系の相図[23]を参照する。その相図によれば，340℃付近にてAu-Gaの共晶合金液滴が形成される。MOVPEにおいてH_2とAsH_3の雰囲気下，例えば420℃で基板加熱中に有機金属原料トリメチルガリウム（$(CH_3)_3Ga$）を供給するとAu-Ga合金液滴部に付着した（$(CH_3)_3Ga$）は合金の触媒効果により，熱分解が促進されGa原子が遊離してAu-Ga合金液滴に吸収される。気相中から合金液滴内に吸収されたGa原子濃度が過飽和な状態になると基板側のGaAs結晶表面にGaが析出（付着）し，Asと結合してGaAsのエピタキシャル成長，すなわちホイスカーが成長する。図4にはGaAsホイスカーの太さについて成長時間，成長温度依存性をプロットしてある。図3および図4からわかるように，成長温度が高くなるとホイスカーの形状は円筒形から円錐形に変化していく。また，成長時間とともに太さも増加することがわかる。太さが増大する，あるいは円錐形になる要因としては，温度上昇とともにホイスカー側面における膜成長速度が長さ方向の成長速度に対して相対的に大きくなるためである。

VLS成長法は気相から原料を供給するホイスカーの成長方法であるが，Trentlerらは溶液中で原料を供給するホイスカー成長法として，溶液-液相-固相（Solution-Liquid-Solid：SLS）成長法を報告している[24]。この成長法では約200℃の溶液中でGaAs，InP，InAsの成長が確認されている。

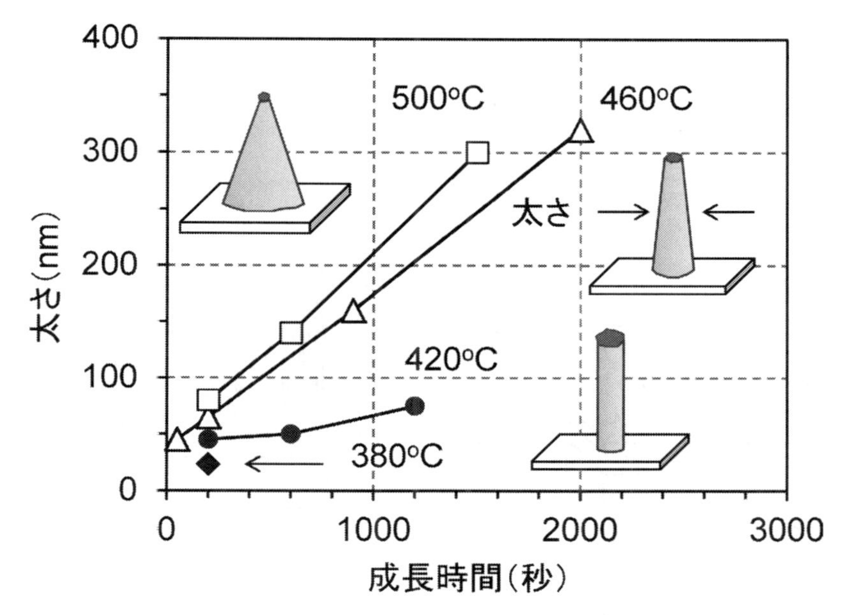

図4　GaAs ホイスカー太さの成長時間依存性を示すグラフ[21)]
太さは成長したホイスカー長さの中間位置で計測した値をプロットした。
挿入図はホイスカー形状の成長温度依存性を示す。

3.3　ナノワイヤの選択成長

MOVPE による InP，GaAs，InAs からなる2元系材料の選択成長，更に InGaAs，InGaP など3元系，そして4元系材料 InGaAsP の選択成長は，半導体レーザ（LD）の光導波路活性層や電界効果トランジスタ（FET）のソース・ドレイン部形成に利用されている。こうした素子形成用には（001)面基板を使用し，選択成長用マスクとして SiO_2，SiN を利用する。LD，FET 構造は基板面に並行に作製するプレーナ型が量産されてきたため，選択成長部も基板面に並行にプレーナ型に形成するのが従来の技術だった。しかし，基板面を（001)面のかわりに（111)B（または（111)A)面にし，かつ選択成長用のマスク開口部サイズを縦横共に数 100nm 以下にすると基板表面から外へ，〈111〉方向へ伸びるナノワイヤの成長が可能となる[25)]。この選択成長によるナノワイヤの成長は触媒物質を使わない方式であるから，結晶成長速度の面方位依存性がその形状と寸法を決めるパラメータとなる。図5は，選択成長による半導体ナノワイヤの形成工程を示す模式図である。最初に GaAs(111)B 面上に SiO_2 マスクパタンを形成する（図5(a))。次に，MOVPE により GaAs 原料を供給するとマスクパタン開口部から GaAs ナノワイヤが〈111〉B 方向に成長する（図5(b))。また図6には，GaAs(111)B 面基板上への GaAs 選択成長において，SiO_2 マスク開口部サイズが 100nm の場合（図6(a)）と，1 μm の場合（図6(b)）で，成長した GaAs 結晶部の形状がどのように違うかを示す電子顕微鏡像，および成長した結晶の外観模式図を示す[26)]。マスク開口部サイズが1 μm の場合は，成長した GaAs は（111)結晶軸周りに3回対象性を有する平坦な多面体である。一方，マスク開口部サイズが 100nm の場合，成長した

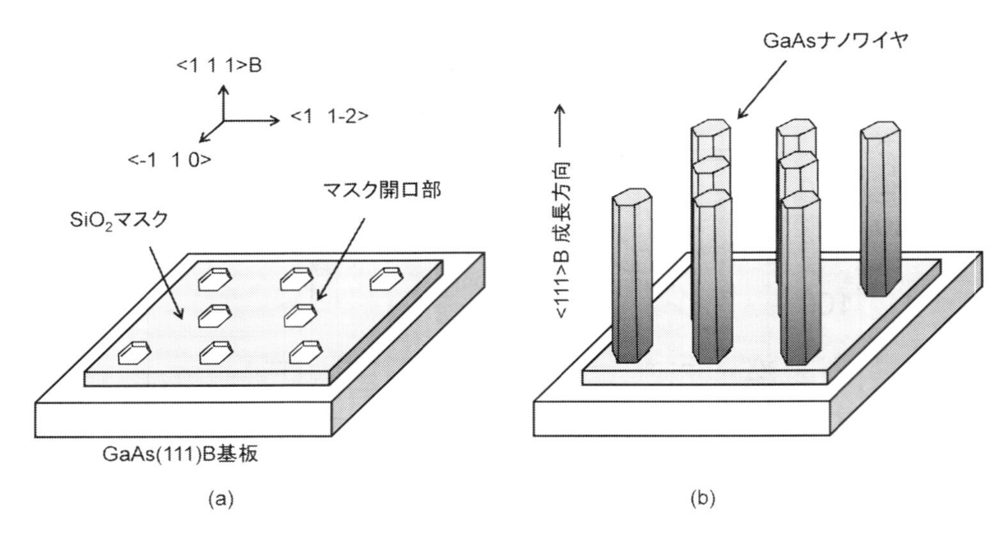

図５　選択成長法による GaAs ナノワイヤの成長前後の様子を示す模式図
(a)成長前，GaAs(111)B 基板表面には SiO_2 マスク開口部パタンが形成されている。(b) SiO_2 マスク開口部から〈111〉B 方向に成長した GaAs ナノワイヤの外観模式図。

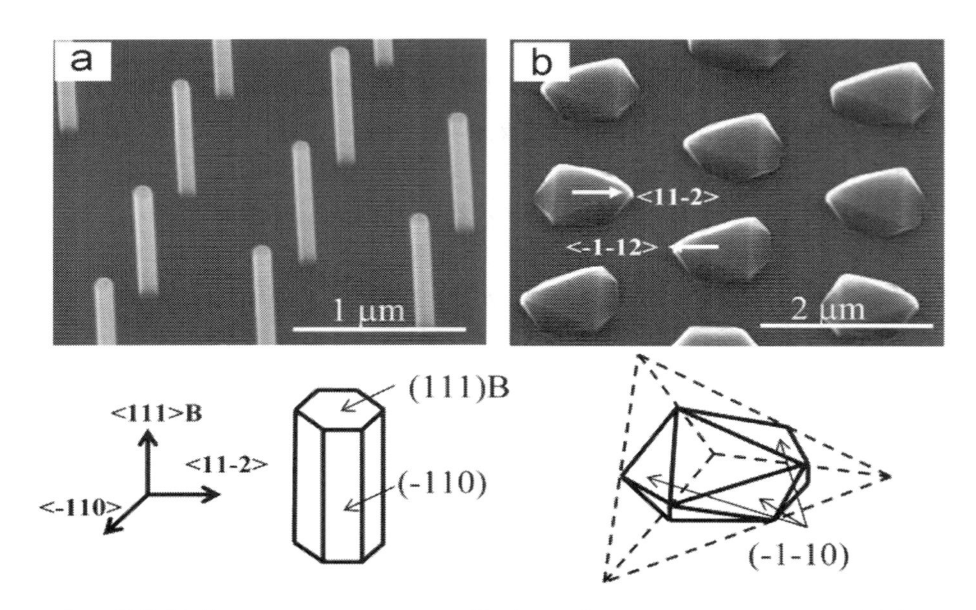

図６　選択成長法により SiO_2 マスクパタン開口部から成長した GaAs 結晶の電子顕微鏡像，および結晶の外観形状と面方位を示す模式図[26)]
マスク開口部サイズは(a) 100nm，(b) 1 μm。

GaAs は〈111〉B 方向に細長い柱状のナノワイヤとなることがわかる。選択成長法は，基板上でナノワイヤの成長位置を制御できる他，成長に触媒物質を使用しない点で不純物汚染の心配がないという特長があり，不純物濃度が $10^{15}cm^{-3}$ 以下の高純度結晶層を素子構造に採用することが必要な場合に優位性を発揮すると見られる。

3. 4　ナノワイヤ成長における原料原子の表面拡散効果

基板上へのナノワイヤの VLS 成長，選択成長，そして後述する格子歪系成長のいずれの場合にも，成長初期の短いナノワイヤから出発して，時間の経過に従ってナノワイヤがある長さ以上になると，その成長速度は一定値に漸近すると考えられる。Sears は，Hg ホイスカー（ナノワイヤ）の気相成長において，気相からナノワイヤの側面に付着した原子は，表面拡散によってナノワイヤ先端部へ移動し，そこで結晶に取り込まれてナノワイヤの成長に寄与するというモデルを提唱した[27)]。Ikejiri は GaAs ナノワイヤの選択成長における長さ方向の成長速度の解析を行い，成長初期の非線形な振る舞いを議論している[28)]。図７に長さ方向の成長機構を理解するためのモデルを模式的に示す。図７で，気相中から供給された原料原子は，①ナノワイヤの頂点に直接入射しそこで結晶に取り込まれる，または，②ナノワイヤの側面を這い上がって頂点に達しそこで結晶に取り込まれる，の２通りが考えられる。ここで，②のナノワイヤの側面を這い上がる，即ち拡散によって移動する原子は，拡散長 λ で与えられる範囲に存在するもののみが頂点に到達できる。ナノワイヤの成長初期（図７(a)），拡散長 λ よりも長さ h が短く，また，隣同士のナ

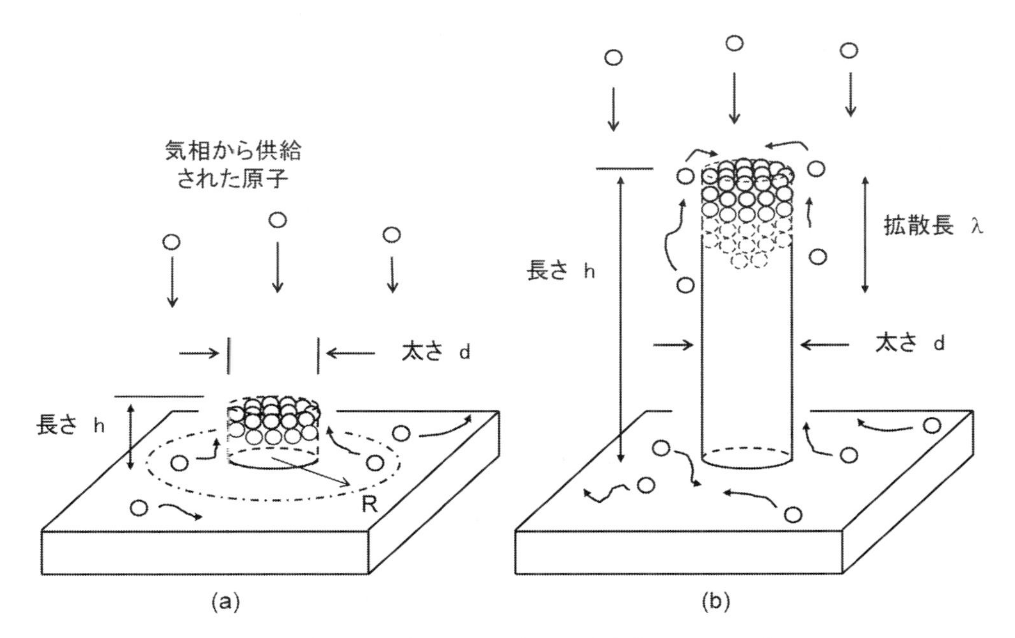

図７　ホイスカー（ナノワイヤ）の軸方向成長を示す模式図
(a)ナノワイヤの長さ h が原料原子の拡散長 λ よりも短い場合，(b)長さ h≫ λ の場合。

ノワイヤの間隔がλよりも十分に長く，更に，根元から半径Rの範囲の基板表面に存在する原子もナノワイヤ（太さd）の頂点に向かって拡散で移動する（$\lambda \sim R+h$）場合には，長さ（h）は時間（t）に対して非線形な依存性を示す。すなわち，

$$h \sim exp(C_1 t/d) \tag{1}$$

と近似できる。

ここで，C_1は原料の取り込みに関係する定数である。

しかし，長さhが拡散長λよりも大きくなる（図7(b)）と，ナノワイヤの頂点に気相から直接入射する原子と，頂点から下のナノワイヤ側面で長さλまでの範囲に存在する原子とが共に成長に寄与し，成長速度は一定値に漸近する。この場合，長さhは以下のように近似できる。

$$h = (C_2 \Phi + C_3 \lambda / d)\, t \tag{2}$$

ここで，Φはナノワイヤ頂点に気相から直接入射する原料原子のフラックス，C_2，C_3は原料がナノワイヤに取り込まれる係数である。

3.5　異種材料接合におけるナノワイヤ成長

基板結晶の格子定数とナノワイヤの格子定数が異なる異種材料同士の結晶成長においては，触媒材料，あるいは選択成長用マスクを使用せずにナノワイヤ成長が発現する場合がある。薄膜成長では，基板表面に供給された原料原子は拡散によって表面移動し，いくつかの原子同士が結合して膜の基になる成長核を形成する。この成長核は1原子（1分子）相当の厚さを有する島状であり，島の端には原子の段差（ステップ）が存在する。原料原子を供給し続けると，このステップに次々と原子が付着して島に取り込まれる過程を繰り返す。島は次第に面積が拡大し，隣同士および近隣の島同士が合体する過程を経ながら膜が形成されていく。ナノワイヤが成長する場合，(a)基板の加熱過程でVLS成長の自己触媒となる原料の液滴が形成される，あるいは(b)基板表面における原料原子の拡散が不十分で，成長核を形成しても島の形成や膜の形成には至らない条件が発現する，の2通りが考えられる。(a)については，3.2で説明した。(b)の場合は次のように考えられる。すなわち，成長核が形成された後，次に新たに付着する原料原子は表面エネルギーを小さくするように〈111〉方向に平行で安定な格子位置に取り込まれる。この過程が進行していくと次第に〈111〉方向の柱状（columnar）構造が形成される。原料原子の拡散距離が非常に短い場合には，3.4で述べた拡散長λがほぼゼロの場合に相当し，ナノワイヤの長さ方向の成長速度は，気相からナノワイヤ頂点へ直接入射する原料フラックスの供給速度で近似される。VLS成長ではなく，また選択成長でもない異種材料接合におけるナノワイヤ成長の例として，分子線エピタキシーによるSi基板，あるいはサファイヤ基板上へのGaNナノワイヤの成長が報告されている[29,30]。また，MOVPEによるサファイヤ基板上へのZnOナノワイヤ成長も報告されている[31]。

従来，異種材料接合による薄膜結晶成長では，基板と成長膜との格子定数の差により，臨界膜厚を超えると成長界面に転位が発生し結晶の品質が低下するという心配がある。しかし，これまでに述べてきた色々な成長法で，ナノワイヤ構造とすることにより転位密度を低減できれば，結晶品質の劣化を緩和でき，新たなナノ構造素子の創成も期待できる[32]。

4　まとめ

半導体技術の視点からナノワイヤ成長の概論を述べた。成長現象の観察，成長機構の解明，そして新たな成長方法の考案に至るまで，過去60年間の経緯を概観した。2000年以降，ナノワイヤ成長はそれ自体が半導体ナノサイエンスとも言える研究分野を形成するまでに至っている。結晶成長によってナノワイヤを形成する利点は，加工損傷の無い半導体表面を得られる，更にp-n接合，ヘテロ接合など構造制御も可能という点で産業応用への期待も膨らんできている。

文　献

1)　K. G. Compton *et al., Corrosion,* **7**, 327 (1951).
2)　C. Herring *et al., Phys. Rev.,* **85**, 1060 (1952).
3)　金子聡，ひげ結晶，共立出版 (1993).
4)　藤木良規ほか，ウイスカー，産業図書 (1993).
5)　F. C. Franc, *Phil. Mag.,* **44**, 854 (1953).
6)　G. W. Sears, *Acta Metallurgica,* **1**, 457 (1953).
7)　S. S. Brenner *et al., Acta Metallurgica,* **4**, 89 (1956).
8)　R. L. Eisner, *Acta Metallurgica,* **3**, 414 (1955).
9)　R. S. Wagner *et al., Appl. Phys. Lett.,* **4**, 89 (1964).
10)　M. Gershenzon *et al., J. Electrochem. Soc.,* **108**, 548 (1961).
11)　E. I. Givargizov *J. Cryst. Growth.,* **31**, 20 (1975).
12)　G. A. Boostma *et al., J. Cryst. Growth,* **10**, 223 (1971).
13)　A. A. Shchetinin *et al., Measurement Technique,* **21**, 502 (1978).
14)　E. Komatsu *et al., Appl. Phys. Lett.,* **10**, 42 (1967).
15)　吉田和彦，日本金属学会編，金属物性基礎講座　第17巻 結晶成長 第8章，p.315，丸善 (1975).
16)　C. M. Drum, *J. Appl. Phys.,* **36**, 816 (1965).
17)　W. W. Webb, *J. Appl. Phys.,* **31**, 194 (1960).
18)　M. Hansen, "Constitution of binary alloys", p.232, McGraw-Hill (1958).
19)　E. N. Laverko, *et al., Sov. Phys. Crystallogr.,* **10**, 611 (1966).
20)　K. Hiruma, *et al., J. Appl. Phys.,* **77**, 447 (1995).

21) K. Hiruma, *et al., Nanotechnology*, **17**, S369 (2006).
22) X. Duan, *et al., Adv. Mater.*, **12**, 298 (2000).
23) 文献 18) の p.204.
24) T. J. Trentler, *et al., Science*, **270**, 1791 (1995).
25) J. Noborisaka, *et al., Appl. Phys. Lett.*, **86**, 213102 (2005).
26) H. Yoshida, *et al., J. Cryst. Growth*, **312**, 52 (2010).
27) G. W. Sears, *Acta Metallurgica*, **3**, 361 (1955).
28) K. Ikejiri, *et al., Nanotechnology*, **19**, 265604 (2008).
29) M. Yoshizawa, *et al., Jpn. J. Appl. Phys.*, **36**, L459 (1997).
30) E. Calleja, *et al., Phys. Rev. B*, **62**, 16826 (2000).
31) W. I. Park, *et al., Appl. Phys. Lett.*, **80**, 4232 (2002).
32) K. Tomioka, *et al., IEEE J. Sel. Topics Quantum Electron.*, **17**, 1112 (2011).

第2章　VLSシリコンナノワイヤ成長

竹田精治*

1　はじめに

原子配列が充分に規定できるナノメーターサイズの一次元的な構造を素材とした新しい科学・技術分野が，飯島澄男博士によるカーボンナノチューブの発見を契機として1990年代に芽吹き，その後，2000年前後から急速に発展している。シリコン・ナノワイヤも原子配列が規定できる典型的な一次元的なナノ構造であるが，このシリコン・ナノワイヤの結晶成長法は，1970年代に盛んに研究されたシリコンやゲルマニウムの針状結晶，すなわちホイスカーのVLS成長[1~4]のリバイバルである。ほとんど忘れ去られた結晶成長法であったが，カーボンナノチューブの発見に呼応して1993年には比留間ら（日立）がVLS法によるガリウム砒素のナノワイヤ成長の先駆的な研究[5]を行い，1990年代後半には，Westwaterら（ソニー）[6]や尾崎，大野ら（大阪大学）[7]が先鞭をつけたことで，その後，世界各地で次々に基板から成長するシリコン・ナノワイヤが報告された。マイクロメーター程度であったシリコンホイスカーの直径をナノメーターサイズにまで縮小するためにはさまざまな技術的な工夫が必要であったが，最近ではさらに進んでシリコン以外の物質とのコアシェルや積層構造のナノワイヤの成長も可能となり，原子配列と特性の評価も精密精緻になっている。さらに，当初，予想されていたエレクトロニクスへの応用のみならず熱電デバイスから電池の素材まで応用分野も格段に広がっている。本章は，このVLS成長法によるシリコン・ナノワイヤ結晶成長の基本を解説する。

2　VLS法によるシリコン・ナノワイヤ成長を支配する因子

最初にシリコンの結晶成長全般について簡単に整理したあとで，シリコン・ナノワイヤのVLS成長を支配する因子をまとめる。バルクのシリコン結晶は種結晶を使用したチョクラルスキー法によって成長させ，シリコンの結晶薄膜は適切な基板結晶にエピタキシャルに成長させる。どのような結晶成長も科学的に取り扱うためには，

- 結晶核の生成過程
- 結晶成長過程

を解析することが基本である。さらに，シリコン結晶の半導体としての特性[8]を損なわないため

＊　Seiji Takeda　大阪大学　産業科学研究所　ナノテクノロジーセンター
ナノ構造・機能評価研究分野　教授

には，深い準位（Deep Level）の原因となる金属不純物を混入させないこと，および，電子物性を損なう可能性のある格子欠陥（転位，点欠陥）を導入させないことにも注意を払う必要がある。また，結晶成長解析の目標に応じて，マクロな現象論的解析とミクロな原子スケール解析を適宜，取捨選択していく必要がある。ただし，どのような結晶成長方法でも，熱統計力学的には多数の原子が関与する非平衡過程を経るために，結晶成長機構を厳密に理論解析することは現在でも困難である。このことは，純良なバルクのシリコン結晶を成長させるために半導体産業がほぼ半世紀の歳月を必要としたことでも窺える。理想的には，上記の機構について，金属不純物や格子欠陥も考慮した原子スケール解析を行いたい。

図1に，基板からシリコン・ナノワイヤをVLS成長させる典型的な方法を模式的に示す。まず，基板の上に金のナノ粒子を用意する。通常，金は室温で真空蒸着する。次に基板の温度を上げたあとで，シリコンを含む原料ガスであるモノシラン（SiH_4）を流す。基板の温度はモノシランが熱分解する370℃程度以上とする。モノシランの分圧が十分に高ければ，基板上からシリコン・ナノワイヤが成長する。ここで，シリコン・ナノワイヤは，金ナノ粒子（固体）の表面から成長するのではなく，シリコンが金ナノ粒子に一旦，溶け込んでできる金シリコンの混合液滴（以下，ナノ液滴とする。）から成長する。

シリコン・ナノワイヤのVLS成長が熱平衡であると仮定してみる。金とシリコンの熱平衡状

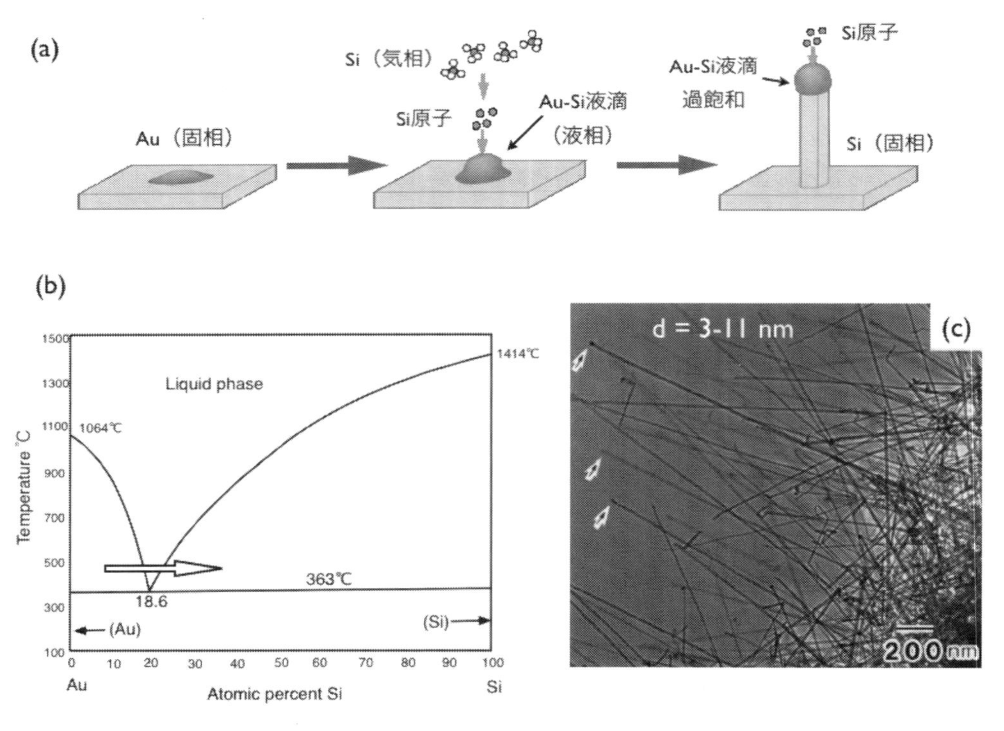

図1　(a)VLS法によるシリコン・ナノワイヤ成長の概念図。(b)金とシリコンの熱平衡状態図。(c)VLS法で成長したシリコン・ナノワイヤ[7]。

態図（図1(b)）には一つだけ共晶点があり，共晶温度（363℃）以上であれば金とシリコンは溶融する。図1(b)の矢印の方向に沿って，金ナノ粒子にシリコンが溶け込めばシリコンのナノ液滴が形成され，さらにナノ液滴に過飽和にシリコンが溶融できれば，ナノ液滴と固体シリコン（シリコン・ナノワイヤ）が共存することになる。

VLS 成長の過程においては，まずナノ液滴中あるいはその表面において過飽和のシリコン原子から成る小さな結晶のエンブリオが生成と消滅を繰り返すであろう。そして，一旦，ダイヤモンド構造の安定な結晶核が生成すれば，この結晶核に過飽和のシリコン原子がさらに加わることで，シリコン・ナノワイヤがナノ液滴から押し上げられるように成長していくと考えられる。ナノ液滴とシリコン基板との接合は弱く容易に解離するため先端にナノ液滴を載せたシリコン・ナノワイヤが基板から成長することとなる（図1(a)）。ここで，当然であるが，核形成の後のシリコン・ナノワイヤの VLS 成長は，

- ナノ液滴とシリコン・ナノワイヤの固液界面

で進行する。ここで，シリコンの VLS 成長[1]とは，原料であるモノシランの中のシリコン原子が気相（Vapor）から液相（Liquid）を経て固相（Solid）のシリコン・ナノワイヤとなることに由来していた。なお共晶点付近あるいは以下の温度では結晶性の悪いホイスカーやアモルファスホイスカが成長することが以前からシリコンやゲルマニウムで報告されている[3,4]。また，固液界面の不安定性がもたらすホイスカの形態変動[2]も最近では河野らの研究[9~12]によってシリコン・ナノワイヤでも起こることが良く知られている。

金とシリコンの熱平衡状態図を再び参考にすれば，混合液体（ナノ液滴）と共存するシリコン結晶（シリコン・ナノワイヤ）には微量ではあるが必ず固溶限の金が溶け込むことになる点には注意したい。また，基板上に用意する金のナノ粒子や金を含むナノ液滴は，VLS 成長（化学反応）に本質的に必要だが，最終生成物（シリコン・ナノワイヤ）に金は（ほとんど）含まれない。そのため，これらは「触媒」と呼ばれることもある。さらに，シリコン・ナノワイヤの結晶成長では，そのサイズから統計力学なゆらぎが顕在化する可能性もあり，熱平衡状態図も含めてマクロな結晶成長理論の適用（古典的なシリコン・ホイスカーの成長理論を含む）には注意が必要である。

VLS 成長によるシリコン・ナノワイヤの成長は，チョクラルスキー法やエピタキシャル成長とは一見，大きく異なるように見えるが，結晶成長の物理学としては多くの共通点がある。よって，シリコン・ナノワイヤの結晶成長解析も，マクロな結晶の成長についての物理学的解析法を適用すれば良いのだが，VLS 成長では以下の条件を特に留意する必要がある。

- ナノ液滴の生成温度
- 原料ガスの熱分解温度

さらに以下は見逃されがちだが極めて重要である。

- Gibbs-Thomson 効果とモノシラン分圧

シリコン・ナノワイヤの VLS 成長では，原料ガスのシリコン原子はナノ液滴の表面を通して内

部に溶け込む。しかし，ナノ液滴表面の曲率は有限であり平坦な液面と比べてシリコン原子が溶け込む割合（過飽和度）は小さい。特に，直径が数ナノメーターのシリコン・ナノワイヤの成長ではナノ液滴の曲率は大きく，Gibbs-Thomson 効果が顕在化する。ナノ液滴内のシリコンを十分に過飽和にしてシリコン・ナノワイヤをスムーズに成長させるためには原料ガスの分圧は高くする必要があることは容易に分かる。

単純なことだが，シリコン・ナノワイヤ成長の起点は，基板上に用意する金ナノ粒子（およびナノ液滴）の位置で決まり，また，その直径は金ナノ粒子（あるいはナノ液滴）のサイズで決まる。そのため起点と直径の制御にはテンプレートを利用すれば良い。このテンプレートについては，当然だが，

- 成長初期におけるテンプレートの熱的安定性

も考慮しておく必要がある。ただし，成長前にナノ液滴はテンプレート内でわずかに移動することもあり得る。また，ナノ液滴内部のどこで結晶核形成が始まるかは人為的には制御できないであろう。実用上は問題ないようだが，起点，直径および成長方向を原子スケールで厳密に制御することは現時点では困難である。

最後に，シリコン・ナノワイヤの成長中には基板表面でも原料ガスが分解する。シリコン原子が基板上を拡散して，さらに成長したシリコン・ナノワイヤの側面でも拡散しながらそこに堆積することがありうる。この，

- 側面成長

が起こると，根元が太く先端が細いテーパーのついたニードルが成長する[13]。また，原料ガスの分圧が低く成長速度が極端に遅い場合には，熱平衡に近い結晶成長となるが，このとき一旦成長したシリコン・ホイスカーが消滅して他のシリコン・ホイスカーに吸収されるオストワルド・ライプニングが起こることも知られている。これらも基板上の拡散によると思われるが，文字通り直径がナノメーターサイズのシリコン・ナノワイヤの成長は以下に示すようにきわめて高速（例えば495℃において 1.8×10^2nm/s）で進行するために緩慢な側面拡散や基板上での拡散の影響はほぼない。

3　VLS 法によるシリコン・ナノワイヤ成長の実際

シリコン・ナノワイヤの成長には原料ガスとして反応性の高いモノシランを使用するために細心の注意が必要である。筆者らは，原料ガスとして，アルゴンガスであらかじめ希釈されたモノシラン（1%SiH_4（99%Ar））を購入して使用した。図2に自作したシリコン・ナノワイヤ成長装置の配管図を参考のために示す。シリンダーキャビネット，ガスセンサー，除害装置等は大阪大学・プラズマ CVD（化学気相蒸着）研究棟に備え付けのものを利用させていただいた。モノシランを使用するシリコン・ナノワイヤの成長では，特殊高圧ガスの取り扱いに習熟した専門家の指導を仰ぐことが必須である。

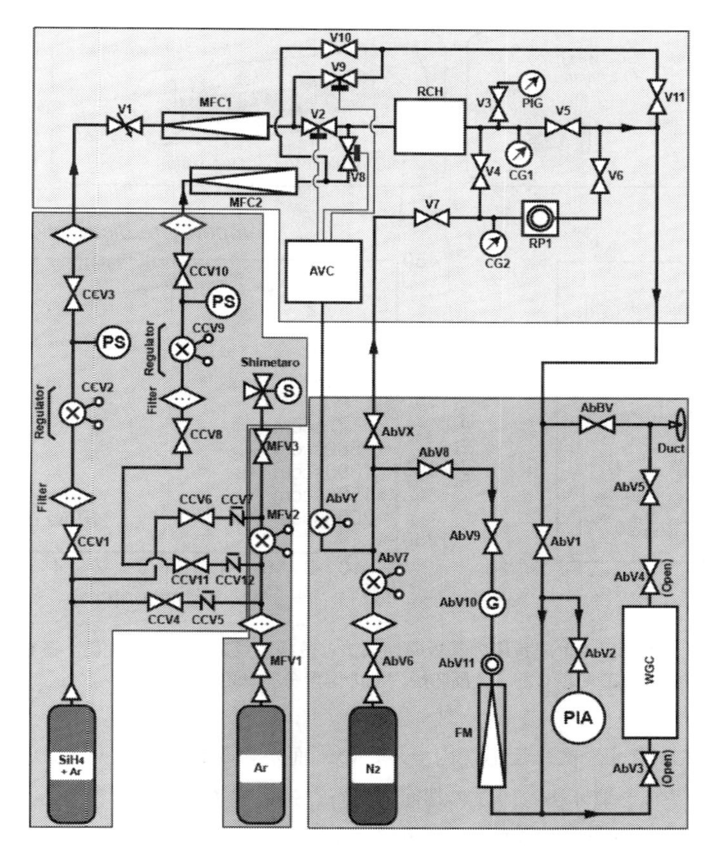

図2　シリコン・ナノワイヤ成長装置の配管図。反応炉はRCHで示されている。

良好なシリコン・ナノワイヤを成長させる条件を探索するためには，基板の温度のみならず基板付近での原料ガスの分圧と流量も制御することが重要である。また，基板付近のガスは乱流ではなく層流となるように設計する。反応炉は横型の電気炉を利用したが大気中で使用しても内部に温度勾配が生じてしまう。高温の反応炉内に室温の原料ガスを流し込むと，原料ガスの流量に応じて電気炉内部の温度分布はさらに変化する。そのために，ガス流量と温度分布の関係を系統的に測定しておくことはシリコン・ナノワイヤの成長を解析するためにも必要である。吉川ら[14]は原料ガスの流量を0–2000sccmの範囲で，基板温度は360–440℃の範囲で変化させて反応炉内の温度分布を測定した（図3，右下）。尾崎ら[7]が見いだした最適な成長条件にならい，金の基板への蒸着量は平均膜厚0.5nmとして，モノシランの分圧は約1kPaに固定した。反応炉内には流量を変えても大きく温度が変化しない領域（図3右下）があり，この領域に基板をおいてさまざまなVLS成長条件でシリコン・ナノワイヤを成長させた。結果については第6節に記す。

直径がナノメーターサイズのシリコン・ナノワイヤの成長解析には透過電子顕微鏡法による高倍率の観察が必要があった。そのために，半月状のシリコン基板の端面に金を真空蒸着すること

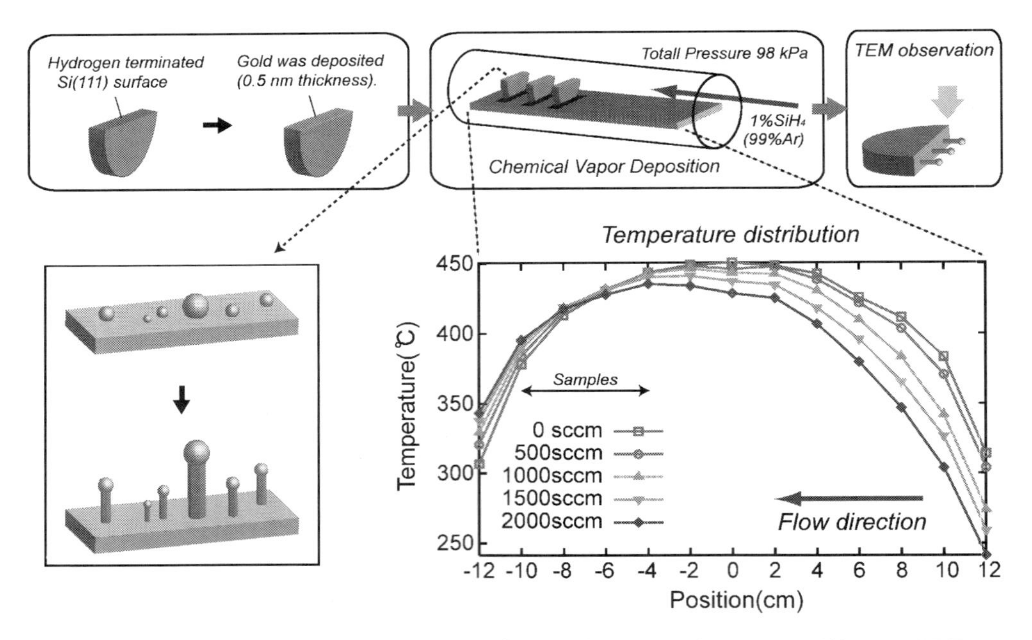

図３　シリコン・ナノワイヤ成長用の基板の作成法と基板の反応炉内での配置。基板は，透過電子顕微鏡観察用に工夫してある。反応炉内部の温度分布は右下に示す。

で金ナノ粒子を生成させ，次に反応炉内で，この端面からシリコン・ナノワイヤを成長させた（図 3）。成長後に基板を取り出し，この端面に平行に透過電子顕微鏡観察するとシリコン・ナノワイヤの長さと成長温度および成長時間の相関を調べることが可能となった[14]。また，シリコン基板の形状を工夫して，金ナノ粒子からナノ液滴が生成される過程のその場透過電子顕微鏡観察[7]も行った（図 4）。

4　触媒となる金シリコンナノ液滴の生成

筆者らの研究室で極細のシリコン・ホイスカーの合成を目指して研究を始めた 1990 年代中頃には，すでに直径の太いシリコン・ホイスカーを剣山のように配列させる技術が確立されていた。しかし，触媒となる金を蒸着する基板表面にナノメータースケールでの十分な注意が払われていないことに著者は気がついた。その当時，金はシリコン基板表面の自然酸化膜（シリカ）の上に蒸着され，シリコン・ホイスカーの成長は，金の融点に近い 1000℃程度で行われるのが一般的であったが，この温度は原料ガスが熱分解を始める温度より相当，高温である。また，自然酸化膜が間に入るために 1000℃程度までは直接，金とシリコンは相互拡散できず，一方で，金は自然酸化膜上を熱的に拡散できるので，シリコン・ホイスカーを成長させる（原料ガスを反応炉に導入する）前に金粒子は粗大化してしまう。そのために，原料ガスが流れ込んできる液滴のサイズは大きく，そこからは太いホイスカーしか成長しない。シリコン・ホイスカーは基板のシリコン結晶とエピタキシャルの関係をもち<111>方向に成長するが，おそらく高温では金とシリコンが自然酸化膜を通して相互拡散したことが原因と考えられる。

さて，シリコン・ナノワイヤの成長には金とシリコンが混合したナノメーターサイズの液滴，すなわちナノ液滴を基板上に準備する必要がある。ここで二つの可能性がある。すなわち，原料ガスを反応炉に流し込む前にナノ液滴を生成させておく方法と，原料ガスと金ナノ粒子を反応させてナノ液滴とする方法である。著者らはシリコン基板表面を制御して触媒となるナノ液滴を作成しようとしたが，そのためにはシリコン基板表面を覆う自然酸化物をまず除去する必要があった。尾崎らは，水素終端したシリコン｛111｝表面を使用する独自の方法によって直径が文字通りナノメーターサイズのシリコン・ナノワイヤを成長させることに1998年に成功した[7]（図1(c)）。この方法では，最初に水素終端表面に金の蒸着（平均厚さ：0.5nm）を行い，その後で原料ガスを流す前に反応炉内で500℃，1時間の予備加熱を行う。それ以前の研究では触媒作成のために金の融点（1064℃）付近で熱処理を行っていたが，これと比べると大幅に低い温度である。さらに尾崎らは，モノシランの分圧を約1kPaと高めることで，低い成長温度（500℃程度）でも直径が細いもので3nm程度で長さが2μmを遙かに越える高アスペクト比のシリコン・ナノワイヤを基板から大量に成長させた（図1(c)）。水素終端された基板表面に500℃での予備加熱中にナノ液滴が生成することはその場透過電子顕微鏡観察および電子回折から確認されている[7]

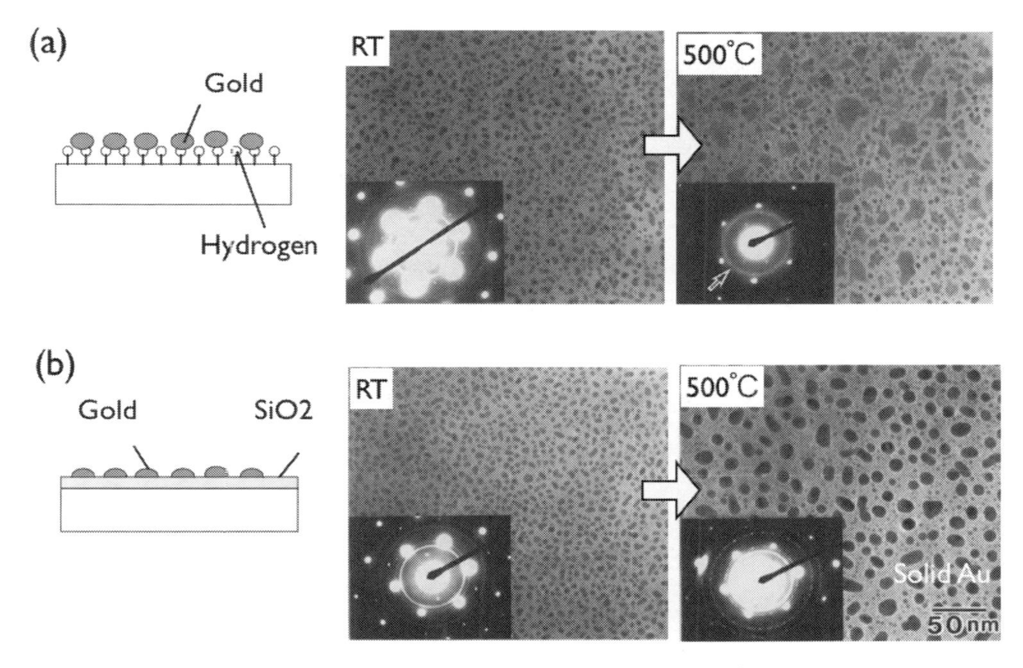

図4　シリコン｛111｝面上に真空蒸着した金のその場透過電子顕微鏡観察[7]。(a)水素終端表面，(b)自然酸化膜表面。500℃においては水素終端表面に直径が数nmの微小な粒子が観察され，さらに電子回折には液体によるハローリングが現れる。水素終端表面ではナノ液滴が形成されたことが確認できた。

(図4(a))。一方で，この温度では自然酸化膜上の金ナノ粒子は粗大化はするが基板のシリコンと相互拡散できないので触媒となるナノ液滴にはならないことも確認した（図4(b))。

シリコン表面の水素終端の効果はその後の研究で現在では以下のように理解されている[15]。図5に示したように，Si{111}表面に水素終端処理を施すとシリコン原子1個あたり1個の水素が結合（Monohydride）したテラスが生成する。しかし，通常の実験室レベルでの水素終端処理では，このテラスのところどころに，ナノメーターサイズのピットが生成してしまう。このピットの周囲は，シリコン原子1個あたり複数個の水素原子が結合している（Dihydrideあるいは Trihydride）と考えられている。さて，予備加熱する約500℃において，Monohydrideは安定であるがDihydrideあるいはTrihydrideの結合は弱く水素は解離してしまう[16]（図5(b)および(d)参照)。よって，安定なMonohydrideに覆われたテラス上を拡散してきた金原子は，ピット周囲では直接，シリコン原子と結合することになる。予備加熱の温度（約500℃）は共晶点（363℃）以上だから，金とシリコンの相互拡散によって，ピット内にはナノ液滴が生成すると考えられる。すなわち，ピットのある水素終端{111}表面は，ナノ液滴を生成させる一種のテンプレートとして機能することになる。超高真空STM（走査トンネル顕微鏡）観察[15]でもナノ液滴の生成を確認できた。さらに，シリコン・ナノワイヤを成長させる約500℃においては，原料ガスであるモノシランはほぼ完全に熱分解するのに対して先に説明したとおり水素終端表面のMonohydrideは安定であるためにテンプレートの機能は保たれる。

触媒となる金ナノ粒子を基板上に保持しないレーザーアブレーション法もVLS成長の一つと

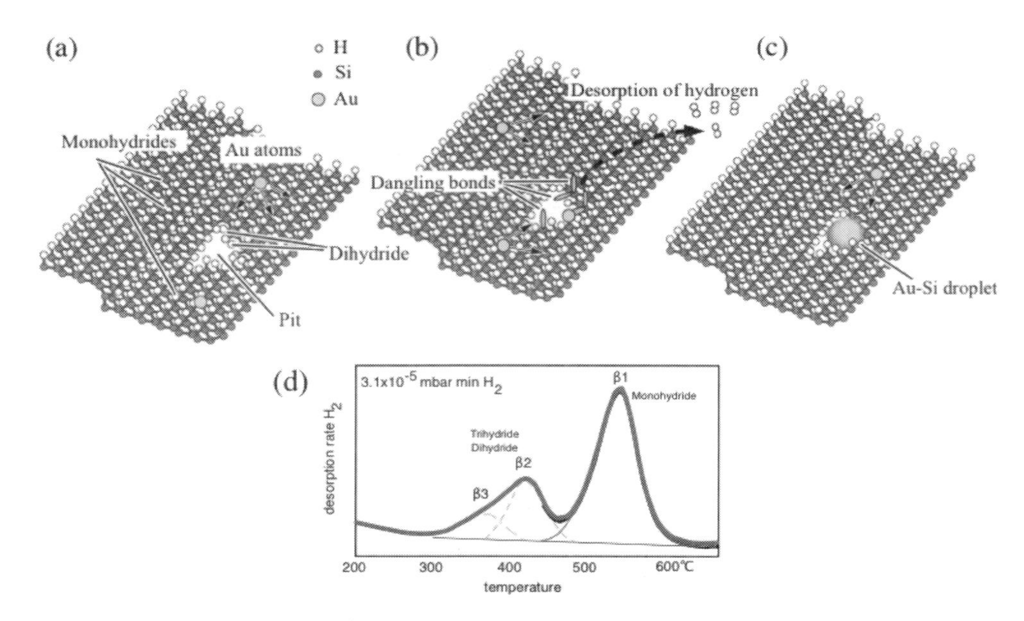

図5　(a)-(c)水素終端Si{111}[16]基板上でのナノ液滴触媒の生成過程[15]。(d)水素終端シリコン表面からの水素脱離の温度依存性。400℃付近のピークはDihydrideおよびTrihydride，500℃以上にあるピークはMonohydrideによる。モノシランは約370℃以上で熱分解する。

して知られているが，デバイスへの応用を考えたときには基板上においた触媒からの成長が重要であることは言うまでもない。現在では，リソグラフィーなどでさまざまテンプレートの作成法が確立しているが，基本的には，第2節で述べたように「原料ガスが熱分解する温度」で「触媒となる液滴が安定して存在」でき，「テンプレートが熱的に安定」であることがシリコン・ナノワイヤのVLS成長の必要条件だが，水素終端表面はこのテンプレートの条件を偶然であったが充たしていた。

5　シリコン・ナノワイヤの核形成

シリコン・ナノワイヤの結晶核形成については原子スケールでの観察が困難であり，現在まで未解明である。原料ガスの分圧を極端に低くして大きな直径のシリコン・ホイスカーの成長を観察した例はあるが，これまでに述べてきた通り，シリコン・ナノワイヤの結晶核形成と成長過程の解析には参考にならない。シリコン・ホイスカーの優先成長方向は，<111>方向だが，シリコン・ナノワイヤは<112>方向に沿って成長する[7]ことが多い。また，基板のシリコン結晶とシリコン・ナノワイヤには特定の方位関係がないことも知られている。<112>方向に成長するのは，ナノ液滴内で形成された結晶核がシリコン基板と接触することなく成長を開始するためと考えるのが最も自然である。すなわち，<112>方向に成長するとシリコン・ナノワイヤの側面には，表面エネルギーの最も低い{111}ファセットが現れるので，エネルギー的に安定となるためである[7]。図6に示したように，成長方向に平行な双晶が頻繁に観察[17]され，また，構造多型[17]もまれに観察される。これらはナノ液滴内で複数の結晶核が形成してしまい，その後，結晶

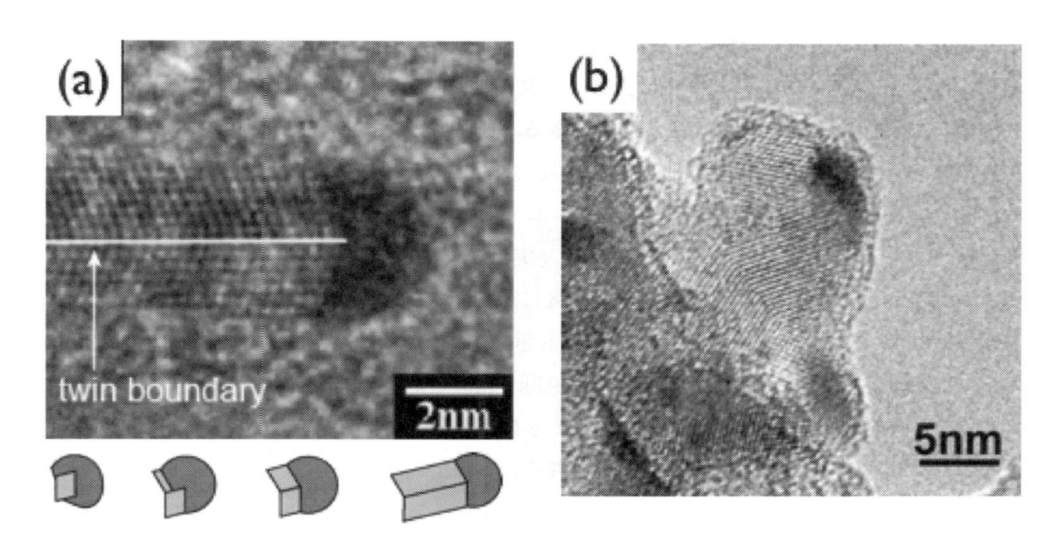

図6　(a)双晶を含むシリコン・ナノワイヤ[17]とその核形成モデル，(b)生成初期のシリコン・ナノワイヤ。すでに双晶が形成されている。

核同士がエネルギー的に安定な界面（{111} 面）を介して合体することで双晶になった可能性が高い（図6）。

ナノ液滴中で安定に存在しうる結晶核の最小サイズ（臨界サイズ）が分かれば，そのサイズのナノ液滴を準備することで究極の極細シリコン・ナノワイヤを成長させられるはずだが，この点については次節でも簡単に触れる。

6　シリコン・ナノワイヤ成長過程の解析

結晶成長過程の解析では，成長条件を変えて結晶成長速度を測定することが定石である。筆者らが目的としたのは，シリコン・ナノワイヤの成長速度と成長温度の関係を測定してアレニウス解析を行い，シリコン・ナノワイヤ成長の活性化エネルギーを決定することであった。活性化エネルギーを求めることができれば，ナノ液滴表面が触媒としてどの程度機能しているかも推定することができる。

吉川らは，この困難な課題に ex-situ 透過電子顕微鏡法によって取り組んだ[14]。この観察を可能とした試料の作成方法を図3にまとめてある。成長温度は 365℃から 495℃とした。図7(a)は，400℃で 15s，180s，900s だけ成長させた後のシリコン・ナノワイヤである。核形成（15s）に引き続き，180s では成長が始まり，900s ではおよそ 500nm 近くにまで成長している。図7(b)は，365℃で成長したシリコン・ナノワイヤであり，900s 後でも 400℃のようには伸びきれない。成長温度が高いと早く成長し，また，400℃以下の低温で成長させると屈曲の多いシリコン・ナノワイヤが成長する傾向がある。

このように，各温度でシリコン・ナノワイヤを一定時間，成長させたあとで，反応炉から基板を取り出し透過電子顕微鏡で観察して平均の長さを測定する。この測定を繰り返すことで，各温度でのシリコン・ナノワイヤの平均の長さと成長時間の関係が求められた（図7(c)）。この図から各温度での平均成長速度を求めることができる。成長速度は，365℃において 2.0×10^{-1}nm/s，495℃において 1.8×10^{2}nm/s である。500℃に近い温度になると成長は急激に早くなる。

次に，成長速度の温度依存性をアレニウスプロットして成長の活性化エネルギーを求めると，230kJ/mol と見積もられた（図8）。この値は，実はモノシランの熱分解における活性化エネルギー213-234kJ/mol にほぼ相当していた。図8には，モノシランと金によって VLS 成長した太いシリコン・ワイヤの成長速度の温度依存性も示してあるが，活性化エネルギーは，直径 100-340nm では 92kJ/mol，直径 0.5-1.6 μm では 49.8kJ/mol と見積もられ，筆者らが測定したシリコン・ナノワイヤの活性化エネルギーよりもはるかに小さい。このことは，直径がナノメーターサイズのシリコン・ナノワイヤの成長は，ナノ液滴の表面でのモノシランガスの単純な熱分解が律速しているが，サイズの大きな液滴表面では触媒作用によって，比較的小さな活性化エネルギーによってモノシランが分解できることを示唆している[14]。一般に，シリコンのホイスカーやナノワイヤの成長を律速するのは，原料ガスであるモノシランの熱分解，ナノ液滴へのシリコンの溶

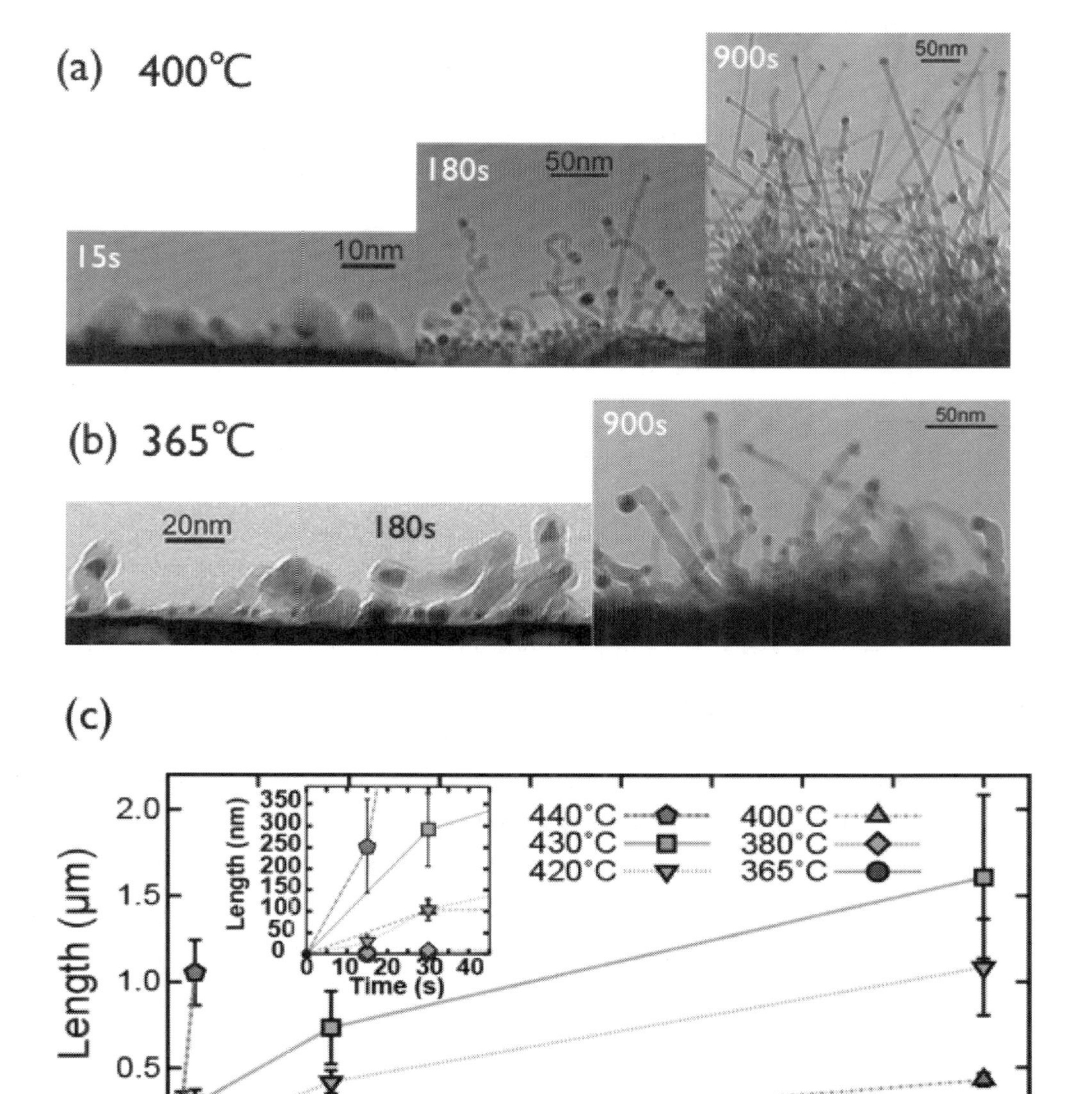

図7　シリコン・ナノワイヤ成長のex-situ透過電子顕微鏡観察[14]。(a)成長温度：400℃，(b)成長温度：365℃。成長時間は図中に記した。(c)シリコン・ナノワイヤの長さと成長時間の関係。このグラフから各温度での成長速度が求められた。

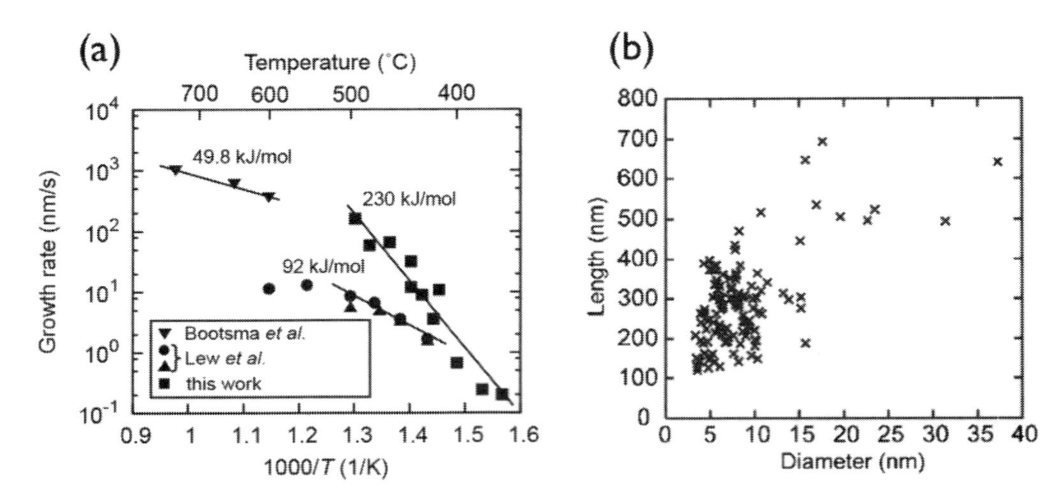

図８ (a)シリコン・ナノワイヤの活性化エネルギーの測定結果[14]。(b)同一成長条件でのシリコン・ナノワイヤの直径と長さの相関。文献14）の引用文献も参照のこと。

融，固液界面での結晶化の過程が考えられるが，直径がナノメーターサイズのシリコン・ナノワイヤの成長においては，意外なことにモノシランの熱分解が単純に成長の速さを決めていた。

シリコン・ナノワイヤの直径を決める因子は，初等的にはナノ液滴のサイズと考えれられるが，さらに詳しく考察すると，以下の２点を考慮する必要がある。まず，ナノ液滴が小さいほど，その表面の曲率が大きくなりナノ液滴中のシリコンの過飽和度が小さくなる（Gibbs-Thomson効果）。次に直径0.05-5 μmの太いシリコン・ワイヤにおいては，成長速度は合金液滴中のシリコンの過飽和度の二乗に比例することをGibarrigozov[2]は明らかにしている。つまり，合金液滴のサイズが小さくなると，成長は遅くなることを意味する。さらに，シリコン・ナノワイヤの結晶核は当然，ナノ液滴中で一定時間，安定に存在しなくてはシリコン・ナノワイヤは成長できない。すると，ナノ液滴のサイズは，この結晶の臨界サイズ（最小の結晶核のサイズ）よりも当然大きくなければならない。

以上を念頭において，実験的に最小のシリコン・ナノワイヤの直径を推定してみたのが図８(b)である。成長条件は，成長温度：430℃；モノシランの分圧：98kPa；成長時間：30sである。水素終端表面のナノ液滴は相当サイズにばらつきがあるため，成長後のシリコン・ナノワイヤの直径にも分布があり，そのために同一の成長条件において細いシリコン・ナノワイヤは太いシリコン・ナノワイヤよりも成長速度が遅いことを知ることができた（図８(b)）。さらにナノ液滴のサイズに下限はないはずだが，それにもかかわらず直径が2-3nm付近以下のシリコン・ナノワイヤが成長できないことに筆者らは気がついた（図８(b)）。吉川らはGivargizovの式[2]を用いて現象論的な考察と測定結果を比較することで，この成長温度におけるシリコン・ナノワイヤの最小直径を約2nmと見積もっている[14]。ただし，最小直径はシリコン結晶核の臨界サイズとも本質的に関連があり，今後，シリコン・ナノワイヤの結晶核形成についての実環境での原子スケールでの観察が望まれる。

7　おわりに

VLS法によるシリコン・ナノワイヤの成長とその機構解析について大阪大学で行なわれた黎明期の研究を中心に紹介した。最近では，高度な成長制御に加えて，シリコン・ナノワイヤ内部の金や格子欠陥の分布の解析まで進んでいるようで，長い歴史のあるシリコン単結晶成長の解析のレベルに短期間で迫っているようである。本稿が今後のVLSシリコン・ナノワイヤの応用・実用に少しでも役立てば幸いである。また酸化物のナノワイヤの研究も急速に進んでおり，今後のナノワイヤの実用展開に期待したい。

謝辞

本稿は，尾崎信彦博士，大野裕博士を始め，吉川純博士，植田耕平氏，河野日出夫博士との共同研究の成果をまとめたものである。また吉川純博士には未発表の図面を提供いただいた。ここに記して感謝する。

文　　献

1) R. S. Wagner, in Whisker Technology, edited by A. P. Levitt , Wiley, New York, pp. 47–119 (1970).
2) E. I. Givargizov, *J. Cryst. Growth*, **31**, 20 (1975).
3) Y. Miyamoto and M. Hirata, *Jpn. J. Appl. Phys*, **14**, 1419 (1975)
4) Y. Miyamoto and M. Hirata, *J. Phys. Soc. Japan*, **44**, 181 (1978).
5) K. Hiruma, M. Yazawa, K. Haraguchi, K. Ogawa, T. Katsuyama, M. Koguchi and H. Kakibayashi, *J. Appl. Phys.*, **74**, 3162 (1993).
6) J. Westwater, D.P. Gosain, S. Tomiya, S. Usui and H. Ruda, J. Vacuum Sc. & Tech. B15, 554–557 (1997).
7) N. Ozaki, Y. Ohno and S. Takeda, *Appl. Phys. Lett.*, **73**, 3700 (1998).
8) S. M. Sze, Physics of Semiconductor Devices, 3rd Edition, Wiley-Interscience (2006).
9) H. Kohno and S. Takeda, *Appl. Phys. Lett.*, **73**, 3144 (1998).
10) H. Kohno and S. Takeda, *J. Crystal Growth*, **216**, 185 (2000).
11) H. Kohno, "One-Dimensional Nanostructures", Lecture Notes in Nanoscale Science and Technology , Vol. 3, Wang, Zhiming M. (Ed.) Springer New York, pp.61–78 (2008).
12) T. Nogami, Y. Ohno, S. Ichikawa, and H. Kohno, *Nanotechnology*, **20**, 335602 (2009).
13) H. Kohno and S. Takeda, *Jpn. J. Appl. Phys.*, **41**, 577–578. (2002)
14) J. Kikkawa, Y. Ohno, and S. Takeda, *Appl. Phys. Lett.*, **86**, 123109 (2005).

15) S. Takeda, K. Ueda, N. Ozaki and Y. Ohno, *Appl. Phys. Lett.*, **82**, 979–981 (2003).
16) G. Shulze and M. Henzler, *Surf. Sci.*, **124**, 336 (1983).
17) N. Ozaki, Y. Ohno, J. Kikkawa and S. Takeda, *J. Electron Microscopy*, **54** (supplement 1) i25–i29 (2005).

第3章　テンプレート成長法について

清水智弘*

1　はじめに

ナノワイヤの様な疑一次元材料を成長させる為には，材料の強い一軸異方性成長，例えば，金属触媒を使ったVLS成長や，結晶の優先配向成長を利用したウィスカ成長などが必要となる。そのため，成長方法によりナノワイヤを作ることのできる材料や，その成長結晶方位（ワイヤ長手方向）に制約を受ける。

一方で，本章で紹介するテンプレート成長法ではこのような制約を受けない。テンプレート成長法とは，ナノホール構造を鋳型とし，ホール内を材料もしくは触媒などで満たすことで，材料成長のガイドとして利用しナノワイヤを形成する手法である。材料の埋め込み成長後にテンプレートのみを選択的に除去することでナノワイヤが得られる。この方法の利点として，ナノホール中への埋め込みが可能であれば半導体[1~6]，金属[7~9]，高分子[10, 11]など様々な材料でナノワイヤを形成できる点と，結晶の優先配向を利用した方法とは違い多結晶やアモルファス材料もナノワイヤ化できる点が挙げられる。さらに，テンプレート法ではナノワイヤだけでなく，ナノホール側壁に材料をコンフォーマル堆積することで様々な材料のナノチューブ構造の形成も可能である[12]。

これらのナノワイヤやナノチューブの直径，配列はテンプレートとして用いるナノホールのサイズ，配列で制御することが可能である。また，テンプレートを用いずに基板上でVLS成長を行うと，直径が数nmの非常に小さい触媒金属を用いた場合，昇温度プロセス中に近接する触媒の拡散・凝集が起こるため，微細化・高密度化には困難が伴う[13]。テンプレートがあることで基板上での触媒の拡散を抑制する事ができるため，ナノワイヤの微細化・高密度化の点で有利である。一方で，ナノスケールのホール中へ材料を埋め込むため成長手法やテンプレートの作製手法が制限されることや，テンプレートの作製・除去工程が入るためプロセスが複雑化することが短所としてあげられる。

2　テンプレートについて

ナノワイヤのテンプレート成長法の鋳型として用いられる材料はトップダウン的な手法で作製されたものから，ボトムアップ法（自己組織化）で作製されたものまで様々であるが，ここでは

*　Tomohiro Shimizu　関西大学　システム理工学部　助教

自己組織化的な手法で作製したテンプレートについて主に紹介する。ナノワイヤ成長の為のテンプレートとして必要な条件は幾つかあるが，ナノサイズのホール構造を持っているだけではなく，ホール構造がナノワイヤの成長環境（温度，化学反応等）に十分耐えうることや，特にウエットプロセスの場合，材料が高アスペクト比のホール内に入って行けるよう，ホール壁の表面状態なども考慮に入れなければならない。また，自己組織化でテンプレートを作製する際にはホールの直径や配列の規則性，ホールの成長方向などを制御できる作製方法が望ましい。これまでテンプレート成長法で用いられている材料は，陽極酸化アルミナ[14,15]，メゾポーラスシリカ[16]，ブロコポリマー[17]など様々であるが，特に陽極酸化アルミナは熱に強く，ホール直径を成長条件により容易に制御できるため，多く用いられている。この陽極酸化アルミナはアルミニウム板を陽極酸化することにより得られる多孔質の皮膜で，そのナノホールは基板に対し垂直方向に配列する(図1)。ホール径は数～数百 nm まで成長条件により制御することが可能である[18]。図2に示すように，ホール直径とナノホール間隔は陽極酸化電圧に依存し，ホール深さは陽極酸化時間に依存する。また，リン酸などを用いることで，わずかにアルミナ膜をエッチングしナノホール直径を広げる（ワイドニング）ことができる。さらに，表1に示すように特定の成長条件においては基板に対し垂直に成長したホールが三角格子状に規則的に配列することが知られている。アルミ

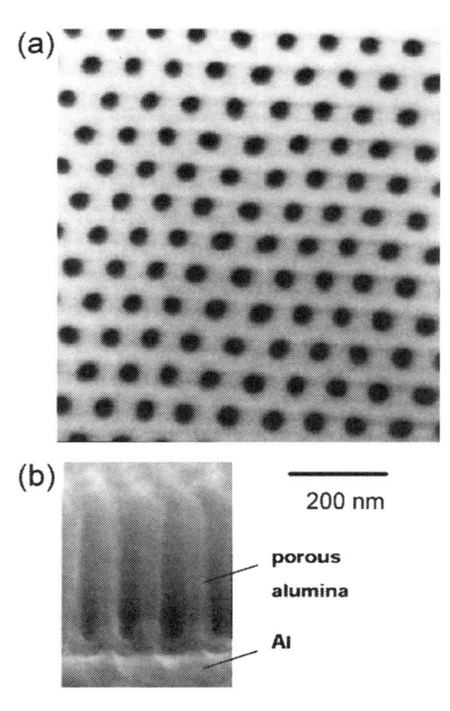

図1　陽極酸化アルミナ・ナノホール配列の(a)表面および(b)断面走査電子顕微鏡像[18]

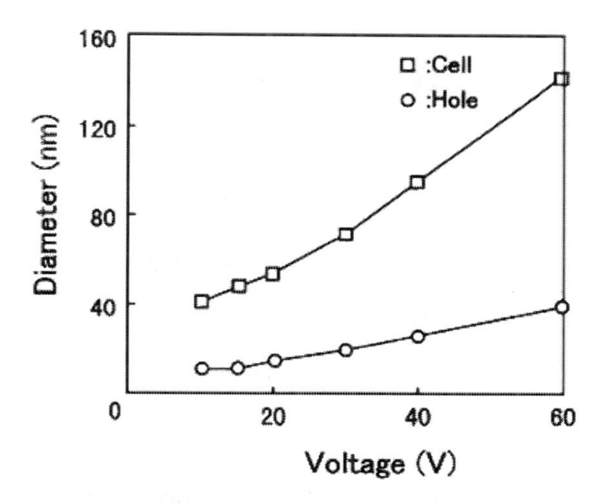

図2　シュウ酸を用いた陽極酸化アルミナのナノホール直径（hole）
およびホール間隔（cell）の陽極酸化電圧依存性[18]

表1　陽極酸化アルミナ・ナノホールの規則化条件

溶液の種類	陽極酸化電圧［V］	直径［nm］	ホール間隔［nm］
0.3M 硫酸	25-27	＞15	50-60
0.3M シュウ酸	40	＞25	100
0.3M リン酸	195	＞200	500

ナ・ナノホールの深さは時間に依存しており，典型的なシュウ酸陽極酸化条件では数十 μm の厚みのナノホールを形成することができる。このアルミナ・ナノホールの底部にはバリア層と呼ばれるアモルファス・アルミナの層が存在している。

3　テンプレート中での成長方法について

テンプレート内でナノワイヤを成長させる方法としては，ボトム・アップフィリングが望ましい。通常の薄膜形成技術の真空蒸着法，スパッタ堆積法などでは，ナノホールのアスペクト比が5を超えるようなホールの場合，蒸着源とテンプレート基板の設置角度の調整が非常に難しい。さらに，蒸着時間の増加とともに入口付近が狭小になり，ホールに埋め込まれた材料はコーン形状になってしまう。図3に実際にアスペクト比5（直径70nm，深さ350nm）の陽極酸化アルミナ・ナのホールにスパッタ堆積により銅を埋め込んだ図を示す[19]。また，CVD，ALD法の様なコンフォーマル堆積法ではホール構造をテンプレートとし，ナノチューブ構造を形成することができる[12]。しかし，堆積を続けると次第にアスペクト比が大きくなり，最終的にナノワイヤ内部にシームやボイドが発生してしまうため，ナノワイヤ形成には不向きである。そのため，テンプ

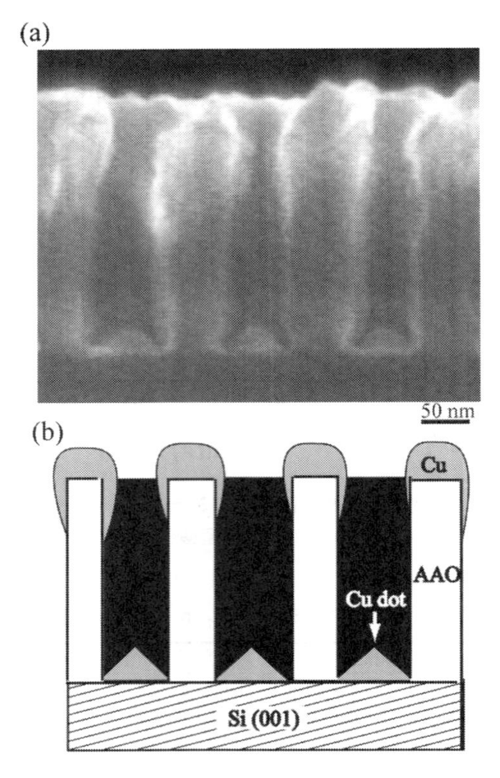

図３　陽極酸化アルミナ・ナノホール中にスパッタ法により埋め込んだ Cu ドット配列[19]

レート底部を電極とする様な電界めっきや，ナノホール中での VLS 成長法などのボトム・アップフィリング法が必要である。

4　自己組織形成テンプレートを用いたナノワイヤの成長

陽極酸化アルミナ・テンプレート中に電界めっきにより，埋め込みを行うことで，様々な材料のナノワイヤの形成が可能である。Sun らは図４のように，基板の Al を電極とし交流電界めっきにより多結晶 Co をナノホール中に埋め込み形成した[7]。このとき，電界はアルミナ・ナノホール底部に集中するため，埋め込み物質のボトム・アップフィリング成長が起こる。このようにナノホール・テンプレート底部からのめっき析出成長を続けることでナノワイヤがテンプレート形状に沿うように形成され，成長の方向と直径はテンプレート形状で決まる。陽極酸化ナノホール底部にはアモルファスのバリア層が存在しているため，埋め込み物質をエピタキシャル成長させるためにはこのバリア層を除去する必要がある。図５の様に導電性の基板の上に堆積したアルミニウム膜を用いて陽極酸化を行うと，底部のバリア層が薄くなることが知られている[19~21]。

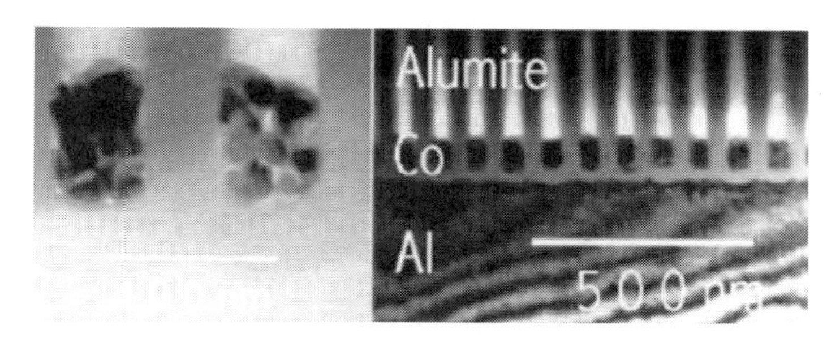

図４　陽極酸化アルミナ中に電解メッキにより埋め込んだ Co 粒子配列の透過電子顕微鏡像[7)]

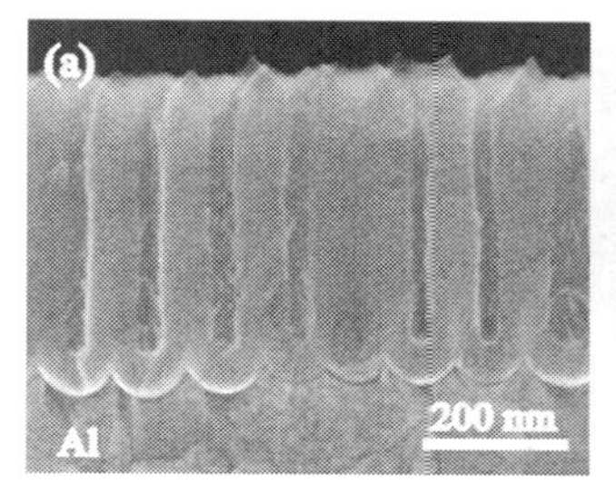

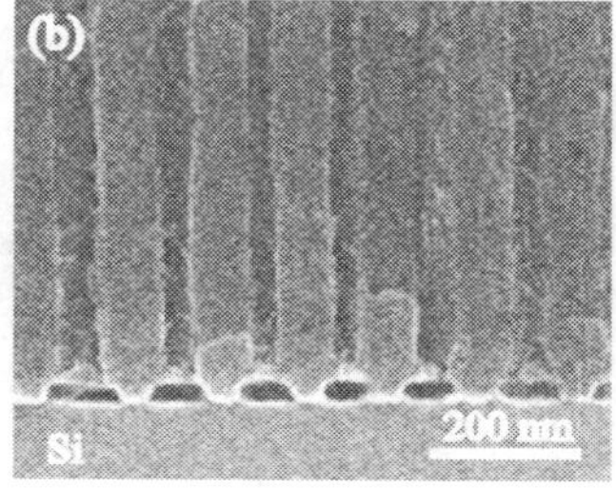

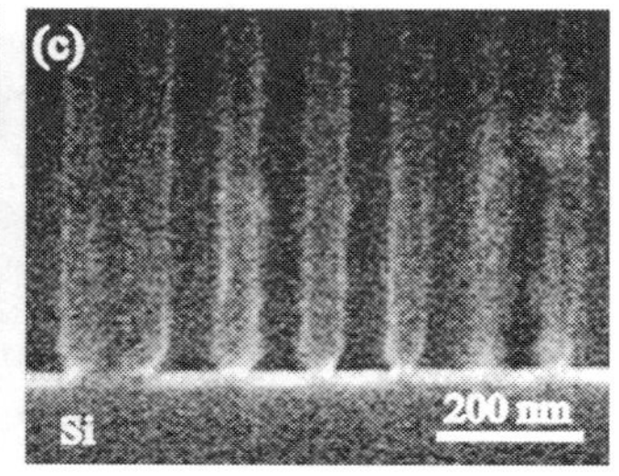

図５　各工程におけるシリコン基板上の陽極酸化アルミナの断面走査電子顕微鏡像(a)アルミニウム膜陽極酸化時。(b)アルミナ・ナノホールが底部シリコン基板に到達し，バリア層が変形。(c)バリア層変形後にポアワイドニングによりアルミナをわずかにエッチングすることで，ナノホール底部にシリコン基板が露出する[19)]。

シリコン基板上で陽極酸化することで，薄くなった底部のバリア層を除去し，シリコン基板上から直接ナノワイヤの成長が可能になる。図６にこの陽極酸化アルミナ・テンプレートを用いてVLS 成長させたシリコンナノワイヤの透過電子顕微鏡写真を示す[1)]。成長したナノワイヤは単結晶シリコン（100）基板上で［100］エピタキシャル成長しており，ワイヤの長手方向と基板の結晶方位とは一致している。すなわち基板に用いる単結晶の結晶方位を変えることで，ナノワイヤの長手方位を制御することが可能である。さらに，成長中でガス種を変えることにより，エピタキシャルヘテロナノワイヤの成長にも成功している[2)]。テンプレート中でヘテロナノワイヤの成長を行うことで，コアシェル構造になることを防ぐ効果もある。これら，テンプレート内で成長したナノワイヤは通常の VLS 成長させたワイヤと違い，表面はファセットを持たず，形状はテンプレートの表面と一致する。次にテンプレートの外まで成長したエピタキシャルナノワイヤについて述べる。直径約 70nm の陽極酸化アルミナ・ナノホールをテンプレートとして VLS 成長法で Si（100）基板上にエピタキシャルナノワイヤ成長させた[22)]。ここで触媒として用いた金は各ホール中にランダムな量を供給した。触媒が多く入っているホールではナノワイヤの成長が早いため，ホール外までナノワイヤが成長した。さらにこのナノワイヤはテンプレートのホール径と比較し３倍ほど拡大し，ホール外で成長方向が変化した。このホール外に成長したナノワイヤ

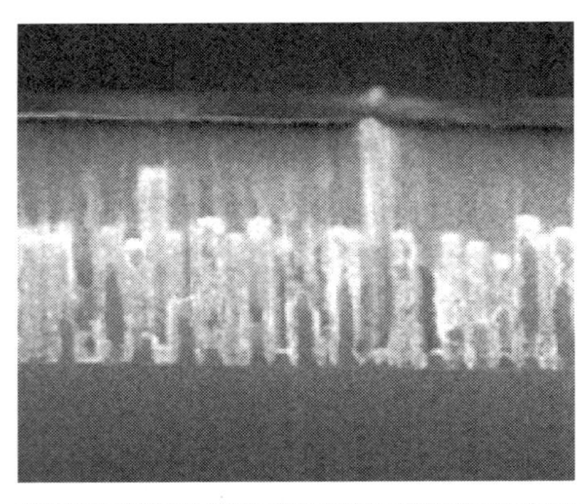

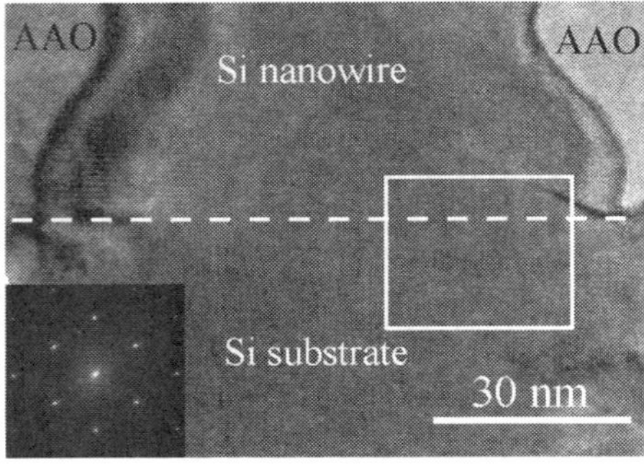

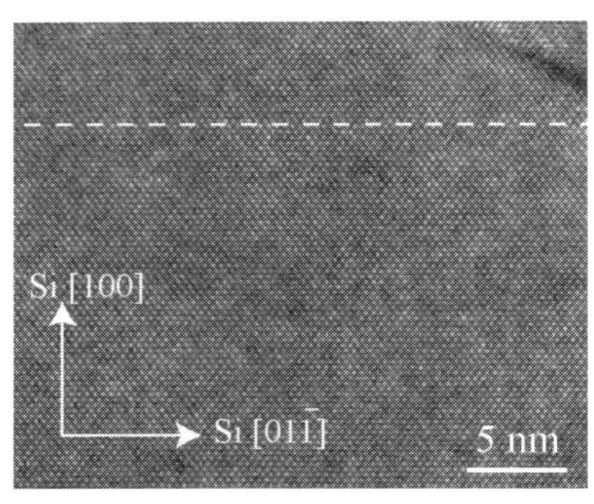

図６　陽極酸化アルミナ・ナノホールに埋め込んだシリコンナノワイヤの（上）断面走査電子顕微鏡像（中）底部透過電子顕微鏡像（下）ナノワイヤ-Si基板界面の拡大図

表面にはファセットがあることを確認し，成長方向が〈111〉方向であることを明らかにした。テンプレートを用いない場合，このようなワイヤの成長方向は直径と成長速度に依存する事が知られている。すなわち，ナノホール中ではホールに沿った形で成長するが，ナノホールの外に出ると，エピタシャル・ナノワイヤはその直径や成長速度に依存し成長方向が変化する[22]。

K. Lew らは図７に示す様に，バリア層を除去し貫通孔化したナノホールの中間に触媒となる

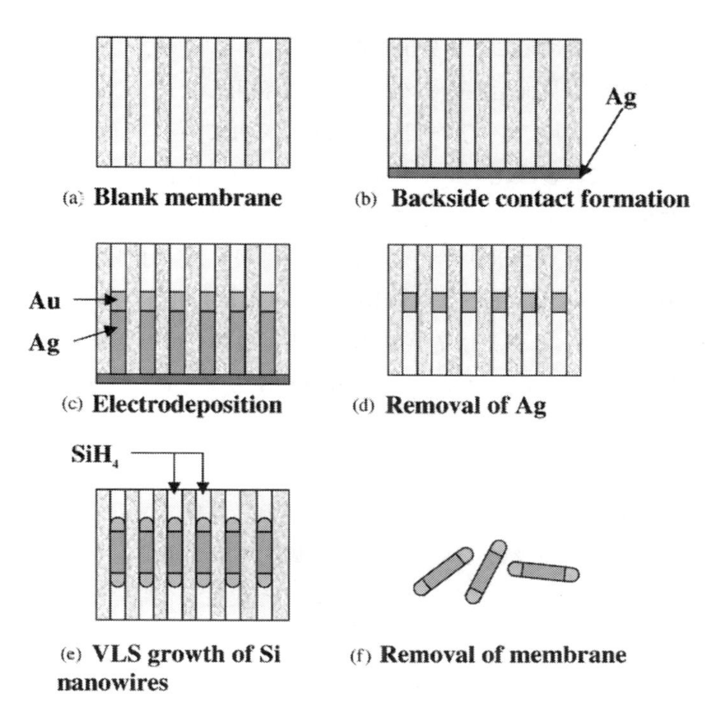

図７　陽極酸化アルミナ・テンプレート内でのシリコンナノワイヤの形成(a)アルミニウム基板上から陽極酸化アルミナのみを剥離し，底部のバリア層を選択除去。貫通孔を形成(b)貫通孔の一端に Ag 薄膜を堆積し塞ぐ(c) Ag 薄膜を電極とし，電解メッキで Ag 犠牲層と Au 触媒をナノホール中に堆積。(d)銀を化学エッチングで選択除去(e)金を触媒として Si の VLS 成長(f)陽極酸化アルミナを選択除去し，両端に金を持つ Si ナノワイヤが得られる[4)]

金を埋め込み，それを VLS 成長の触媒とすることでシリコンナノワイヤを形成した[4)]。彼らはアスペクト比が 300 以上と非常に高い，ナノホール内でシリコンナノワイヤの成長に成功している。形成されたナノワイヤの直径と成長方向はナノホールによって制御され，さらにこの方法で成長したナノワイヤは両端に触媒の金を持つユニークな構造となる。また，S. Park らは底部の基板とテンプレート材料との成長速度の差を利用し，触媒金属無しのエピタキシャル成長に成功している[3)]。この手法は Selective epitaxial 成長法を利用した方法で[27)]，金などの触媒を利用せずにエピタキシャルナノワイヤを成長する事ができる。この方法で作製したナノワイヤは現行のシリコン LSI 技術との親和性の高さが期待できる。

テンプレート法を用いることでナノチューブ構造の形成も可能である。M. Sander は陽極酸化アルミナテンプレート上に ALD 法によりコンフォーマル堆積を行うことで，TiO_2 ナノチューブ構造を形成した[12)]。また，Z. Zhang は触媒にコバルトを用いてテンプレート中でシリコンを VLS 成長させることで，テンプレート側壁の影響により触媒形状が上凸のドーム状に変形し，チューブ状のシリコンが成長することを見出した[23]。

陽極酸化アルミナ以外にも界面活性分子の集合形態を利用したメソポーラスシリカやブロコポリマーなどもナノワイヤ形成のテンプレートとして用いられている。メゾポーラスシリカやブロコポリマーは微細化の点で陽極酸化アルミナより優れており，直径数 nm 規則配列ポーラス構造が得られる。ブロコポリマーを用いたテンプレート成長法の例としては，H. Kim らが Si 基板上に直径 12nm のポアを持つブロコポリマーをテンプレートとして，比較的低温成長条件で Ge ナノワイヤの成長を行っている[24]。また，メゾポーラスシリカを用いた例としては，CVD 法によりピッチ間隔 5nm の高密度 Ge ナノワイヤ配列の形成に成功している[25]。このように，テンプレートの直径が非常に小さくなり，アスペクト比が増加することで原料ガスの供給（ホール内への拡散）に時間かかるようになる。N. Coleman はメゾポーラスシリカ内での Ge ナノワイヤ成長のため，超臨界流体を利用することで成長時間の短縮ができることを示した[26]。

このように，テンプレート法を用いる事で，形状，直径，方向，配置などナノワイヤを用いた電子・電気デバイスにとって重要なパラメータを制御する事が可能となる。今後はさらに LSI 技術との親和性や信頼性の高いテンプレートやナノワイヤ成長法の開発が期待される。

文　　献

1） T. Shimizu *et. al.* Adv. Mat 19, (2007) 917-920
2） T. Shimizu *et. al.* Nano Lett. **9** (2009) 1523
3） S. Park *et. al.* J. Alloys and Compounds, **536** (2012) 166]
4） K. Lew *et. al.* J. Crystal growth **254** (2003) 14
5） M. Park *et. al.* science **276** (1997) 1401
6） R. Leon *et. al.* Physical Review B **52** (1995) R2285
7） M. Sun *et. al.* Appl. Phys. Lett. **78** (2001) 2964.
8） K. Nielsch Transactions on Magnetics **38** (2002) 2571.
9） T. Shimizu *et. al.* Jpn. J. Appl. Phys. **50** (2012) 06GE01.
10） H. Kim *et. al.* *Synth. Met.* **157** (2007) 910.
11） Y. Koo *et. al.* *Mol. Cryst. Liquid Cryst. 425* (2004) 333.
12） M. Sander *et. al.* Adv. Mater. **16** (2004) 2052
13） J. B. Hannon *et. al.*, Nature **440** (2006) 69-71.
14） Masuda *et. al.* Science **268** 1466-1468,
15） S. Shingubara J. Nanoparticle Res. **5** (2003) 17-30
16） C. T. Kresge *et. al.* Nature **359** (1992) 710-712
17） M. Park *et. al.* science **276** (1997) 1401
18） S. Shingubara *et. al.* Jpn. J. Appl. Phys. **36** (1997) 7791.

19)　T. Shimizu, Electrochem. and Solid-State Lett. **9** (2006) J13
20)　S. Z. Chu, *et. al.*, Chem. Mater., **14** (2002) 4595
21)　Y. Yang, Solid State Communications, **123**, (2002) 279
22)　T. Shimizu *et. al.* Appl. Phys. A **87** (2007) 607
23)　Z. Zhang *et. al.* Nanotechnology **5** (2010) 055603
24)　H. Kim *et. al.* J. Vac. Sci. Technol. B **24** (2006) 2220
25)　R. Leon *et. al.* Physical Review B **52** (1995) R2285
26)　N. Coleman *et. al.* J. Am. Chem Soc. **123** (2001) 7010
27)　C. Drowley *et al.* *Appl. Phys. Lett.* **52** (1988) 546

第4章　VLS Ge ナノワイヤ成長

小田俊理*

1　はじめに

半導体ナノワイヤ（NW）は，1次元構造に基づくユニークな特性を示すため，トランジスタ，発光素子，受光素子，太陽電池，熱電素子などに新しい応用が期待され，最近研究が盛んである[1~3]。ナノワイヤの全周囲にゲート電極を設けるGate-All-Around型トランジスタは，チャネル部分を全てゲートで制御出来る構造のため短チャネル効果を抑制できる理想的な構造である。Geは正孔移動度が1900cm^2/VsとSi（500cm^2/Vs）はもとより[4]，GaAs（400cm^2/Vs），InSb（850cm^2/Vs）などⅢ-Ⅴ族半導体よりも高い値を持つ[5]のでpチャネルトランジスタとして最高の性能を発揮する。Ⅲ-Ⅴ族と比較してGeはシリコンテクノロジーに直結している[6]。さらに，Ge-NWは比較的低温で成長できるので，COMS回路への集積が容易である[7]。一方，エキシトンボーア半径も24.3nmとSiの4.9nmよりも大きいので光学特性でも顕著な量子効果が期待できる[8~10]。

2　VLS成長

Ge-NWの成長法は種々の報告があるが，最も一般的な方法は金属粒子を触媒とするVLS（Vapor-Liquid-Solid）法である[11~12]。当時はSiやGeのwisker（ひげ結晶）と呼ばれていた。図1に示すように，バルクのGeとAuの共晶温度は360℃であるが，Au粒子の粒径がナノスケールになると表面曲率と表面エネルギーの積がバルクよりも増加するサイズ効果のため共晶温度は低下し，半径5nmの時は220℃になる[13~16]。

VLS機構によりGe-NWがバルクの共晶点よりも低い温度で成長できるという研究は，2000年以降多く報告されている。2000年にはGeI_4を原料として気相成長法によりGe-NWのVLS成長の報告がUC Berkeleyからされた[17]。彼らは，図2に示すようにTEM中で結晶成長の実験を行い，VLS成長の成長過程を直接観察したが，この時の温度は800℃であった[18]。TEM内でのGe-NW成長のその場観察はIBMの研究者からも報告がある[14]。CVD法による単結晶Ge-NWの成長はStanford大から2002年に初めて報告された[19]。粒径20nmのAu粒子を触媒としてGeH_4ガスを原料に275℃でVLS成長を行った。

*　Shunri Oda　東京工業大学　量子ナノエレクトロニクス研究センター　教授

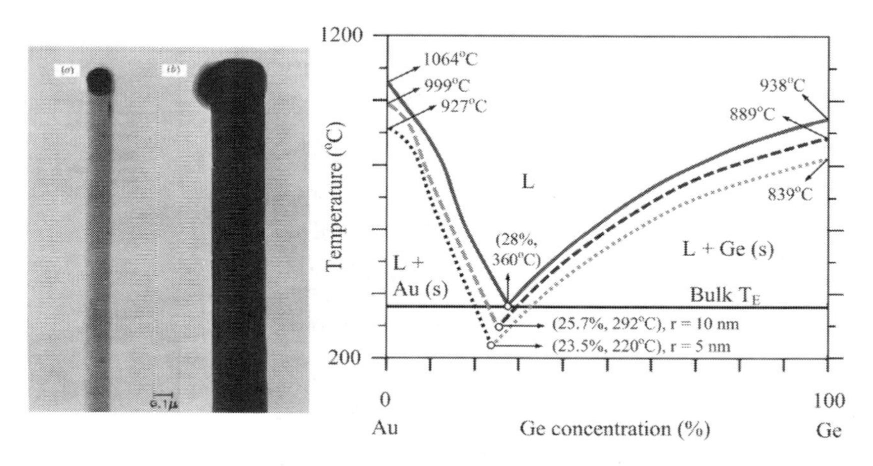

図1　（左）Au 触媒を用いた Ge-NW の VLS 成長[12]，（右）Au/Ge 系の相図。共晶温度は Au 粒子の系の縮小と共に低温化する。

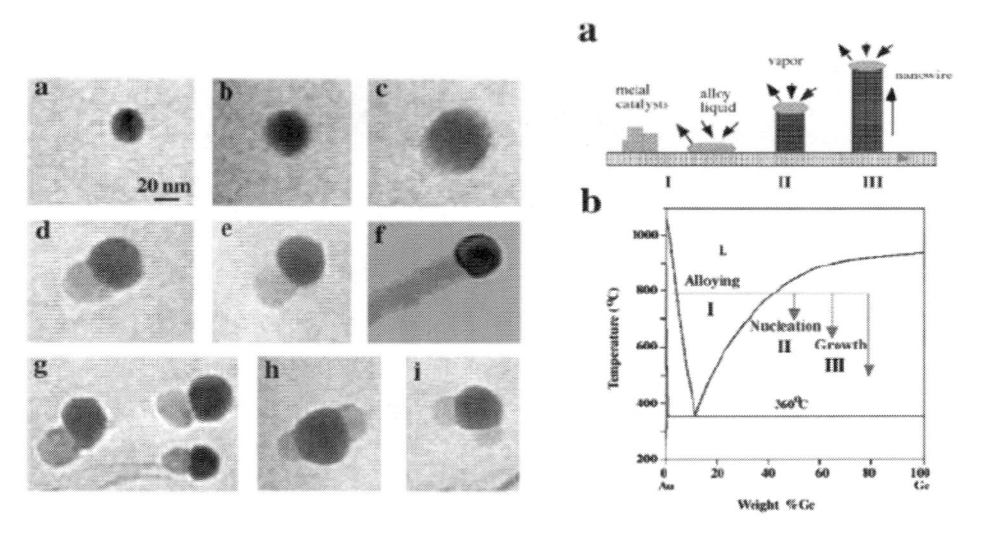

図2　VLS 成長のその場高温（800℃）TEM 観察と模式図[18]。

3　種々の触媒金属

Au 原子は Si や Ge 中を拡散しやすく，また深い準位を形成するのでシリコンプロセスに入るのは望ましくない，Au 以外の触媒金属を探索する研究は多く，Ti[20]，Mn[21]，Ni[22]，Cu[23]，Fe[24]，Na[25]，などの金属触媒が報告されている。

触媒金属を必要としない方法の探索も行われている[26~28]。韓国 SKKU 大学のグループは，図3に示すように Si-rich の SiO_x 膜を形成すると Si ナノ結晶核が発生する，これに SiH_4 ガスを導

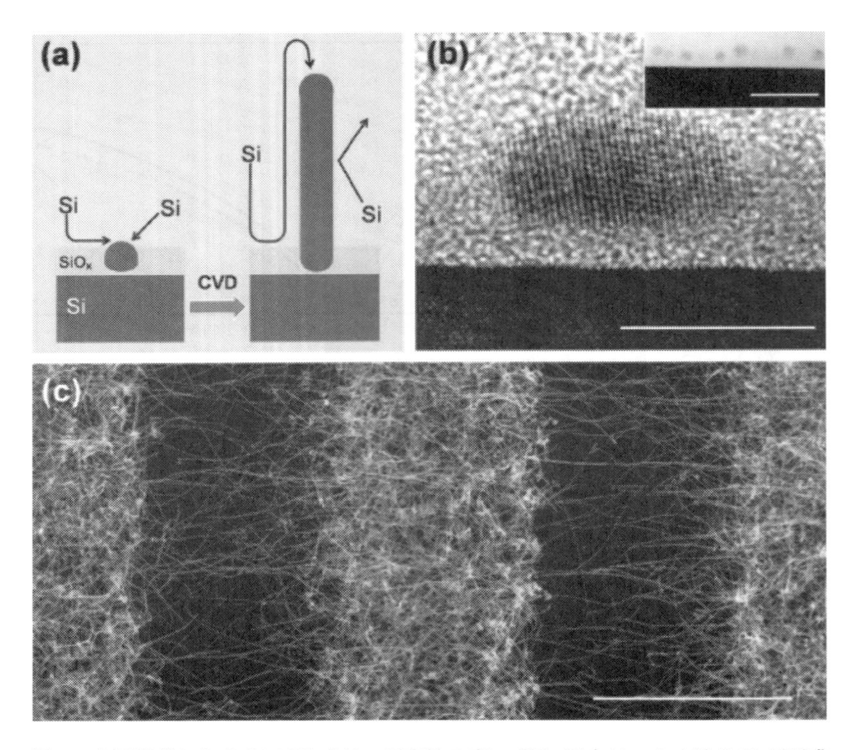

図3　金属触媒無しの Si-NW 成長，反応性の高い SiO_x 層中に，ナノ結晶 Si が形成され，これを核として，VL 機構によりナノワイヤの一方向成長が起こる[26]。

入することにより，金属触媒なしで Si-NW を形成し，同様な方法で Ge-NW も形成できると報告している[26]。Cork 大学のグループは，hexakis(trimethylsilyl)digermane($Ge_2(TMS)_6$) や tris(trimethylsilyl)germane($HGe(TMS)_3$) などの有機化合物を原料として金属触媒無しの Ge-NW を形成した。直径 10nm 以下で長さは 10 μm 以上のナノワイヤを形成できる。ナノワイヤの周囲は有機物原料由来のアモルファス保護膜が形成されている[27]。

4　垂直成長

Ge-NW の VLS 成長は〈111〉方向に伸びている。従って，図5に示すように，Si(111)基板上に成長させると，基板とは垂直方向に方位を揃えることが出来る。一方，Si(001)基板上に形成する場合は，斜め方向に成長が進む[29]。Stanford 大のグループは，図6に示すように，Ge(111)基板上への Ge-NW ホモエピタキシャル成長を行い，他の方位の Ge 基板や Si(111)基板と比較して，垂直方向の成長確率が高い事を示した。さらに，初期のベース部分の成長を 350℃で行い，続いて温度を 280℃まで下げて成長する2温度形成法の採用により，ナノワイヤはテーパー状にはならずに均一な直径のものを作製することが出来た[7]。同じく Stanford 大のグループは，均

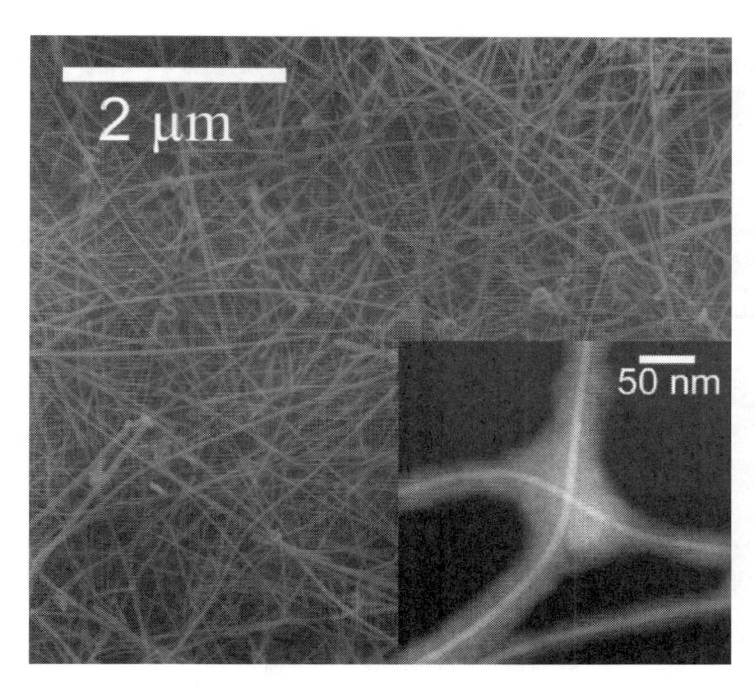

図4　有機 Ge 化合物を原料とした金属触媒無しの Ge-NW 成長，直径 10nm 以下で長さは 10 μm 以上のナノワイヤを形成できる。ナノワイヤの周囲は有機物原料由来のアモルファス保護膜が形成されている[27]。

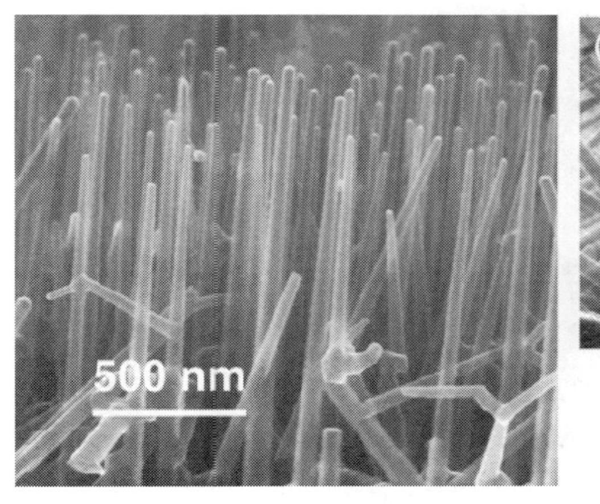

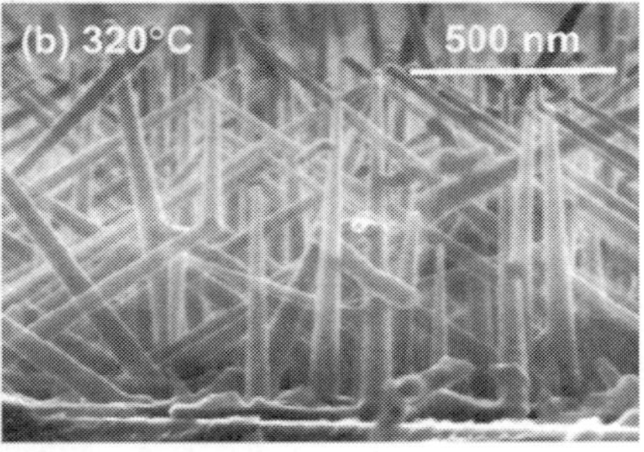

図5　Si(111)基板上（左図）および Si(001)基板上（右図）に 320℃で堆積した Ge-NW[29]。

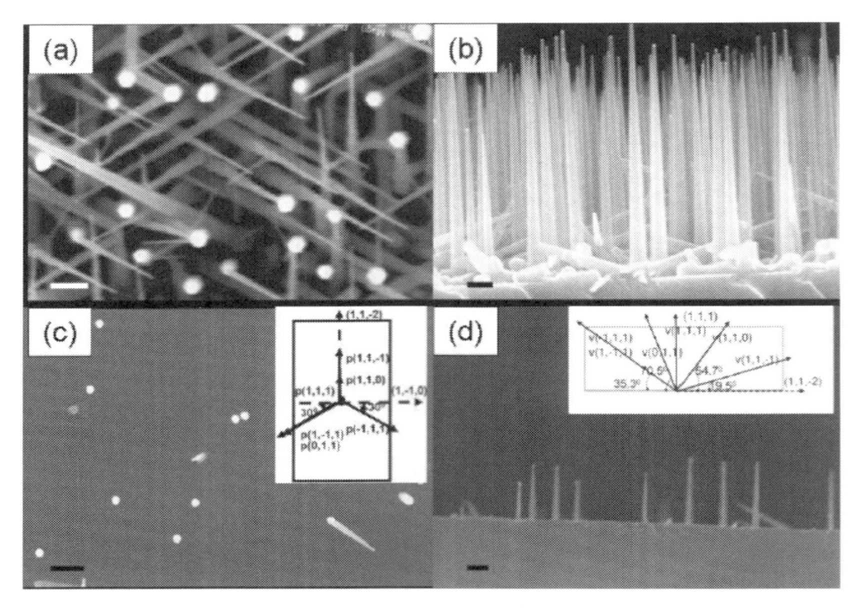

図6　Ge(111)基板上に Au 触媒核を用いて VLS 成長した Ge-NW の SEM 写真。(a, b) 高密度 Au 粒子, (c, d) 低密度 Au 粒子, (a, c) 平面 SEM, (b, d) 断面 SEM[7]

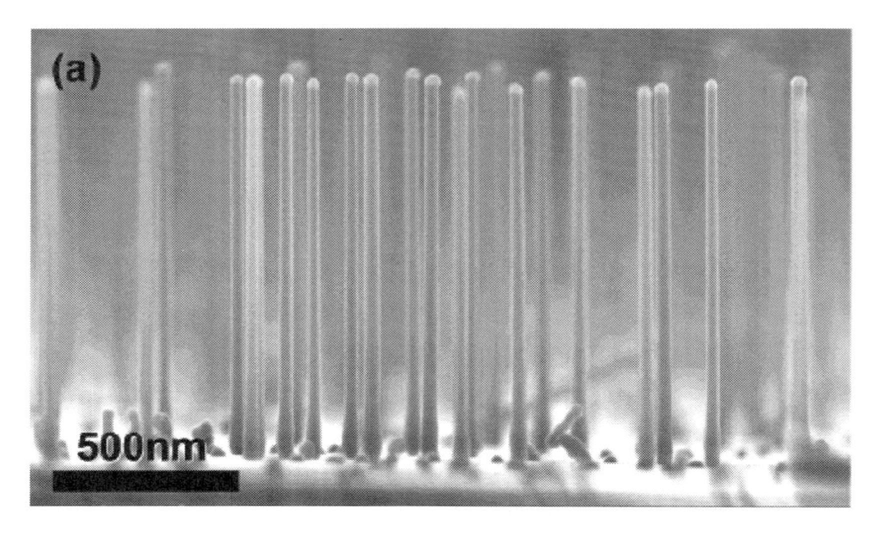

図7　40nm の Au コロイドを触媒核として, HF 添加法で Si(111)基板上に形成した Ge-NW。ナノワイヤはほぼ垂直方向で直径と長さは均一である[30]。

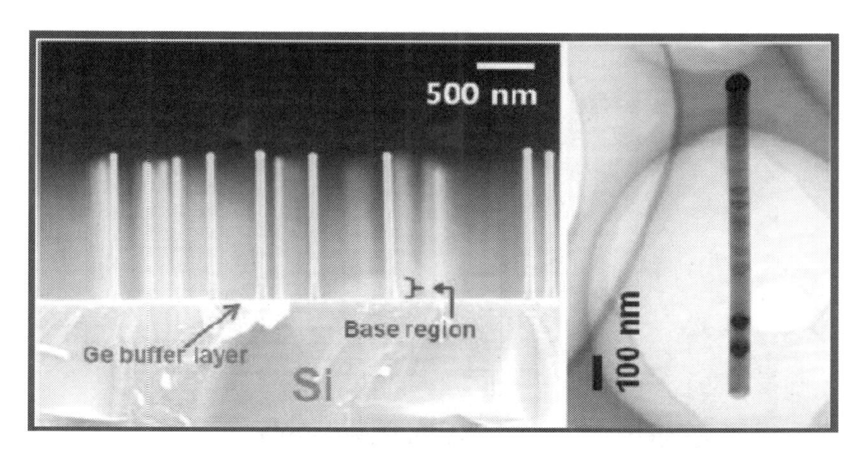

図8　Si(111)基板上に Ge バッファ層を形成してから VLS 成長を行った Ge-NW。核形成と結晶成長で温度を変化させる２段階成長法のため，テーパーは見られず直径は一定である[31]。

一寸法の触媒核を得るために，Au 粒子を蒸着膜では無く Au コロイドを用いて形成した。その際に，Si 基板上に酸化膜を形成してしまうと良質なヘテロエピタキシーが困難なので，HF を添加して酸化膜の除去を行った。この方法により，方位が完全に垂直で，直径と長さが揃った Ge-NW を形成することが出来た[30]。韓国 Dong-A 大学他のグループは，Si と Ge の格子不整合による欠陥形成を防ぐ目的で，Si(111)基板上に Ge バッファ層を形成してから VLS 成長を行い，良質なエピタキシャル Ge-NW を作製した[31]。

5　Ge-NW 成長の精密制御

Ge-NW の成長を支配する要因を調べて成長を精密に制御する研究も行われている[15, 32～35]。Ge-NW を形成する Si(100)基板の表面処理について検討し，HF エッチにより水素終端した Si 表面と酸化膜を形成した Si 表面を比較した。酸化膜上に Au 粒子を堆積して VLS 成長を行うと高密度に Ge-NW を形成できるが，水素終端の Si 表面に Au 粒子を堆積したとき，Ge-NW の形成が観測できなかった。よく調べてみると，時間の経過と共に水素終端 Si 表面に自然酸化膜が形成して表面の Au 粒子を被覆すること原因であり，HF 処理することにより，Ge-NW を形成できることが分かった[32]。Ge-NW の位置を精密制御するために，電子ビーム露光技術により Au 粒子の位置をパターン形成して，指定した位置に Ge-NW を形成する技術も報告されている（図9）[33]。

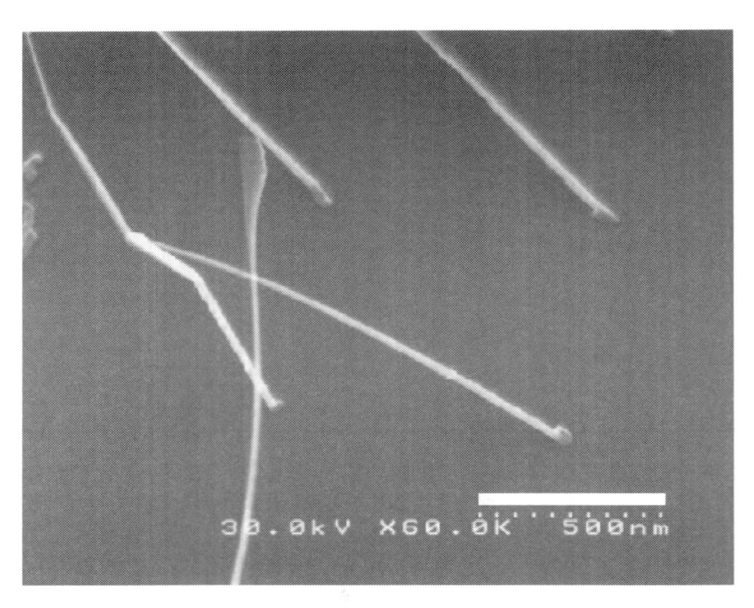

図９ 電子ビーム露光技術によりパターン形成したAu粒子から形成したGe-NW[33]。

6 Ge-NWの低温成長

Ge-NWを種々の温度と様々なAu粒径で作製し，得られるナノワイヤの構造を評価した結果が報告されている[16,36]。基板温度300℃で成長した場合，長さ方向にVLS成長するだけではなく，径方向に触媒に依らない成長が起こるため，Ge-NWの形状はテーパー形状になる。一方，280℃で形成すると，熱CVDによる成長は抑制されVLS成長だけが起こるので，テーパー状にはならず，ナノワイヤの先端部から根元まで同じ直径である[16]。基板温度を260℃まで低下すると，Au粒子の凝集や肥大化も抑制されるので，得られるGe-NWの直径もAu粒子と同程度まで小さく出来る。図10に示すように，直径3nmの超微細Ge-NWが報告されている[36]。

7 デバイス応用

Ge-NWのデバイス応用は数多く報告されている。電界効果トランジスタ（FET）はStanford大のグループから最初に報告された[37]。275℃で形成した直径20nm，長さ10μmのGe-NW[19]を用いて，ボトムゲート型およびトップゲート型（図11）のFETを製作している。ボトムゲート型のpチャネルFETでは正孔移動度600cm^2/Vsを観測しており，大変有望である。

Ge-NWのナノ構造に特有な光学吸収特性も，Stanford大の別のグループから報告されている[38]。直径10nm，25nm，110nmの各Ge-NWの光吸収効率は図12に示すように，バルクのものとは全く異なり，ナノワイヤによる光学的特性の創製が期待できる。

図10　(a) 300℃，(b) 260℃で形成したGe-NW，Au微粒子の径は6nm。(c)，(d) 260℃で形成したGe-NW，Au粒径は3nm。Ge-NWの直径も3nm[37]。

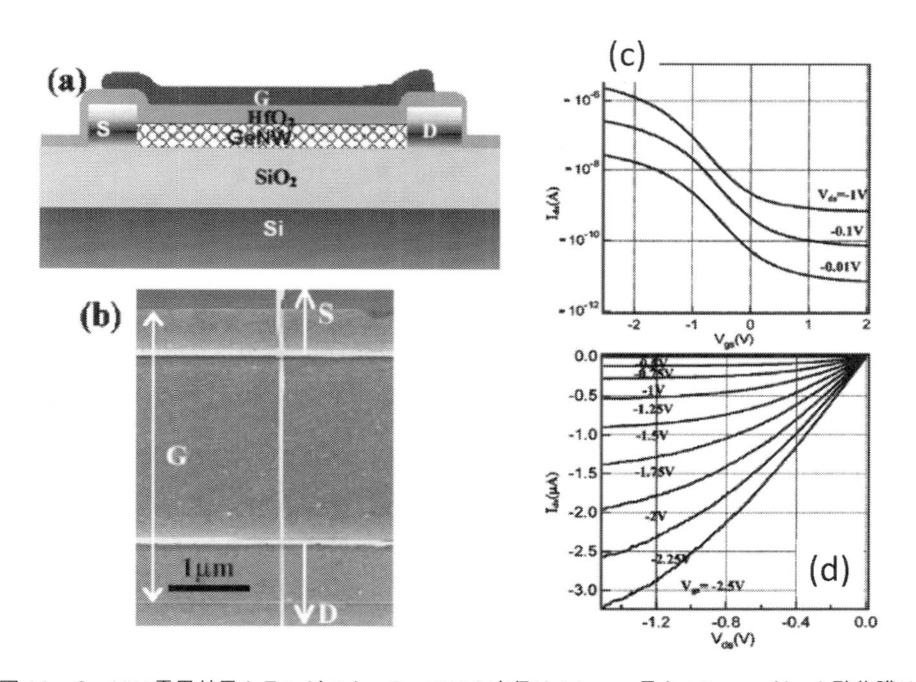

図11　Ge-NW電界効果トランジスタ，Ge-NWの直径は20nm，長さ10μm。ゲート酸化膜は厚さ12nmのHfO2膜，(a)デバイスの断面模式図，(b)平面SEM写真，ゲート電極と，ソース・ドレインの重なりは0.5−1μm，(c)ゲート電圧依存性，(d)種々のゲート電圧に対するドレイン電圧依存性[38]。

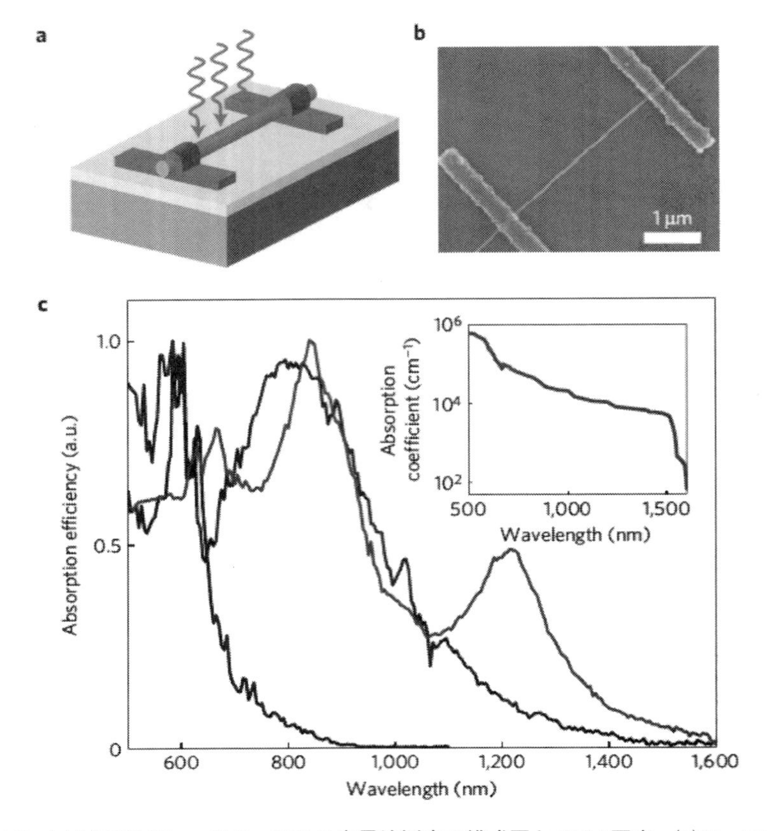

図 12　(a)(b)直径 25nm の Ge-NW の光電流測定の模式図と SEM 写真，(c) Ge-NW の光吸収効率，直径は 10nm（黒），25nm（青），110nm（赤）[39]。

8　おわりに

西暦 2000 年頃から始まった VLS 法による Ge-NW の研究は 10 年余りの期間に急速に進展した。ナノ構造に特有なユニークな電気的，光学的性質を活かした将来のデバイス応用が楽しみである。

文　　献

1)　Y. Cui *et al*, *Science*, **293**, 1289 (2001).
2)　Y. Li *et al*, *Mater. Today*, **9**, 18 (2006).
3)　R. Yan *et al*, *Nat. Photonics*, **3**, 569 (2009).

4) S. M. Sze and K. K. Ng, *Physics of Semiconductor Devices 3rd Ed.*, p. 789, Wiley, New Jersey (2007).
5) S. Oktyabrsky and P. Ye : *Fundamentals of III-V Semiconductor MOSFETs*, p. 293, Springer (2010).
6) K. C. Saraswat *et al, IEDM Tech. Dig.*, p.659 (2006).
7) H. Adhikari *et al, Nano Lett.*, **6**, 318 (2006).
8) Y. Maeda *et al, Appl. Phys. Lett.*, **59**, 3168 (1991).
9) X. H. Sun *et al, J. Vac. Sci. Technol. B*, **25**, 415 (2007).
10) M. Jing *et al, J. Phys. Chem. B*, **110**, 18332 (2006).
11) R. S. Wagner and W. C. Ellis, *Appl. Phys. Lett.*, **4**, 89 (1964).
12) R. S. Wagner and W. C. Ellis, *Trans, Metall, Soc. AIME*, **233**, 1053 (1965).
13) H. Adhikari *et al, Nano Lett.*, **6**, 318 (2006).
14) S. Kodambaka *et al, Science*, **316**, 729 (2007).
15) C. B. Li *et al, J. Appl. Phys.* **106**, 046102 (2009)
16) M. Simanullang *et al, Jap. J. Appl. Phys.*, **50**, 105002 (2011).
17) Y. Wu and P. Yang, *Chem. Mater.*, **12**, 605 (2000).
18) Y. Wu and P. Yang, *J. Am. Chem. Soc*, **123**, 3165 (2001)
19) D. Wang and H. Dai, *Angew. Chem.*, Int. Ed. **41**, 4783 (2002).
20) Q. Wan *et al, Solid State Commun.* **125**, 50 (2003)
21) J. L. Lensch-Falk *et al, J. Amer. Chem. Soc.* **129**, 10670-10671 (2007)
22) H. Y. Tuan *et al, Chem. Mater.*, **17**, 5705, (2005)
23) K. Kang, *Adv. Mater.* (Weinheim, Ger.) **20**, 4684 (2008).
24) S. Mathur *et al, Chem. Mater.*, **16**, 2449-2456, (2004)
25) J. R. Heath and F. K. LeGoues, *Chem. Phys. Lett.*, **208**, 263 (1993).
26) B. S. Kim *et al, Nano Lett.*, **9** (2), 864 (2009)
27) R. G. Hobbs *et al, J. Am. Chem. Soc.*, **132** (39), 13742 (2010)
28) C. A. Barrett *et al, Chem. Commun.*, **47**, 3843, (2011)
29) T. I. Kamins *et al, Nano Letters*, 2004, **4** (3), 503, (2004)
30) J. H. Woodruff *et al, Nano Lett.*, **7** (6), 1637, (2007)
31) J. H. Kim *et al*, Cryst. *Growth Des.*, 2012, **12** (1), pp 135, (2012)
32) C. Li *et al, Appl. Phys. Lett.* **93**, 041917 (2008)
33) C. Li *et al, Appl. Phys. Express.* **2**, 015004, (2009)
34) C. B. Li *et al, Thin Solid Films* **519** 4174, (2011).
35) C. B. Li *et al*, Nanowires-Implementations and Applications, Edited by Abbass Hashim, InTech Press, Croatia, 487, (2011).
36) M. Simanullang *et al*, J. *Nanosci. Nanotechnol.*, **11**, 9 (2011).
37) D. Wang *et al, Appl. Phys. Lett.* **83**, 2432 (2003)
38) L. Cao *et al, Nature Materials* **8**, 643 (2009)

第5章　VLS法によるⅢ-Ⅴ族ナノワイヤ成長

舘野功太*

1　はじめに

VLS（vapor-liquid-solid）法によるナノワイヤの一般的な成長機構や特徴については他の章でふれられているので，ここでは薄膜エピタキシャル成長で一般に使用されるMOCVD（metalorganic chemical vapor deposition）装置によるAu微粒子を触媒としたVLS成長Ⅲ-Ⅴ族化合物半導体ナノワイヤに関する最近の我々の研究を中心に紹介する。AlGaAs系を中心にした我々の以前のナノワイヤ研究，例えば，曲がり構造，エアギャップを有するコア・マルチシェル構造，自己形成的にステップに揃ったGaPナノワイヤ，ナノワイヤを利用したナノホール等については他の文献を参照されたい[1,2]。はじめに簡単にVLS成長法によるナノワイヤの優位性について触れた後，長波長帯発光のヘテロ構造ナノワイヤ[3,4]，基板に沿って横方向に成長するナノワイヤ（以下横成長と記述する）[5,6]，自己触媒法によるナノワイヤ[7]と，最後にInAsナノワイヤを用いた超伝導素子[8]について紹介する。

MOCVD法は化合物半導体デバイス用の多層膜結晶を量産する手法として定着している。しかしながら薄膜成長技術では，そのエピタキシャル成長された薄膜を加工して個々のデバイスを切り出すまでに不要な成長部分をエッチング等で除かなければならない。そのため，余分な材料やプロセスを要する。VLS法の場合，薄膜成長による方法と異なり，デバイスに必要なナノからミクロンのサイズまでを選択的に大量にナノワイヤとして成長できる点と，成長速度も比較的速く，成長温度も300-500℃と低温である点からも，かなり経済的な成長法である。例えば，我々の2インチ用の成長炉ではMOCVD成長時のGaAs薄膜と同じ成長速度にするのに，原料のTMGa（trimethylgallium）の流量は1/25で良く，また，良質な膜を得るためにMOCVD成長の成長温度は660℃と比較的高温にする必要があったが，VLS成長では440℃とAu触媒との共晶点付近の温度が最適である。ヒーターの電力で比較するとおよそ半分で済むことになる。成長自体にも優位性があり，ヘテロ界面では格子定数差が大きくても転位等の欠陥が生じずに成長が可能であるため，Si等の安価な基板を使用することができる。最小の径は熱力学的な限界はあるが，触媒微粒子のサイズでほぼ決めることができる[2]。GaPナノワイヤでは直径が5 nm程度のものも確認している。また，軸方向のヘテロ構造形成，ドーピング制御が薄膜成長法と同様な手法で行える点でナノサイズのデバイスを比較的容易に作製できる魅力がある。ナノワイヤ自

＊　Kouta Tateno　NTT物性科学基礎研究所　量子光物性研究部
量子光デバイス研究グループ　主任研究員

体も量子構造となり得るため，低温物理において比較的興味を持たれている材料ではある。いろいろなデバイスが広く作製されてきており，例えば光素子ではLED（light emitting diode）[9]やレーザ[10]も実現されている。最近ではナノワイヤで構成したフォトニック結晶レーザも報告されている[11]。ナノワイヤは光学顕微鏡で確認できるかできないか位の極めて小さい構造物であるためSEM（scanning electron microscope）やTEM（transmission electron microscope）等の電子顕微鏡で確認するのが一般的である。取り扱いや評価の面で技術的課題が多いのが実情ではある。しかしながら近年の観察技術の進歩によって，構造や組成，不純物の解明が進んできている。TEMによるその場観察[12]，STM（scanning tunneling microscope）による原子像レベルの解析[13]，アトムプローブによる不純物分布評価[14]などが挙げられる。また，成長技術も制御の面で徐々に進んできており，最近ではツイン制御[15]も試みられている。

VLS法によるナノワイヤ成長技術は実用デバイス作製までにはまだまだ課題は多く，触媒金属が不純物として残る問題や積層欠陥，マイクロファセット形成，テーパー構造，成長方向等の成長自体の問題や，配列化，オーミック電極の取り方，光の取り出し方等のデバイスとして作製するときの問題が挙げられる。現在はこれらを解決するため基礎的な研究が盛んに行われている状況である。

2　長波長帯発光ナノワイヤ

AlGaInAs系やGaInAsP系は光通信波長帯の1.3 μmや1.55 μm帯の光デバイスを作製する材料として用いられている。さらに2 μm帯の半導体レーザも分子分光や医療応用で開発されている[16]。ここではGaInAs/AlInAs系[3]とInAsP/InP系[4]のヘテロ構造ナノワイヤについて紹介する。

GaInAsの成長はGaAs(111)B基板上でKim等が発光や構造，組成について調べており，軸方向の積層欠陥や組成の変化の報告をしている[17]。発光波長は1.6 μmまで低温で調べられていたが，我々はInP(111)B基板を用いてIn組成を増やし，AlInAsのキャップ層を最後に成長することによって室温で1.2-2.2 μmで発光するナノワイヤを作製することに成功した（図1）。GaInAsナノワイヤはそのままでは室温でPL（photoluminescence）発光は見られないが，キャップ層を成長してコア・シェル構造とすると室温でもPLピークが現れる。TMIn（trimethylindium）のTMGaに対する流量比を増やすことによって2.2 μmに及ぶ発光ピークを測定することができた。成長においては40 nmと20 nmのAu微粒子を触媒に用い，GaInAs，AlInAsともに基板に垂直なナノワイヤを成長することができた。AlInAsに関しては20 nmのAu微粒子の場合にナノワイヤが曲がっている様子が見られた。これはこの三元系では成長が進むにつれて組成が軸方向に変化し，さらにVS（vapor-solid）成長で動径方向に組成変化が生ずるため格子定数差でナノワイヤに歪が生じたことによると考えられ，AlInAsでその変化量が顕著であったと考えられる。また，GaInAsナノワイヤの断面は六角形なのに対しAlInAsの断面は三角形が多く，前者が主にZB（zincblende）構造であるのに対し，後者はWZ（wurtzite）

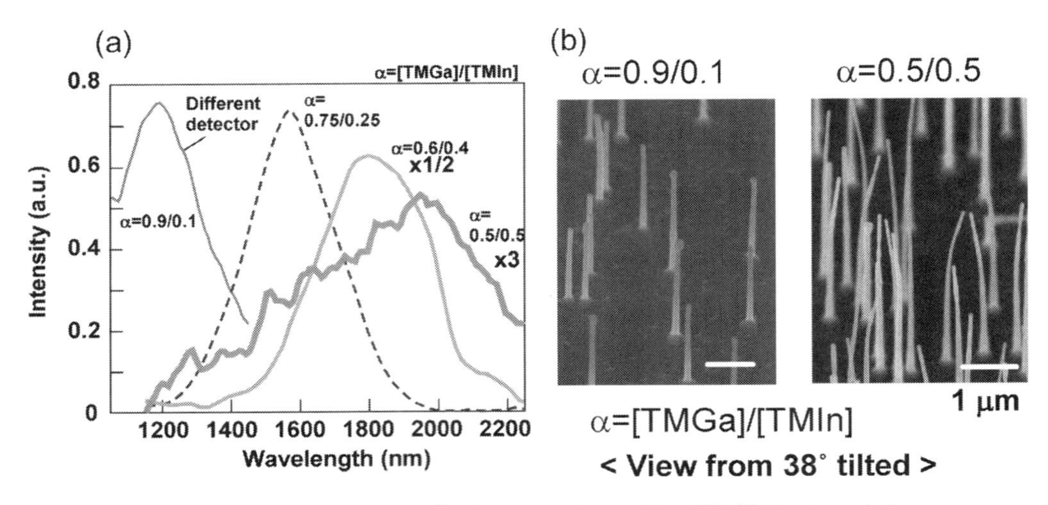

図1　GaAs/AlInAs でキャップした GaInAs ナノワイヤ　(a)室温 PL スペクトル，(b) SEM 写真（文献 3) より）

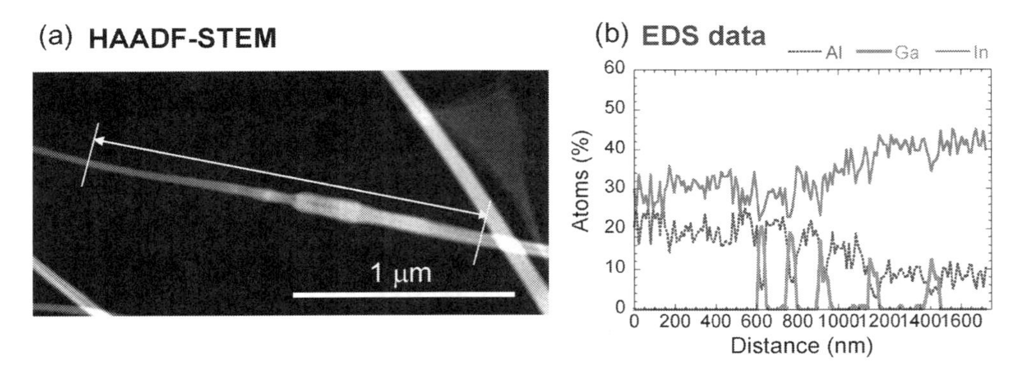

図2　GaInAs 5 層を含む AlInAs ナノワイヤ　(a) HAADF-STEM 写真，(b) EDS ライン分析結果，スキャン範囲を(a)の矢印で示す（文献 3) より）

構造であった。また，どちらも積層欠陥が多く含まれていた。量子効果デバイスを目指すためには GaInAs/AlInAs のヘテロ構造で量子ドットを作製することが望まれる。図 2 に GaInAs 層を含む AlInAs ナノワイヤの HAADF-STEM（high-angle annular dark-field scanning transmission electron microscopy）像と EDS（energy dispersive X-ray spectrometry）ライン分析の結果を示す。Ga は 6 nm 以内で急峻に切り替わっている様子が見られる。しかしながら，GaInAs 層内に Al が含まれ，同じ時間においても層厚と層間隔が成長方向に向かって減少している。5 層のはじめの GaInAs 層は $Al_{0.08}Ga_{0.24}In_{0.68}As$ であり，最後の層は $Al_{0.10}Ga_{0.42}In_{0.48}As$ であった。TMGa の流量比が 0.75 に対して組成は 0.24-0.42 と小さく，Ga 反応種の表面での拡散が In よりも小さいことを考えると，触媒への Ga 反応種の到達量が成長とともに少なくなることが考えられる。また，動径方向の VS 成長により Al が周りに成長しやすかったため，GaInAs 領域でも

Alが検出されたと考えられる。

さらにSi基板上に垂直なGaInAsナノワイヤ成長を試みた。Si(111)基板にVLS法でGaP, InPを短く成長し，その後GaAs/AlInAsキャップ層の成長を行った。通常GaPナノワイヤの上にはInPナノワイヤはまっすぐに成長しない。しかしながら，高温ではInPの塊がGaPナノワイヤの先端と根元に成長する[18]。この結果を考慮して，短いGaPとInPのVLS成長をはじめに行うことでうまくSi(111)上にInP(111)B面が形成され，それによって引き続き垂直なGaInAsのナノワイヤ成長を行うことができた。発光特性においては，室温で1.8 μm付近にピークを持つPL発光を確認した。InP(111)B基板上に成長したGaP/InPナノワイヤを挟まないサンプルと比較すると，Si基板上のサンプルは長波長側にピークを示している。このことから反応種の拡散過程がInP表面上とは異なり，Si基板上ではInのワイヤへの取り込み量が多かったものと推測される。

GaInAs/AlInAs系のナノワイヤは原理的には格子が合うように組成を制御することが可能であり，Ⅴ族一定でⅢ族切り替えにより構造を作ることができるはずなのであるが，実際は軸方向や動径方向の組成変動が大きく，いかにヘテロ構造を作り込むかは依然大きな課題である。次にInAsP/InP系のナノワイヤについて述べる。

InPの非発光再結合速度はGaAsよりも4桁小さく，発光測定では有利である[19,20]。InPはZB構造の場合自由励起子からの発光が低温で1.42 eVであるが，WZ構造になると1.50 eVと80 meV高くなると報告されている[20]。Ab initio計算ではZBとWZ構造はtype-IIとなり価電子帯のオフセットが45 meVと計算されている[21]。また，触媒のサイズと構造についても調べられており，小さい触媒ではWZ構造ができやすいと報告されている[22]。成長条件では400 ℃においてⅤ/Ⅲ比が低いほど（～200）ZB構造のナノワイヤで，高いほど（～700）WZ構造となり，同じⅤ/Ⅲ＝110では温度が480 ℃と高くするとWZ構造となることが報告されている[22,23]。Ⅴ/Ⅲ比が小さいときに見られる曲がりくねった構造は，ナノワイヤの成長がPH_3の分解に律速するためAu触媒中のInの量が変動することによると考えられている。つまり，Inが増加すると気相-液相の表面張力が低下し，液滴が動きやすくなり，ちょっとした温度変化や供給量の変化で液滴がナノワイヤ先端から動いてしまうためと考えられる[22]。したがって大きなサイズのナノワイヤは真っ直ぐな成長を行うのにⅤ/Ⅲ比を上げる必要がある。

InAsはバンドギャップが小さいため電子の有効質量が小さく，室温でのバルクの電子移動度が22,700 $cm^2(Vs)^{-1}$と高い[24]。また，表面電荷密度が高いためにフェルミレベルが伝導帯の中にピンニングしていることから，ショットキー障壁なしにオーミックコンタクトを形成しやすい。これらの特徴から化合物半導体ナノワイヤの中では最も電子デバイス，センサ応用で注目されている材料である。InAsナノワイヤのⅤ/Ⅲ比依存性，温度依存性についてDayeh等は詳細に調べている[25]。InAsナノワイヤは温度が20 ℃高くなるとナノワイヤ成長が止まる傾向が見られる。また，Ⅴ/Ⅲ比を上げるとより低い温度で成長が止まる状態になる。これはInが基板表面で層成長に使われ，ナノワイヤ先端まで供給されないためと考えられる。

InP ナノワイヤ中の InAsP ヘテロ構造は量子ドットとすることで光通信波長帯のナノ光デバイスを目指すことができる。低温で量子ドットからのシャープなエキシトン発光を観察した報告がなされている[26]。成長においてはV族の切り替えに課題があり，As のメモリー効果によって急峻なヘテロ構造の作製が難しいことが知られている[27]。我々は多重量子井戸を作製した場合にどのような As 分布が生じるのかを詳細に調べた[4]。WZ の積層欠陥の無い InP ナノワイヤはV/Ⅲ比の大きい条件で得ることができる。V/Ⅲ比 1000 と 300 で時間に対するナノワイヤの長さを調べたところV/Ⅲ＝1000 ではおよそ 40 分成長後に成長速度が遅くなり，逆にV/Ⅲ＝300 では早くなってから軸方向の成長が止まる（飽和する）様子が見られた。また，V/Ⅲ比を 1000 から 300 に 39 分後に切り替えると 11 分後に成長速度が急に早くなってから飽和し，V/Ⅲ比を 300 から 1000 に 30 分後に切り替えると成長速度は減少して飽和することがわかった。さらに後者ではナノワイヤの中間の高さで太くなった形状が見られた。これらの実験から成長速度とナノワイヤの飽和した長さはV族ガスの PH_3 の供給量を増やすことによって減少する傾向があることがわかった。成長中は例えば $(CH_3)_3In/PH_3$ や $(CH_3)_2InPH_2$ 等のようなアダクトが生成することが考えられ，このような生成物がＰ反応種の Au 触媒までの拡散に影響を与えているものと推測される。また，成長が進むと基板表面上に多数の微小構造が形成され，その密度はV/Ⅲ比を高くすると高くなることから，基板表面での拡散長も変化し，原料の触媒への供給が変化することも考えられる。次にこのV/Ⅲ比の高い条件で As を InP 成長中に供給して 10 ペアの InAsP/InP 繰り返し層構造を成長した。V/Ⅲ比の低い条件では積層欠陥が多く，また，側壁も滑らかでないため HAADF-STEM 像では層が確認できなかったが，V/Ⅲ比の高い条件では明瞭に確認することができた。この多重量子ドット構造に InP キャップ層を成長すると室温でも PL ピークが現れ，層厚による量子サイズ効果を確認することができた。図 3 にコアのみの 10 ペアの InAsP/InP 層の組成を HAADF-STEM，EDS により詳細に調べた結果を示す。InAsP 層の As の供給は全V族原料の 10％とした。InP 障壁層は 30 s，10 ペアの InAsP/InP 成長後，InP を 3 min 成長した。As を供給後は As を供給していない InP 成長層にも As が多く含まれ，InAsP/InP のペア数が増えるに従って InAsP 層がぼけてくる様子がわかった。層厚を調べたところ，InAsP 層はほぼ同じ厚さであるのに対し，障壁層の InP 層厚が徐々に増えている傾向があることがわかった。VLS 成長では Au 触媒が As を含むことも考えられるが，As の供給を止めた後数分保持する操作を加えても大きな変化はなく，また，EDS の結果からも Au にそれほど多くの As が含まれていないことを確認した。従って Au 触媒がこの As のメモリー効果の要因ではないと考えられる。ナノワイヤを先端の InP 部分，InAsP/InP 繰り返し層の部分，根元の部分と軸に垂直な方向にスライスして取り出し EDS 分析をしたところ，先端では $InAs_{0.28}As_{0.72}$，InAsP/InP 繰り返し部分では $InAs_{0.34}P_{0.66}$ の均一な分布が見られたが，根元では外周に As の多い $InAs_{0.26}P_{0.74}$ のシェルと中心の $InAs_{0.07}P_{0.93}$ のコアのコア・シェル構造となっていることがわかった。この As 組成の高いシェル層は InAsP 成長のために As を導入した後に形成されたものと考えられる。以上の結果から，As のメモリー効果は表面の As 反応種の拡散の遅さが要因である

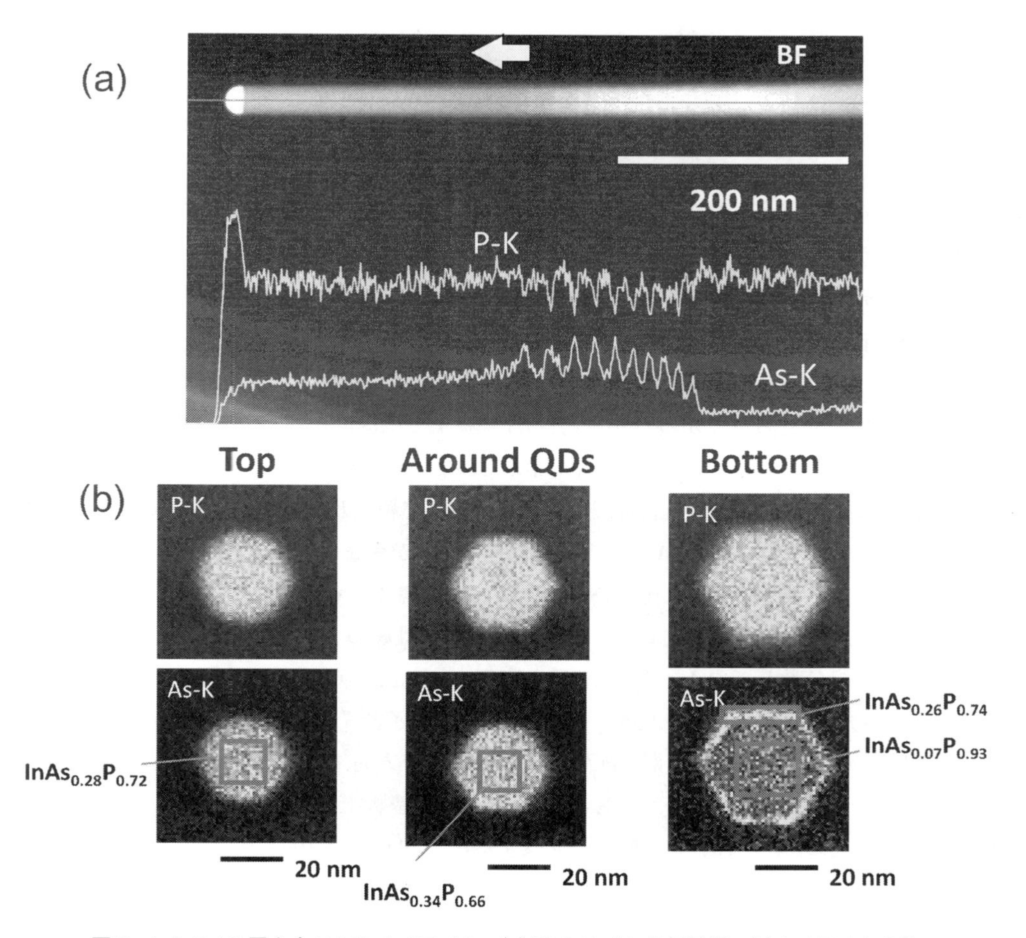

図3　InAsP 10層を含むInPナノワイヤ　(a) EDSライン分析結果，(b)ナノワイヤの先端部，量子ドット部，根元部の断面をEDSマッピングした結果（文献4)より）

ことが考えられる。そこで拡散方程式を元に1次元の成長のモデルによってFDTD計算を行ったところ，Asのメモリー効果によるInP層へのAsの混入の様子をおおよそ説明できることがわかった。これまでの実験ではAsの原料はAsH_3，Pの原料はPH_3を用いたが，原料を変えることで拡散の様子も変化することが容易に想像される。そこで原料をTBAs，TBPに変えたところ，InP中のAsのレベルが減少することを確認することができた。以上の結果からInAsP/InP系では単結晶のWZ構造で急峻なInAsP/InPのヘテロ構造の制御も十分に行うことが可能になると期待される。

3　GaAs(311)B 基板上横成長 GaAs ナノワイヤ

フリースタンディングのナノワイヤは [111]B（Wurtzite では [0001]B）方向に成長しやすく，これまで多く調べられているが，VLS 法による成長は横成長もあり，最近，いくつか報告がなされてきている[5,6,28,29]。横成長で制御性良くナノワイヤが成長できればリソグラフィ技術による加工が容易になり，デバイスの集積化に有利である。Fortuna 等は GaAs(100) 基板上に<110>方向の GaAs ナノワイヤを横成長し，Si 基板に転写を試みた[28]。また，半絶縁基板上に成長し，FET（field effect transistor）の作製，評価を行っている[29]。我々は GaAs の（100），（311）A，(311)B 基板を用いて横成長 GaAs ナノワイヤの成長を詳細に調べた[5]。(111)B 基板上では横成長ナノワイヤは全く見られなかったが，（311)B 基板上では温度を高くすると横成長ナノワイヤは多くなり，460 ℃で 81%，500 ℃の条件で 100%となった。TEM により構造を調べたところ，(311)B 基板上のナノワイヤは（111)B と（100）の側壁で覆われた断面が三角形の形状をしており，先端の Au 微粒子は 90%が Au で，Ga と微量の As が含まれていることが EDS より明らかになった。また，基板とナノワイヤの格子は連続して接続されており，基板上に転位や積層欠陥無しにエピタキシャル成長されていることがわかった。触媒の Au 微粒子は Au コロイドを基板に塗布することで分散している。Au 微粒子の直径を 40 nm，20 nm，5 nm と変えるとナノワイヤの高さが平均して 4 nm から 1.2 nm へと変化し，微粒子サイズに依存していることがわかった。Au 微粒子をリソグラフィ技術で配列させると等価な方向，つまり［011］と［0$\bar{1}\bar{1}$］方向に同じように横方向成長されることを確認した。(311)A 基板上では横成長は起こらず，また，（100）基板では［011］や［0$\bar{1}\bar{1}$］方向に横成長するが，[01$\bar{1}$］や［0$\bar{1}$1］方向へは横成長しなかった。図 4 に横成長 GaAs ナノワイヤの SEM 写真と TEM 写真を示す。ナノワイヤの側壁には明瞭なファセットが現れていることがわかる。(111)A ファセットは表面エネルギーが大きいと考

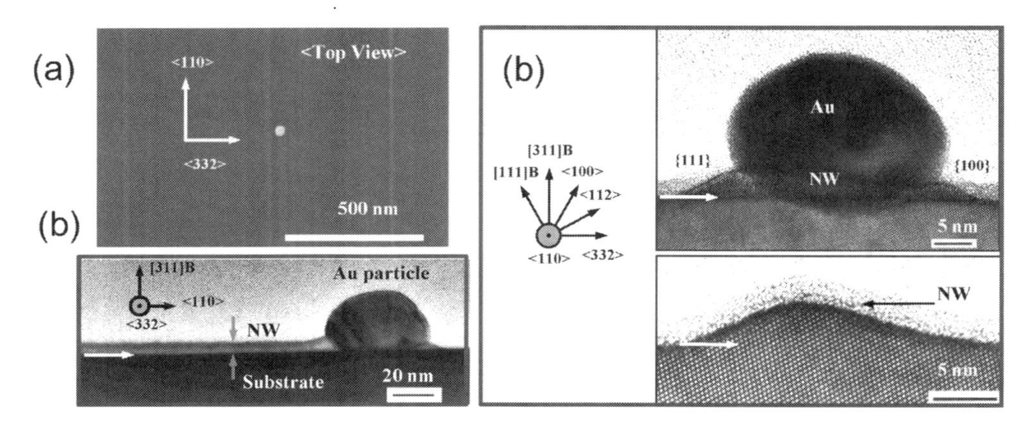

図 4　GaAs(311)B 基板上に横成長した GaAs ナノワイヤ　(a)上面からみた SEM 写真，(b)軸に沿って切り出したナノワイヤの TEM 写真，(c)軸に垂直な方向に切り出したナノワイヤの断面 TEM 写真，上：先端部，下：中間部（文献 5)より）

えられ，そのために（111)A基板上では横成長されないと考えられる。同様にファセット面の極性によって［011］（$[0\bar{1}\bar{1}]$）方向と［$01\bar{1}$］（$[0\bar{1}1]$）方向に違いが生じていると考えられる。

機能的なナノデバイスを実現するためにはキャリアや光子の閉じ込めが必要である。さらに我々はGaAs(311)B基板上にGaAsよりもバンドギャップが小さいInGaAsの横成長を試みた[6]。直径20 nmのAu微粒子を用い，TMInのⅢ族に対する流量比を20%，基板温度を400℃で成長を行ったところ，GaAsと同様に［011］（$[0\bar{1}\bar{1}]$）方向に伸びた横成長ナノワイヤを確認することができた。ナノワイヤの高さは1.3-1.7 nmであった。ナノワイヤはAu微粒子から成長開始点に向かって厚みを増したテーパー状の構造で，VLS成長に加えてVS成長も起こるため，周囲に積層が起きたことがわかる。TEMによる観察ではAu微粒子の部分は基板表面上に出ているところと基板の中に潜った部分があり，EDS分析により前者は$In_{0.06}Ga_{0.31}As_{0.25}Au_{0.38}$，後者は$In_{0.06}Ga_{0.39}As_{0.4}Au_{0.15}$といずれもIn，Ga，Asが多く含まれていることがわかった。形状が先端で留まっていることから成長後に合金化が進んだものと考えられる。また，ナノワイヤの領域は4%のIn組成であることがわかった。実際にTMInが分解してAu微粒子に取り込まれる量がTMGaよりも少ないことが明らかになった。Inを供給することによってナノワイヤの軸に垂直な方向の断面形状がGaAsの三角形から台形に変化することがわかった。このような変形はInを含むことによって歪が生じたことに起因すると考えられる。格子不整合は0.29%と小さいが表面エネルギーの変化としては大きかったと考えられる。ヘテロ構造については基板表面に積層する薄膜の影響をどのようにして小さくするかが課題であり，今後，他基板への転写の技術なども合わせて検討する必要がある。

4　自己触媒VLS法によるInPナノワイヤ

VLS法においてはこれまで触媒としてAuが広く用いられてきたが，ナノワイヤ形成過程でAuが不純物として取り込まれることが懸念される。AuはGaAsにおいては深い準位を形成することが知られており，キャリアの再結合中心となる可能性がある。基板にSiO_2等の膜を積層し，その後選択エッチングにより窓を開け，そこからナノワイヤ成長を行う，いわゆる選択成長法は，Au等の構成元素以外のメタルを用いない方法として有効である。しかしながらこの方法は550-650℃で行う比較的高温の成長法であり，また，軸方向のヘテロ構造形成が難しい。VLS法の特徴を生かした成長法として，構成元素のⅢ族メタルを触媒としてナノワイヤを成長する自己触媒法が最近注目されており，GaAs[30]，GaInAs[31]，InP[7, 32～34]，InSb[35]等で微粒子からの成長が確認されている。Ga粒子に比べてIn粒子からのナノワイヤ成長は比較的低温で行われている。Novotny等はInP(111)B基板上に垂直なInPナノワイヤを成長し，その成長機構について触れている[32]。また，Si基板上に成長した報告もなされている[33, 34]。我々は320℃という低い温度で自己触媒法により垂直なInPナノワイヤを形成し，SEM，TEM，EDS，ラマン分光法，顕微PL分光法により構造を詳細に調べ，さらにInの供給を制御する実験を通して自己触媒法で

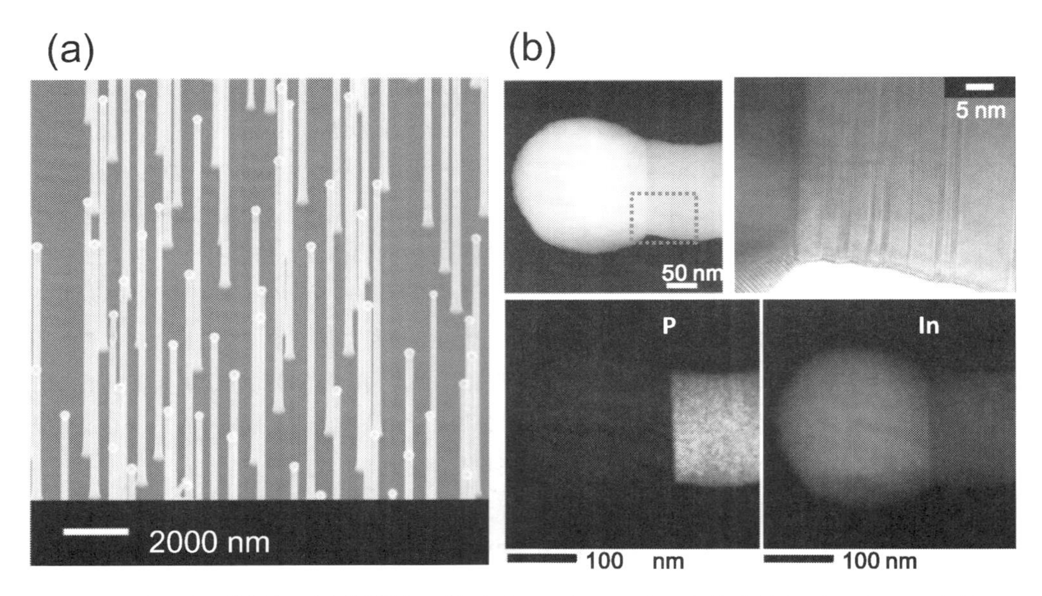

図5　InP(111)B 基板上に自己触媒法で成長した InP ナノワイヤ　(a)上方斜めからみた SEM 写真，(b)ナノワイヤ先端部の構造，左上：HAADF-STEM 写真，右上：TEM 写真，左上図の四角で示した範囲，下：EDS マッピング（文献 7)より）

ある直接的な証拠を示した[7]。成長の実験は，はじめに In 微粒子を TMIn を 360 ℃，5 分供給することによって形成した。密度は比較的均一で 3×10^{5} mm^{-2}，微粒子径は 200 ± 20 nm であった。ナノワイヤは In の微粒子を先端にして［111］B 方向に垂直に成長した。図5(a)に成長したナノワイヤの SEM 写真を，図5(b)に TEM 写真と EDS マッピング像を示す。約 15 μm の長さにおいて直径の差が先端と根元で 30 nm と小さかった。これは VS 成長によって側壁に成長される効果が 320 ℃と低温なために抑制された結果と考えられる。ナノワイヤは ZB 構造で比較的積層欠陥の多いものであった。積層欠陥の課題については今後改善が必要である。また，自己触媒法の利点として先端の In 粒子を容易に除去できることを示した。Au 微粒子を触媒とする場合はこれを除去するためにエッチングが必要になり，コア・シェル構造を形成する場合に一端成長炉から外に取り出す必要があった[1,2]。自己触媒法ではV/Ⅲ比を最適化することで先端に In 微粒子の無い鉛筆状の構造を形成できる。一端 In 微粒子が無くなるとナノワイヤ成長は止まることを確認した。さらにラマン測定により InP の TO フォノン（304.1 cm^{-1}），LO フォノン（342.6 cm^{-1}）を確認し，低温成長においても良好な結晶が成長できたことを示した。また，顕微 PL で積層欠陥由来の発光を確認した。我々は軸方向のヘテロ構造についても調べており，InAsP/InP の系においてヘテロ構造の作製に成功している[36]。今後，自己触媒法によるナノワイヤ成長の研究の展開が期待される。

5　InAs ナノワイヤの超伝導量子デバイスへの応用展開

InAs ナノワイヤは高い移動度，強いスピン軌道相互作用，金属とのショットキーなしの接合が可能であるなどの特徴がある。超伝導コンタクトを有する InAs ナノワイヤの興味深い現象として，Kondo 増強 Andreev トンネリング[37)]，π 接合挙動[38)]，Andreev 反射による普遍的な伝導度の揺らぎ[39)]等が観測されている。理化学研究所石橋グループの西尾等は大気に触れることなくナノワイヤ表面をエッチングした後に電極を形成する技術によって InAs ナノワイヤのコンタクト抵抗を減らすことに成功し，超伝導電極を用いた電界効果型のデバイスを作製して，極低温下で５次のアンドレーエフ反射やゲート電圧で制御可能な超伝導電流を観測し，さらに，マイクロ波を印加することで交流ジョセフソン効果によるシャピロステップの観測を行った[8)]。InAs ナノワイヤは直径 50-300 nm で長さは 10-20 mm のものを用いた。ナノワイヤは 200 nm の SiO_2 膜が付いた Si 基板上に分散し，電子ビームリソグラフィによりレジストのネガ電極パタンを形

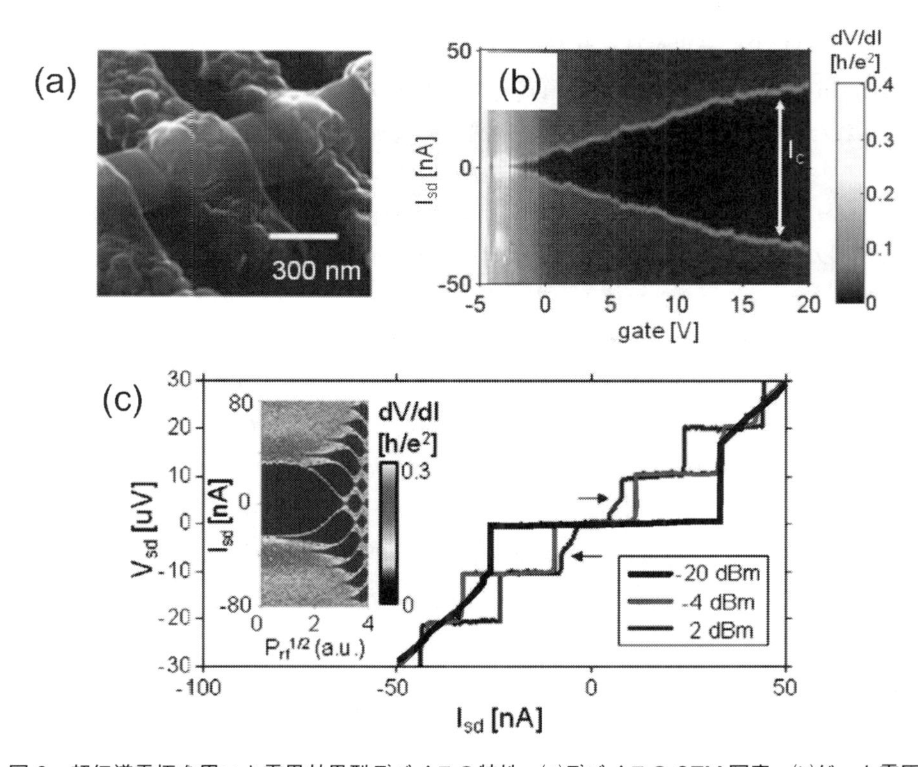

図６　超伝導電極を用いた電界効果型デバイスの特性　(a)デバイスの SEM 写真，(b)ゲート電圧とソース-ドレイン電流に対する微分抵抗をマッピングした図，(c)５GHz のマイクロ波照射下におけるソース-ドレイン間の I-V 特性（シャピロステップ：電圧一定の領域，矢印はハーフシャピロステップ），図はマイクロ波の強度とソース-ドレイン電流に対する微分抵抗をマッピングしたもの（文献 8）より）

成した後 Ar イオンを用いた RF スパッタによってナノワイヤ表面をエッチングし，そのまま in-situ で Ti(10 nm)/Al(150 nm) を蒸着した。図 6(a)に作製したデバイスの SEM 写真を示す。室温で全てのデバイスがオーミック I-V 特性を示し，抵抗は 1-3 kΩ とエッチング処理をしていないものの 1/10 となった。ナノワイヤは n 型の特性を示し，移動度は 800-5000 $cm^2(Vs)^{-1}$ であった。低温の電子輸送の測定は希釈冷凍機内の 30 mK で行った。ソース-ドレイン電圧に対する電流の結果ではヒステリシスの無いオーバーダンプ型接合の特性が見られ，また，図 6(b)に示すように超伝導電流のゲート依存性がみられた。この結果は酸化層が除去されたことによる低いコンタクト抵抗と小さな接合容量の理想的な接合が得られたことの間接的な証拠である。ゲート電圧を上げるとナノワイヤ中のキャリアが増加するため臨界電流が増加する。ゲート電圧を下げるとナノワイヤ中のモードが減少し，超伝導は消失する。磁場を基板に垂直な方向に印加し，超伝導電流を調べたところ，超伝導と常伝導電流の領域が明らかになり，臨界電流の磁場に対する振動がジョセフソン接合でのジョセフソン渦の浸透を考慮した理論と一致していることがわかった。我々は実効的なナノワイヤ接合の長さを 410 nm 程度と見積もることができた。超伝導ギャップを Δ とするとソース-ドレイン電圧（Vsd）が 2Δ より小さいサブギャップ領域では多重 Andreev 反射（MAR）過程が見られた。常伝導と超伝導の境界での AR 過程の回数によって $Vsd = 2\Delta/ne$ (n = 1, 2, 3, …) で共鳴伝道ピークが現れる。フィッティングにより Δ は 130 μeV と見積もられた。解析によりコンタクトの透過度が 85% 程度と見積もられ，この大きな透過性は InAs ナノワイヤと電極との間のフェルミ速度の差によって説明されることがわかった。この素子の交流ジョセフソン効果を確認するためにマイクロ波の応答を調べた。図 6(c)よりマイクロ波照射下ではソース-ドレインの電流-電圧特性でシャピロステップと呼ばれる電圧一定の領域が $Vn = nh\omega/(2\pi e)$（ω はマイクロ波の角周波数，n = 0, ±1, ±2, …）のところで現れる。5 GHz のマイクロ波でこの現象を確認した。また，マイクロ波の強度を上げると分数シャピロステップも現れた。これはコンタクトにおける MAR の透明性が高い場合に観測される。さらに超伝導と常伝導状態の伝導性の相関について調べた。臨界磁場よりも高い 50 mT で超伝導状態を壊し，伝導度のゲート依存性を調べた。1D の系で重要な特性である $2e^2/h$ の量子化コンダクタンスが見られた。$4e^2/h$ ではいくつかのピークが見られ，ファブリペロー干渉あるいは 1D 構造の変形や散乱体による普遍的な伝導度の揺らぎ（UCF）の効果が考えられる。常伝導状態と超伝導状態の微分伝導度をソース-ドレイン電圧とゲート電圧の依存性から比較したところ，常伝導状態ではファブリペロー型干渉を示すダイアモンド状規則パターンが見られ，また，バイアスウィンドウを増加させても汚くなるようなことはないので UCF の効果は否定された。デバイス長は電子の平均自由行程程度であることからファブリペロー干渉の効果に起因すると結論される。0 mT の超伝導状態では 0 V 付近で Andreev 反射による伝導度の促進が見られた。ゲート電圧依存性において −4 V 付近の $4e^2/h$ ピークの様子からも超伝導状態と常伝導状態の伝導性の明らかな相関がみられた。以上，これらの知見は将来の量子ナノデバイス応用への足掛かりになるものと期待される。

6　まとめ

この章では我々の最近の研究からⅢ-Ⅴ族化合物半導体ナノワイヤのVLS法による成長と，超伝導素子について解説を行った。様々な化合物でナノワイヤを成長することが可能であり，バンドギャップの小さいGaInAsP系を用いることにより光通信波長帯の光デバイスが作製可能である。また，成長方向を基板に沿った横方向にする技術が見出され，これによりプラナーデバイスをより簡単に作製できる可能性がある。触媒として化合物の構成元素を利用する自己触媒法が盛んに研究されてきており，不純物の少ない良質な結晶を得られる可能性がある。これまでもナノワイヤでいろいろなデバイスの作製が試みられてきたが，超伝導体との組み合わせによって，より高度で複雑な演算を可能とする量子デバイスへと展開することが期待される。まだまだ課題は多く，したがって研究テーマは豊富であり，また，環境負荷低減などを考えると，ナノワイヤ技術は今後ますます注目され，発展するのではないだろうか。

文　　献

1) K. Tateno, G. Zhang, H. Gotoh, T. Sogawa, *Journal of Nanotechnology* 2012 Article ID 890607 (2012).
2) 舘野功太，“3.1 VLS法によるナノワイヤ成長”，“3.2 シリコン基板上ナノワイヤのヘテロ構造，3次元構造’，現代表面科学シリーズ　第4巻『表面新物質創製』87-124 (2011).
3) K. Tateno, G. Zhang, H. Nakano, *Nano Lett.* **8**, 3645 (2008).
4) K. Tateno, G. Zhang, H. Gotoh, T. Sogawa, *Nano Lett.* **12**, 2888 (2012).
5) G. Zhang, K. Tateno, H. Gotoh, H. Nakano, *Nanotechnology* **21**, 095607 (2010).
6) G. Zhang, K. Tateno, H. Gotoh, T. Sogawa, *Applied Physics Express* **3** (2010) 105002.
7) G. Zhang, K. Tateno, H. Gotoh, T. Sogawa, *Applied Physics Express* **5** (2012) 055201.
8) T. Nishio, T. Kozakai, S. Amaha, M. Larsson, H. A Nilsson, H Q Xu, G. Zhang, K. Tateno, H. Takayanagi, K. Ishibashi, *Nanotechnology* **22** (2011) 445701
9) X. Duan, Y. Huang, Y. Cui, J. Wang, C. M. Lieber, *Nature* **409**, 66 (2001).
10) A. B. Greytak, C. J. Barrelet, Y. Li, C. M. Lieber：*Appl. Phys. Lett.* **87**, 151103 (2005).
11) A. C. Scofield, S. -H. Kim, J. N. Shapiro, A. Lin, B. Liang, A. Scherer, D. L. Huffaker, *Nano Lett.* **11**, 5387 (2011).
12) C. -Y. Wen, J. Tersoff, K. Hillerich, M. C. Reuter, J. H. Park, S. Kodambaka, E. A. Stach, F. M. Ross, *Phys. Rev. Lett.* **107**, 025503 (2011).
13) E. Hilner, U. Håkanson, L. E. Fröberg, M. Karlsson, P. Kratzer, E. Lundgren, L. Samuelson, A. Mikkelsen, *Nano Lett* **8**, 3978 (2008).
14) D. E. Perea, E. R. Hemesath, E. J. Schwalbach, J. L. Lensch-Falk, P. W. Voorhees, L. J. Lauhon, *Nature Nanotechnology* **4**, 315 (2009).

15) P. Caroff, K. A. Dick, J. Johansson, M. E. Messing, K. Deppert, L. Samuelson, *Nature Nanotechnology*. **4**, 50 (2009).
16) T. Sato, M. Mitsuhara, T. Watanabe, Y. Kondo, Y. *Appl. Phys. Lett.* **87**, 211903 (2005).
17) Y. Kim, H. J. Joyce, Q. Gao, H. H. Tan, C. Jagadish, M. Paladugu, J. Zou, A.A. Suvorova, *Nano Lett.*, **6**, 599. (2006).
18) K. Tateno, G. Zhang, H. Nakano, *J. Cryst. Growth* **310**, 2966 (2008).
19) Y. Rosenwaks Y. Shapira, *Phys. Rev.* **B45**, (1992) 9108.
20) M. Mattila, T. Hakkarainen, M. Mulot, H. Lipsanen, *Nanotechnology* **17**, 1580 (2006).
21) M. Murayama, T. Nakayama, *Phys. Rev.* **B49**, 4710 (1994).
22) S. Paiman, Q. Gao, H. H. Tan, C. Jagadish, K. Pemasiri, M. Montazeri, H. E. Jackson, L. M. Smith, J. M. Yarrison-Rice, X. Zhang, J. Zou, *Nanotechnology* **20**, 225606 (2009) 225606.
23) A. Mishra, L. V. Titova, T. B. Hoang, H. E. Jackson, L. M. Smitha ,J. M. Yarrison-Rice, Y. Kim, H. J. Joyce, Q. Gao, H. H. Tan, C. Jagadish, *Appl. Phys. Lett.* **91**, 263104 (2007).
24) H. H. Wieder, *Appl. Phys. Lett.* **25**, 206 (1974).
25) S. A. Dayeh, E. T. Yu, D. Wang, *Nano Lett.* 7, 2486 (2007).
26) V. Zwiller N. Akopian, M. van Weert, M. van Kouwen, U. Perinetti, L. Kouwenhoven, R. Algra, J. Gómez Rivas, E. Bakkers, G. Patriarche, L. Liu, J. –C. Harmand, Y. Kobayashi, J. Motohisa, *C. R. Physique* **9**, 804 (2008).
27) M. T. Borgström, M. A. Verheijen, G. Immink, T. de Smet, E. P. A. M. Bakkers, *Nanotechnology*, **17**, 4010 (2006).
28) S. A. Fortuna, J. Wen, I. S. Chun, X. Li, *Nano Lett.* **8**, 4421 (2008).
29) R. Dowdy, D. A. Walko, S. A. Fortuna, X. Li, IEEE *Electron Device Lett.* **33**, 522 (2012).
30) C. Colombo, D. Spirkoska, M. Frimmer, G. Abstreiter, A. Fontcuberta i Morral, *Phys. Rev.* **B77**, 155326 (2008).
31) M. Heiß, A. Gustafsson, S. Conesa-Boj, F. Peiró, J. R. Morante, G. Abstreiter, J. Arbiol, L. Samuelson, A. F. Morral, *Nanotechnology* **20**, 075603 (2009).
32) C. J. Novotny, P. K. L. Yu, *Appl. Phys. Lett.* **87**, 203111 (2005).
33) M. Mattila, T. Hakkarainen, H. Lipsanen, H. Jiang, E. I. Kauppinen, *Appl. Phys. Lett.* **89**, 063119 (2006).
34) L. Gao, R. L. Woo, B. Liang, M. Pozuelo, S. Prikhodko, M. Jackson, N. Goel, M. K. Hudait, D. L. Huffaker, M. S. Goorsky, S. Kodambaka, R. F. Hicks, *Nano Lett.* **9**, 2223 (2009).
35) M. Pozuelo, H. L. Zhou, S. Lin, S. A. Lipman, M. S. Goorsky, R. F. Hicks and S. Kodambaka, *J. Crystal Growth* **329**, 6 (2011).
36) G. Zhang, K. Tateno, H. Gotoh, T. Sogawa, SSDM 2012, C-2-2.
37) T. Sand-Jespersen, J. Paaske, B. M. Andersen, K. Grove-Rasmussen, H. I. Jørgensen, M. Aagesen, C. B. Sørensen, P. E. Lindelof, K. Flensberg, J. Nygård, *Phys. Rev. Lett.* **99**, 126603 (2007).
38) J. A. van Dam, Y. V. Nazarov1, E. P. A. M. Bakkers, S. De Franceschi, L. P. Kouwenhoven, *Nature* **442**, 667 (2006).
39) Y. -Joo Doh, S. De Franceschi, E. P. A. M. Bakkers, L. P. Kouwenhoven, *Nano Lett.* **8**, 4098 (2008).

第6章　選択成長法によるⅢ-Ⅴ族化合物半導体ナノワイヤ

池尻圭太郎[*1]，福井孝志[*2]

1　はじめに

ナノメートルオーダーの直径を有する微小細線構造であるⅢ-Ⅴ族化合物半導体ナノワイヤの成長には，従来，Au粒子などを触媒材料に用いた気相-液相-固相（Vapor-Liquid-Solid；VLS）成長法がプロセスの簡便さから広く使われてきた[1,2]。このVLS法に対し，触媒材料を使用せず部分的にマスクされた基板を用いて，マスク開口部に選択的に半導体ナノワイヤを形成する方法が，この章で述べる選択成長法である。

歴史的には，今日の選択成長法によるⅢ-Ⅴ族化合物半導体ナノワイヤの研究は，1990年代後半から2000年代前半にかけて二次元フォトニック結晶構造作製を目的として行われた柱状構造成長の研究に端を発している[3〜5]。これらの研究により，ナノメートルオーダーの精度で作製された微細なマスクパターンと，最適化されたMOVPE（metalorganic vapor-phase epitaxy）の成長条件によりGaAs[5]，InGaAs[4]，InP[3]柱状構造を周期的に，かつ高密度に結晶成長できることが実証された。

時を同じくして，VLS法によって作製された同様の幾何学的形状を有する「ナノワイヤ」が，その特徴的な形状に起因する量子効果，表面積効果等を利用することで，電子デバイス，発光デバイス，センサー等に革新的な性能向上をもたらす可能性が示された[6〜9]。そして，2000年以降，ナノワイヤの結晶成長に関する研究，形成したナノワイヤの電気・光学特性，デバイス応用に関する研究報告例がVLS法によるものを中心に顕著に増加している。

このような背景のもとで，触媒を使用しない選択成長法は，マスクパターンにより精密にナノワイヤの位置・サイズの制御が可能であることなど，デバイス応用に有用な特長を数多く持つ。選択成長法に用いられる結晶成長方法はMOVPE法とMBE法に大別でき，MOVPE法を用いたものはGaAs[10〜23]，InAs[11,19,24〜31]，InP[3,32〜39]，GaP[40]といった2元系混晶と，InGaAs[4,41〜45]，InGaPなどの3元系混晶のナノワイヤ成長が報告されており，MBE法を用いたものはGaN[46,47]の成長が報告されている。近年は，選択成長法によるナノワイヤを用いた，縦型トランジスタ[48,49]，発光ダイオード[50,51]，太陽電池[33]など様々なデバイス応用が報告されている。

本章では，Ⅲ-Ⅴ族化合物半導体ナノワイヤ作製法としてのMOVPE選択成長法に着目し，ナ

＊1　Keitaro Ikejiri　北海道大学　大学院情報科学研究科；㈱日本学術振興会　特別研究員
＊2　Takashi Fukui　北海道大学　大学院情報科学研究科　教授

ノワイヤの成長特性，および電子顕微鏡観察による構造解析から明らかになった結晶構造に関する議論を解説すると共に，ナノワイヤの成長過程における形状と結晶構造を説明する成長モデルについて紹介する。また，このMOVPE選択成長法特有の成長メカニズムを応用したヘテロ構造の形成，及びシリコン（Si）基板を使用したナノワイヤ選択成長に関して紹介する。

2 MOVPE選択成長法によるナノワイヤ形成プロセス

一般的なMOVPE選択成長法によるⅢ-Ⅴ化合物半導体ナノワイヤ形成プロセスを図1(a)に示す。半導体基板上に，プラズマスパッタ法や気相化学堆積（Chemical Vapor Deposition：CVD）法などでSiO_2薄膜を形成し，このSiO_2膜に対して，周期的な開口部を有するパターンを電子線リソグラフィーとウエットケミカルエッチングなどを用いて形成する。図1(c)にはSiO_2膜に形成した開口部パターン表面の走査型電子顕微鏡（SEM）画像を示す。直径d_0の開口部間が間隔（ピッチ）aの六角格子状に配列しているパターンを作製した。

MOVPE選択成長法で用いる半導体ナノワイヤ成長用の原料ガスは，Ⅲ族Ga原料にトリメチルガリウム（$(CH_3)_3Ga$：TMG），Al原料にトリメチルアルミニウム（$(CH_3)_3Al$：TMA），In原料にトリメチルインジウム（$(CH_3)_3In$：TMI）などを，Ⅴ族As原料にアルシン（AsH_3），P原

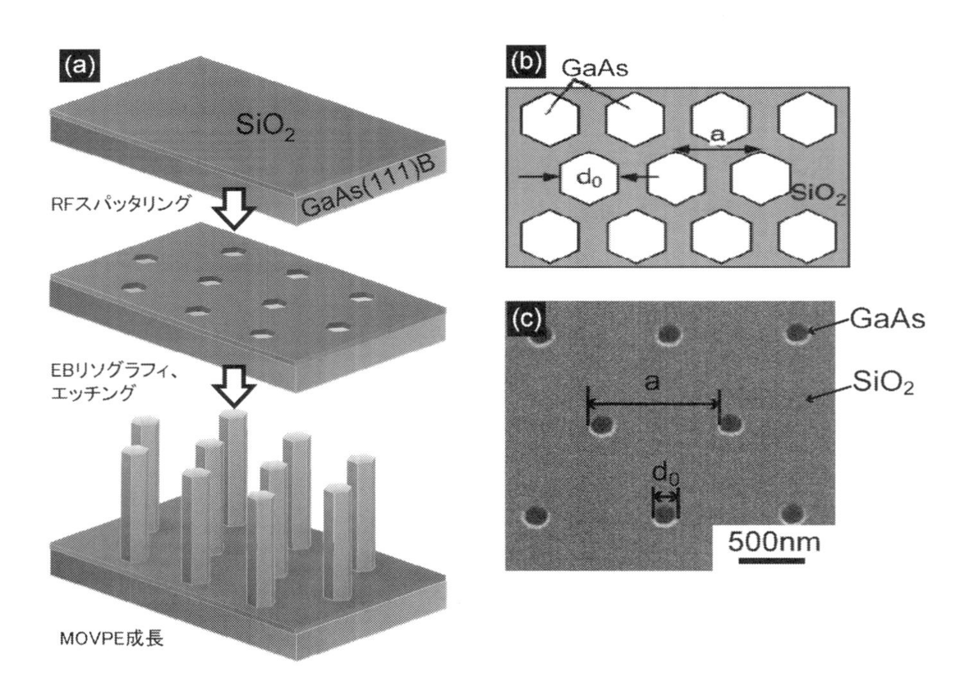

図1 (a)MOVPE選択成長法によるナノワイヤの形成プロセス模式図，
(b)ナノワイヤ選択成長用マスクパターンの模式図，
(c)ナノワイヤ成長前のマスク基板のSEM画像

料にターシャルブチルホスフィン（$(C_4H_9)PH_2$：TBP）などを用いる。これら原料ガスは，マスフローコントローラー（MFC）を用いて精密に流量制御された水素ガスにより成長室に搬送される。MOVPE 選択成長法で，開口部にのみ選択的に結晶が成長する条件を得るためには，マスク材料や MOVPE 用原料ガスの選択，MOVPE 工程中の基板温度や原料ガスの供給分圧などの最適化を行うことが必要である。

3　選択成長によるナノワイヤの形状および結晶構造解析

ここでは選択成長によるナノワイヤの成長特性の典型例として GaAs，InAs，InP ナノワイヤの例を挙げて，その成長構造の外観形状評価および結晶構造解析について説明する。

3.1　選択成長におけるファセッティング成長（GaAs 選択成長基板面方位依存性）

VLS 法によるナノワイヤ成長特性との比較により，MOVPE 選択成長法のナノワイヤ成長特性を明らかにする。VLS 法によるⅢ-Ⅴ族化合物半導体ナノワイヤは，基板の面方位に依らず〈111〉B 方向に成長しやすいことが報告されている[2)]。(111)B 基板を用いた場合は，垂直に成長したナノワイヤが得られ，(001)，(110)基板を用いた場合は基板に対してそれぞれ〈111〉B 方向に傾いたナノワイヤが成長する。したがって VLS 法では基板面方位によらずナノワイヤ構造が成長するという特徴がある。一方で，MOVPE 選択成長法では，基板面方位によって異なる成長構造が得られることが分かっている[12)]。図2に，MOVPE 選択成長法を用いた GaAs 成長構造の基板面方位依存性の実験結果を示す。VLS 法とは異なり，ナノワイヤ構造は，(111)B 基板上にのみ得られ，(001)，(311)B 基板を用いた場合は図に示すようなピラミッド状の構造が得られる。このことから，MOVPE 選択成長法によるナノワイヤは VLS 法とは異なる成長機構によるものであることが分かる。さらに，成長構造に現れる側面はそれぞれ共通して{110}，(111)A，(111)B という低指数面である。これは，選択成長法の成長機構が，ファセッティング成長機構であることを示している。ファセッティング成長機構とは，成長構造が有する結晶表面で，ファセットと呼ばれる原子的に平坦な低指数面が現れることに拠る。(111)B 面上の低指数面の関係を図3に示す。低指数面は，もともと表面の結合手の密度が低く，さらに結晶成長に必要なステップ，キンクが少ないために，他の面と比較して成長速度が著しく小さい。ただし，これら低指数面の成長速度もすべて一様ではなく，表面のⅤ族元素の被覆率や表面再構成に大きく依存するため，成長温度，Ⅴ族原料とⅢ族原料の供給分圧比（Ⅴ/Ⅲ比）などの結晶成長条件によって，成長速度が変化する。従って，最終的な成長構造には，隣接する低指数面で相対的に最も成長速度が遅い面がファセットとして出現する。従って，先に示した基板の面方位に依らず同じ低指数面をファセットとして有する構造が成長した実験結果は，この結晶成長がファセッティング成長機構に基づくものであることを示している。

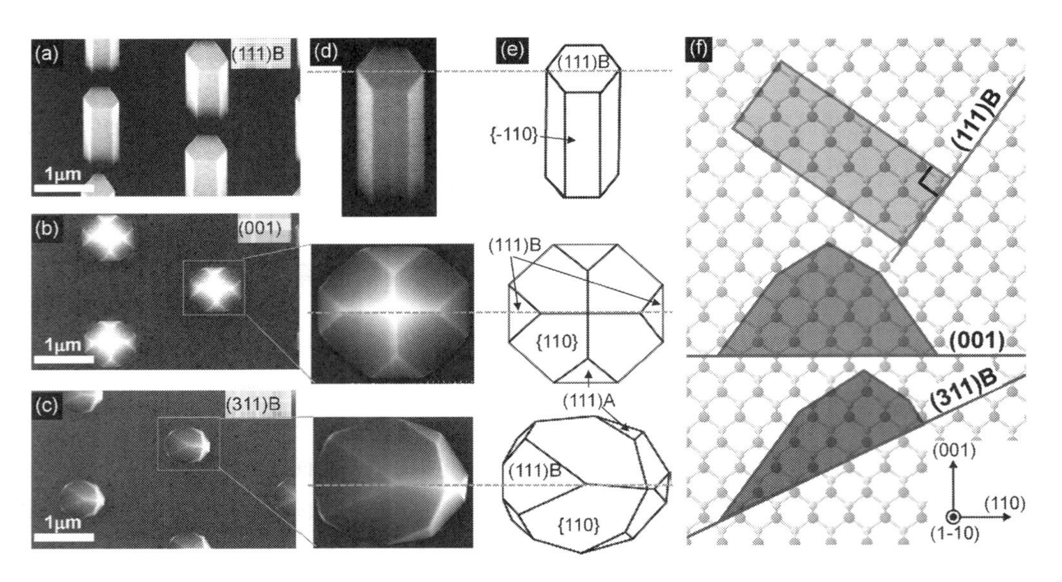

図２　GaAs 選択成長の基板面方位依存性
(a)–(c)は (111)B, (001), (311)B それぞれの基板を用いた GaAs 選択成長結果の SEM 像。典型的な成長構造の SEM 拡大像(d)と模式図(e)および点線における構造断面の模式図。

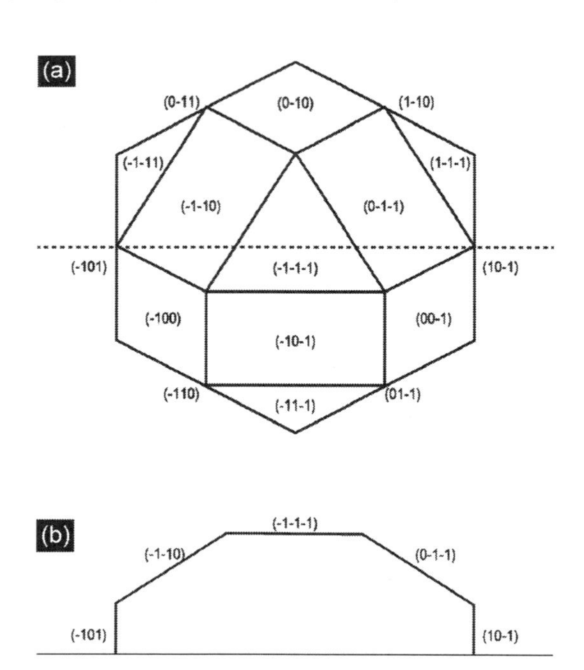

図３　(111)B 面上の低指数面。
(a)は上面図，(b)は破線での断面図。

3.2　選択成長によるナノワイヤの成長特性

MOVPE 選択成長法による GaAs ナノワイヤの成長に用いた温度範囲は 700 から 750 度，Ⅴ/Ⅲ比は GaAs で 100 から 300 の範囲である[12,13,16,18,23]。また，InAs の場合は 480 から 560 度，Ⅴ/Ⅲ比は 30 から 260 の範囲である[31,52]。図４に選択成長法によって成長した典型的な GaAs，InAs ナノワイヤの SEM 像を示す。図５は，GaAs と InAs ナノワイヤの高さと直径の関係を示すグラフである[13]。GaAs，InAs ともにナノワイヤが細くなるに従ってその高さが増大している。これは，ナノワイヤ成長が，主にマスク表面またはナノワイヤ側面における反応種の表面拡散に起因するものであることを示している。成長温度が高温になると，結晶成長中に基板表面から気相中へ再蒸発する原料や成長種の量が急速に増大するため，高さ方向の成長が極端に抑制される傾向がある。一方で，低温側では，マスク上への横方向成長が促進されるためワイヤ形状になりにくい。図６はマスク開口部の間隔と直径を変えた時の GaAs ナノワイヤ高さの関係を示したグラフである。開口間隔が狭いほど，また直径が小さいほどナノワイヤの成長速度が増加する傾向が見られる。そして，ナノワイヤの成長速度をプレーナ基板上の成長と比較した場合，ナノワイヤは数 10～数 100 倍の成長レートを有することが分かる。これらの実験結果から，ナノワイヤの成長特性は，成長原料のマスク表面およびナノワイヤ側壁での吸着・拡散・脱離の過程が，近隣に成長したナノワイヤ間の相互作用の影響を受けて変化することが示唆される。Ⅴ族原料の AsH_3 分圧を変化させた場合，AsH_3 分圧が高いほど，InAs ナノワイヤの高さが増加するが，GaAs ナノワイヤはそれとは逆の傾向を示す。これは，ナノワイヤの頂面を構成する（111)B 面における成長原料の取り込み過程が，GaAs と InAs とで異なることを示唆している。

InP は，成長温度が 600 から 660 度，Ⅴ/Ⅲ比が 15 から 60 の範囲でナノワイヤの選択成長が確認されている[35~37]。選択成長では，InP ナノワイヤは〈111〉A 方向に成長するため，基板には InP(111)A を用いる。最適温度より低温側，または高Ⅴ族分圧の成長条件では，横方向成長が促進されるという点と，高温側で縦方向成長が極端に抑制されるという傾向は，先に述べた GaAs，InAs ナノワイヤと同様である。一方，GaAs，InAs ナノワイヤ成長と大きく異なる点は，InP ナノワイヤはその成長条件により異なる成長形状，結晶構造を示すという点である[35,36]（結

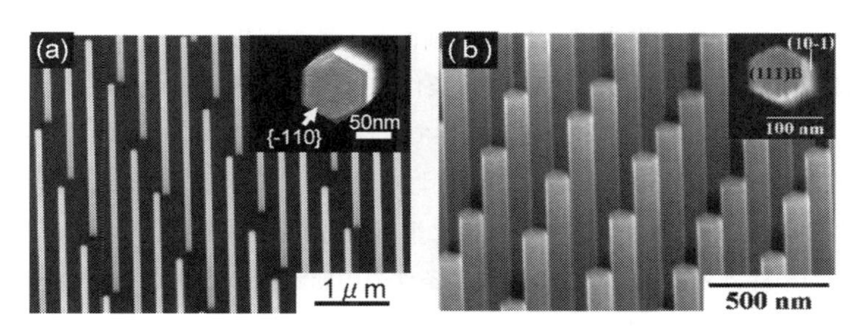

図４　成長した GaAs ナノワイヤ(a)，および InAs ナノワイヤ(b)の SEM 鳥瞰像および頂部からの SEM 拡大像。GaAs，InAs ナノワイヤ共に六角柱状であり，頂面に(111)B 面が，側面に（−110)面が出ている。

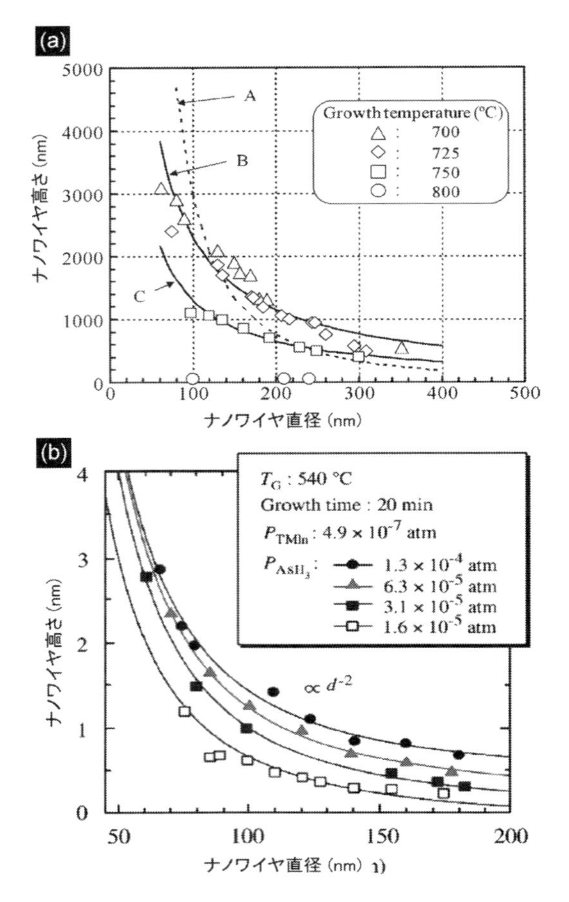

図 5　(a)選択成長した GaAs ナノワイヤの高さと直径に関する成長温度依存性を示すグラフ。(b)選択成長した InAs ナノワイヤの高さと直径に関する AsH_3 供給分圧依存性を示すグラフ。（文献 13)，52）より）

晶構造に関しては後ほど詳細を解説する)。図 7 に異なる条件で成長を行った InP ナノワイヤの SEM 像および断面の透過電子顕微鏡（TEM）画像と電子線回折パターンを示す。側面に出現するファセットに着目すると，低温，高V/Ⅲ比条件では，側面が[-110]方向を向く面で構成される六角柱が得られる一方，高温，低V/Ⅲ比条件では，低温，高V/Ⅲ比条件のワイヤに対して六角形の中心軸周りの回転角度が 30°異なる[-211]方向を向く面で構成される六角柱が得られる。また，高温，高V/Ⅲ比条件では，側面が基板に垂直な方向から傾いているテーパー形状の構造が得られた。この条件は先に述べた 2 つの成長条件の中間状態の条件であり，それを反映して底面では {-110} ファセットが現れ，上面では {-211} ファセットに変化している。

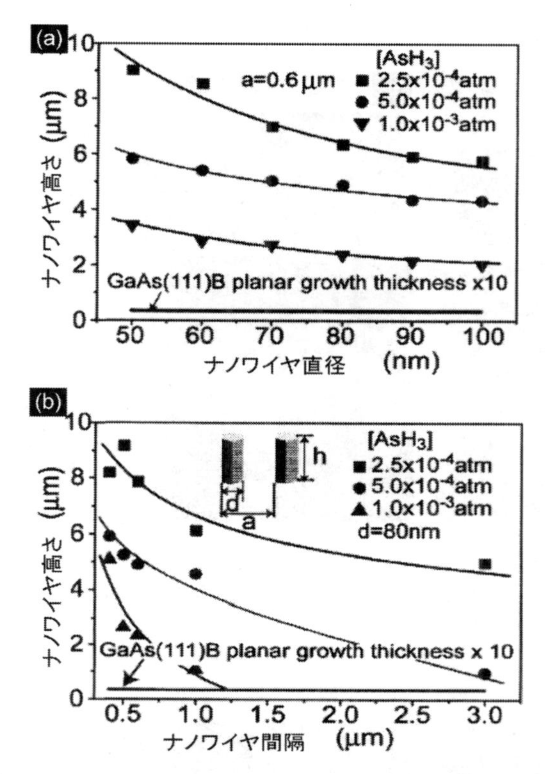

図６　(a)選択成長したGaAsナノワイヤの高さと直径に関するAsH_3供給分圧依存性を示すグラフ。(b)選択成長したGaAsナノワイヤ の高さとナノワイヤ間隔に関するAsH_3供給分圧依存性を示すグラフ。（文献18）より）

3.3　ナノワイヤの形状制御技術 成長の縦・横方向制御

MOVPE選択成長法による半導体ナノワイヤはファセッティング成長機構に基づくため，ナノワイヤの側面を構成する各ファセットの成長速度は，成長温度や原料供給分圧比などの成長条件により制御できる。この特性を利用して，ナノワイヤの成長方向を縦方向横方向独立に制御することが可能である[12]。GaAs選択成長において，高温かつ低AsH_3分圧条件（条件A）から，低温かつ高AsH_3分圧条件（条件B）に連続的に成長条件を変化させて成長を行った結果を図８に示す。最初に条件Aで縦方向に成長したワイヤに対し，条件Bで高さ方向はそのままに横方向のみに成長できることを示している。低温または高Ｖ/Ⅲ比条件で横方向成長が促進される成長特性はGaAsだけではなくInAs，InPまたはそれらの混晶系でも確認されている。このように，成長条件によって異なる成長モードが現れる理由を図９に示す結晶モデルにより説明する。まず，高温，低Ｖ族原料分圧条件下では，Ｖ族原子の表面被覆率が相対的に低くなるため，(−110)面におけるＶ族原料の脱離が促進される。そのため，(111)B面に比べ，(−110)面の成長速度が遅くなるため，六角柱状の成長が進行する。このように基板に対して縦方向の成長が優先的に進行

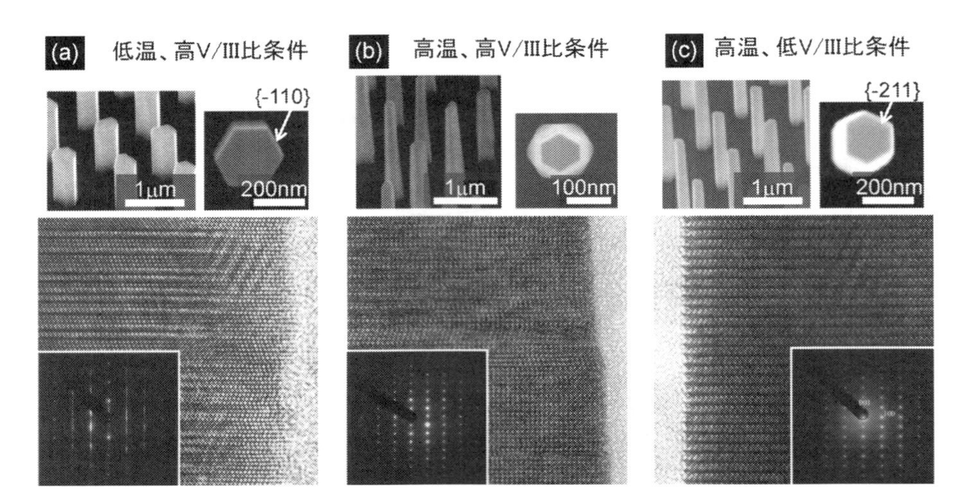

図７　異なる３つの成長条件下で，InP(111)A 基板上に選択成長した InP ナノワイヤの SEM 鳥瞰像および頂部からの SEM 拡大像（上段）と断面 TEM 像と電子線回折パターン（下段）。電子線は（−110）から入射した。

（文献 35）より）

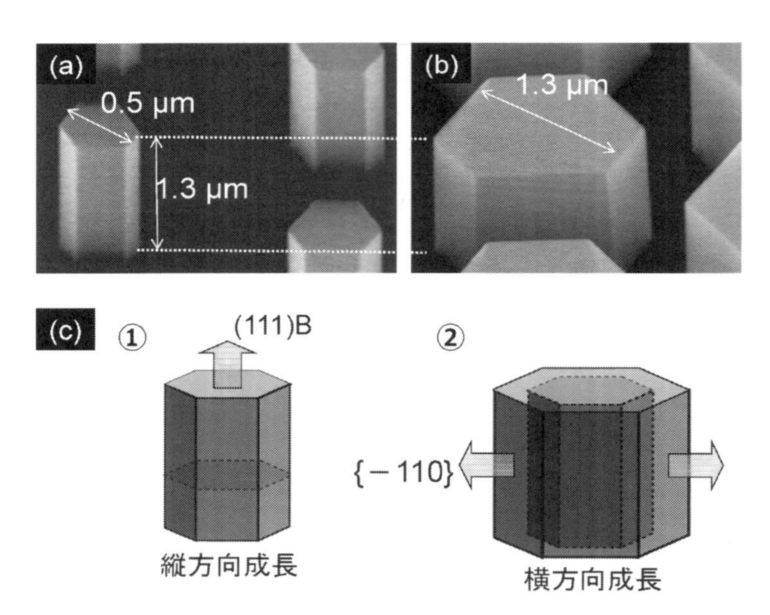

図８　GaAs(111)B 基板上に高温，低 AsH_3 分圧条件下で成長した GaAs ナノワイヤの SEM 画像(a)と，引き続き成長条件を低温，高 AsH_3 分圧条件に変化させて成長した GaAs ナノワイヤの SEM 画像(b)。成長条件を変化させることで成長方向が変化することを示した模式図(c)。

（文献 12）より）

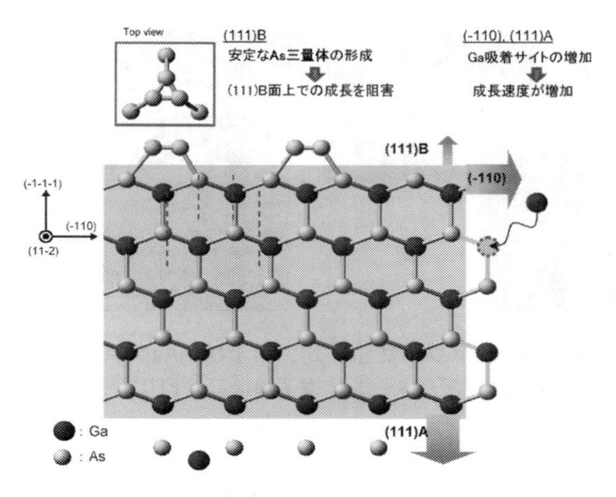

図9　低温，高Ⅴ族原料分圧条件下で，各面方位における表面状態の違いと成長速度の関係を示す模式図。

する条件がナノワイヤの最適成長条件である。一方で，低温，高Ⅴ族原料分圧条件下では，Ⅴ族原子の表面被覆率が相対的に高くなるため，(−110)面の原料の取り込みが促進されると同時に，(111)B面では，過剰なAs原子が，表面に安定なAs三量体を構成し[53]，Ⅲ族原料の結晶への取り込みを阻害し，成長が抑制される。そのため，横方向の成長が優先的に進行する。この成長条件を変えることで一連の成長中に縦方向と横方向の成長速度を制御きる特性は，コアシェルヘテロ構造[17,38]，コアシェル型p-n接合[33]などの作製に応用されている。

3.4　ナノワイヤの結晶構造解析

図10は，典型的なGaAsとInAsナノワイヤのTEM画像と電子線回折パターンである。GaAsナノワイヤには，TEM拡大像から，〈111〉結晶軸方向に垂直な面において結晶格子の並び方が180度反転している境界が多数存在する事がわかる。これは，結晶格子が〈111〉軸周りに180度回転している双晶(Twin) の存在を裏付けるものである。図10(b)に示す電子線回折パターンには，閃亜鉛鉱構造 (ZB) の基本回折スポット (002) および (−1−11) とその〈111〉軸周りの衛星スポットが，基本回折スポットと同程度の強度で明確に表れている。このことは，ナノワイヤがZBのTwin構造であることを示している[16,23]。一方で，InAsナノワイヤの成長方向には結晶格子が数モノレイヤの周期でジグザグに積み重なったパターンを呈している部分が存在することが分かる。電子線回折パターンには，ZBの電子線回折パターンに見られる回折スポットの配置の他に，ウルツ鉱構造 (WZ) の結晶構造に見られる回折スポット (0002)，(11−20) に加え，WZの結晶構造には見られない多形を反映したものと見られるストリーク状の多数の細かい回折スポットも含まれている。これらの電子線回折スポットの配置から，InAsナノワイヤはZBともWZとも単純に仕分けすることができない，Twinを高密度に含む複雑な多形を持っていると考えられる[31]。

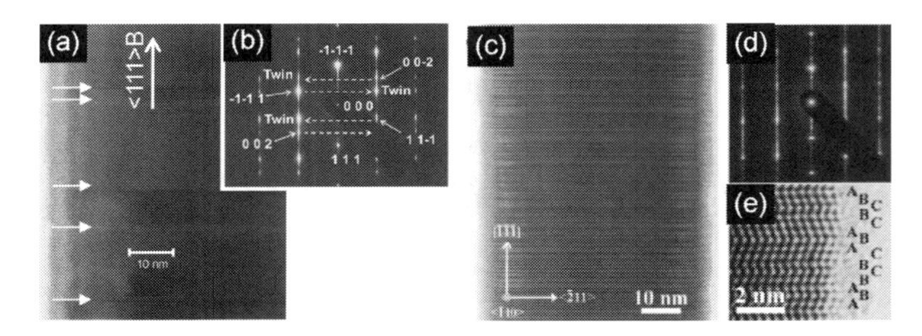

図10　成長した GaAs ナノワイヤ（a, b），および InAs ナノワイヤ（c-e）の断面 TEM 像と電子線回折パターン。電子線は（−110）から入射した。

InP ナノワイヤは，先に述べたように，その成長条件によって異なる成長形状と結晶構造を有する。図7に異なる条件により作製したナノワイヤの TEM 解析結果を示す。図より低温，高Ⅴ/Ⅲ比条件のナノワイヤは結晶中に Twin を高密度に含む ZB であり，先に示した GaAs，InAs ナノワイヤに近い結晶構造を有する。一方で高温，低Ⅴ/Ⅲ比条件のナノワイヤは InP のバルク結晶構造とは異なる WZ であることが確認できる。この WZ の InP ナノワイヤの側面に現れた｛-211｝ファセット（WZ 構造の場合の｛-1100｝ファセット）は，WZ 構造における表面自由エネルギーの大小関係，｛-1100｝<｛-2110｝を反映したものと考えられる。また，高温，高Ⅴ/Ⅲ比条件の InP ナノワイヤは構造中に ZB と WZ が混在している結晶構造を有する。これは，この条件における InP ナノワイヤ成長が，ZB から WZ に遷移する境界における成長であることを示している。

4　ナノワイヤにおける結晶構造の変化

MOVPE 選択成長で形成した GaAs ナノワイヤは ZB を基本とする Twin を含む構造，InAs ナノワイヤは ZB や WZ の両方のどちらにも仕分けが困難な結晶構造，InP ナノワイヤは，その成長条件によって，ほぼ純粋な WZ 構造を持つものから，GaAs や InAs ナノワイヤに類似した Twin を含む ZB 構造を持つものまで，多様な結晶構造を呈する。このように，Ⅲ-Ⅴ族半導体はバルク結晶では ZB であるにも関わらず，MOVPE 選択成長によって作製されるナノワイヤの結晶構造はそれとは異なった構造を有する。この理由として，直径が数10～100nm で高さが数μm という非常に高アスペクト比なナノワイヤの形状自体が，結晶構造に大きな差異をもたらす主要な要因になっていることが考えられる。ナノワイヤの場合，薄膜結晶成長に比べ成長に従い体積に対する表面積比が増加するため，表面エネルギーが結晶相の決定に支配的な影響をもたらすようになる。このため，直径が細くなるほどウルツ鉱型の結晶相を取りやすく，InP の場合，直径 32nm 以下で WZ に変化するという論理計算もある[54]。ZB と WZ の結晶構造の違いについては，一般に半導体を構成する原子間結合が共有結合かイオン性結合かの度合いによって決まるとされ，イオン性結合の度合いが強いほどWZを取りやすい。GaAs，InAsおよびInPの三種類の半導体において原子結合におけるイオン性結合の度合いを表す数値因子（ionicity）は，InP>InAs>GaAsという大小関係にあることが理論計算されている[55]。この大小関係に基づけば，GaAsにおいてはZBを基本とする構造，InAsではZBとWZの中間的な結晶構造，InPでは成長条件によって純粋なWZからZBまでの幅広い結晶構造を有するナノワイヤが得られるという実験結果を理解できる。また，InPナノワイヤで見られる，成長条件に依存した結晶構造相転移に関しては，ZB構造とWZ構造との原子配列の違いと，成長条件によって変化する最表面におけるP原子の表面被覆率が，第2近接In-Pペアにおけるクーロン相互作用に与える影響により説明されている[36]。

5　ナノワイヤの成長機構モデル

これまでに説明したように，選択成長によるナノワイヤ成長は，従来の薄膜結晶成長で語られてきた成長機構では説明が難しい特性が多く見られる。ここでは，GaAs(111)B面上へのGaAsナノワイヤの選択成長で見られる特異な成長特性を示し，ナノワイヤの結晶成長機構について説明する[13]。

まず注目すべきは，GaAsのナノワイヤの成長初期において，必ずしもナノワイヤ状の結晶が成長しない場合があるという点である。図11はGaAs選択成長を成長時間1分で行った結果のSEM画像である。成長条件は，成長時間以外はGaAsナノワイヤが得られる標準的な条件を用いた。成長時間1分の場合には，開口部内に基部の幅約100nmの四面体状の結晶が選択的に形成されている。この四面体状結晶の底面の三角形はGaAs(111)B面基板の3回対称な結晶面方位を反映して，底面三角形の頂点の一つが〈-1-12〉または〈11-2〉方向を向いた2つの配置をとっている。この配置の現れる場所は，選択成長した基板内でランダムであった。GaAs選択成長プロセスの初期段階に出現する四面体状結晶の底面頂角の向きについて，〈-1-12〉方向または，〈11-2〉方向のどちらに向いている頻度が高いかをマスク開口部の直径との関係は，直径が大きくなるほど，三角形の向きは〈11-2〉方向に揃う傾向がある。一方，直径が小さく1μm以下になるともう一方の〈-1-12〉方向を向く構造が急激に増加し，両者の存在確率は50%に漸近すると推定される。このことから，〈-1-12〉方向または，〈11-2〉方向を向く四面体状構造は共に，結晶が六角柱状を呈する前段階であると考えることができる。

この実験事実から考えられる成長モデルは以下である。図12には，矢印の方向に結晶成長が進行し，初期の三角形状結晶から始まる様子を主要部のSEM画像とともに示した。

まず基板との界面から始まる結晶成長の初期過程において，まず四面体の底部を構成し，数nm程度の厚さを有する三角形状の結晶が形成される。この過程で，四面体の側面を構成する(110)面が出現し，次第に四面体状構造を呈する。次に四面体状構造から六角柱状構造へと成長が進行する過程で，次の四面体状結晶の成長核や原子ステップが，今成長した四面体状（又は六

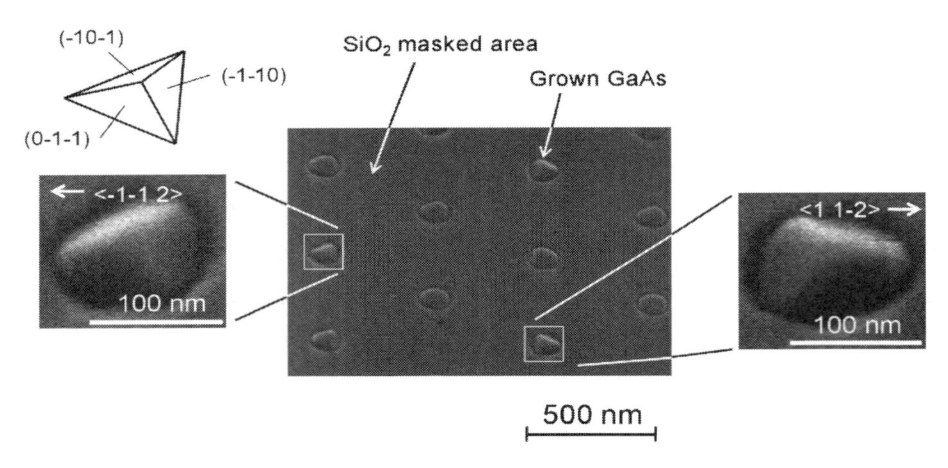

図 11　選択成長により GaAs を 1 分間成長した基板の SEM 像。左上は四面体構造の模式図。マスクの開口部に頂点が〈-1-12〉と〈11-2〉方向を持つ四面体構造が存在する。（文献 13）より）

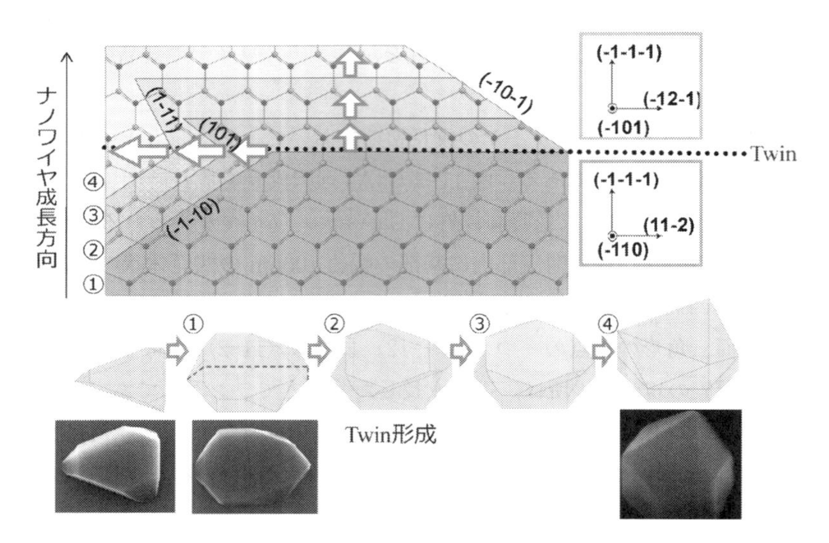

図 12　選択成長によるナノワイヤの成長モデル。ナノワイヤ成長初期の結晶構造断面（上図），斜視図と GaAs 結晶の SEM 像（下図）。斜視図①における破線で示した（-110)面の断面が，上図の結晶構造断面に対応する。矢印の方向に結晶成長が進行し，初期の三角形状結晶から六角柱形状を形成する様子を示す。①から②への過程で新たに発生した結晶面の回転により Twin が形成される。

角柱状）の上面に発生し，横方向成長して次第に六角形へと成長する。このとき形成される上下の三角形（六角形）の界面では，V続原子とⅢ族原子の結合に関して〈111〉軸周りの回転対称性から三角形（六角形）同士が〈111〉軸周りに 180 度回転した Twin を形成する場合が起こりうる。つまり，初期状態では安定的に四面体構造が成長するものの，上面に回転双晶が発生することで四面体側面ファセットの安定性が崩れるため，その部分で成長が促され，その成長は安定な｛-110｝垂直ファセットが現れたところで停止するため，最終的に結晶は六角柱形状を呈する。

6　Si基板上のナノワイヤ選択成長

Si基板上のⅢ-Ⅴ化合物半導体ナノワイヤ成長技術は，安価なSi基板上に高移動度電子デバイス，発光・受光素子，太陽電池などのナノワイヤデバイスを集積することで，様々な応用への可能性を広げる技術といえる。従来，Si基板上のⅢ-Ⅴナノワイヤ成長には，成長方向の制御や，位置制御が課題であった。近年選択成長を用いて，成長表面を制御することでこの課題を克服し，Si上にGaAs[22]，InAs[27]，InGaAs[56]などのナノワイヤ成長が報告されている。

Si(111)基板上のⅢ-Ⅴ半導体成長のような格子不整合系の選択成長では，開口直径が大きい場合，不均一な形状をもつヒロック状の成長になる。これは，マスク開口領域の核形成が不均一に複数同時に進行し，それらの核が互いに接触し合った箇所を起点として，マルチステップが形成されるためである。しかし，ナノワイヤマスクパターンのように開口直径が十分小さくすることで，Ⅲ-Ⅴ半導体基板を用いた時と同様にナノワイヤファセッティング成長が可能である。これは，成長領域をマスクによって微小領域に限定した結果，開口部に単一核，または少数の核形成を生じ，それらが開口部を埋めることで，平坦な膜が形成されると同時に，格子定数差に起因する歪みが基板との界面付近で緩和されるため，それより上部のナノワイヤ成長過程では歪みの影響を受けないためである[22, 27]。

通常，Siは単一原子から構成されており，GaAsのようなⅢ-Ⅴ族化合物半導体とは異なる結晶構造をもつ。例えば，GaAs(111)A面は，Ga原子が最表面になる面，(111)B面は，As原子が最表面になる面を意味するが，Si(111)面にはその区別がない。そのため，Ⅲ-Ⅴ族化合物半導体ナノワイヤにとっては，Si(111)表面には垂直方向の他に，結晶学的に3つの等価な〈111〉方向が存在するため，ランダムな4つの方向にナノワイヤが成長してしまう。これが，Ⅲ-Ⅴ族化合物半導体ナノワイヤの垂直方向に揃った成長がSi(111)面では困難な理由である。この課題に対して，ナノワイヤ成長前の成長条件を工夫することで，Si表面原子配列を(111)B面の性質に改変することで，Si基板上におけるGaAsおよびInAsなどのナノワイヤの成長が可能であることが示されている[22, 27]。

Si基板上のGaAsナノワイヤのGaAs/Si界面付近のTEM画像から歪解析の画像処理を加え，結晶の歪を可視化した図を図13(f)，(g)に示す。歪みがナノワイヤと基板の界面近傍で緩和しており，構造中に歪みや転移が侵入していないことがわかる。図14は，作製したGaAsナノワイヤの発光スペクトルを示している。破線は，Si基板上のGaAs成長膜の発光スペクトル，実線がナノワイヤのスペクトルである。Si基板上のGaAs膜は，格子不整合や，熱膨張係数の緩和により生じた格子欠陥により，1.35eV近傍で発光するのに対して，ナノワイヤの場合，GaAsのバン

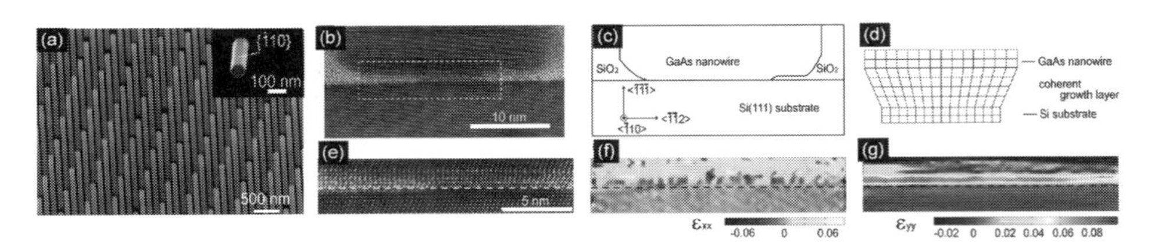

図13　Si基板上に成長したGaAsナノワイヤのSEM像(a)，GaAsナノワイヤとSi基板界面のHR-TEM像(b)(e)，界面付近の模式図(c)，コヒーレント成長の模式図(d)，横方向の歪解析図(f)，縦方向の歪解析図(g)。

（文献22）より）

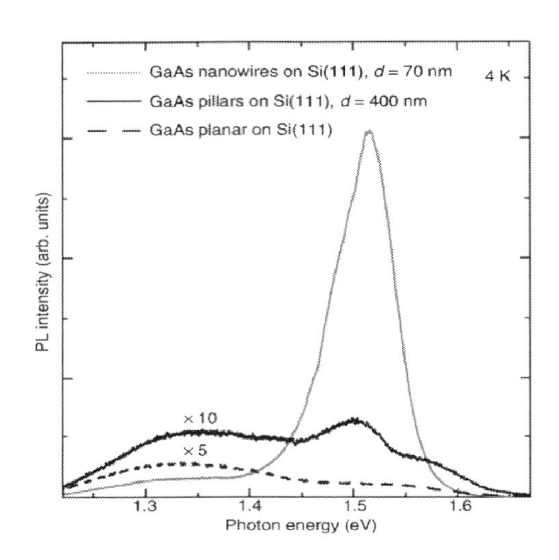

図14　Si基板上に成長したGaAsナノワイヤのPL発光スペクトル

（文献22）より）

ドギャップ近傍で発光することが分かる。また，ナノワイヤ構造にすることで，バンドギャップ近傍の発光強度が，およそ200倍になることから，ヘテロ接合系の半導体光デバイス応用において，ナノワイヤの優位性を示している。

7　おわりに

本章では，MOVPE選択成長法によるナノワイヤ結晶成長について，成長特性，結晶構造解析について説明し，ナノワイヤの成長構造の外観形状と結晶構造の関係から選択成長によるナノワイヤ成長モデルを示した。また，選択成長のナノワイヤ成長特性を応用することで，成長方向の縦・横独立制御が可能であり，ナノワイヤ中に様々なヘテロ構造が柔軟に作製可能であることを示した。このように選択成長によるナノワイヤは，本章で示したような研究の進展により，デバイスとして応用する際に求められる結晶成長技術が整いつつあり，実際にこれらの結晶成長技術を駆使した様々なデバイス応用報告も増加傾向にある。一方で，材料系に依存する成長特性の違い，多元混晶ナノワイヤ形成時の同族原子間の振る舞い，ドーパント供給時の成長特性への影響など，結晶成長の観点から残された課題も多い。ナノワイヤデバイスの将来展望を鑑みた時には，これらの課題を解決し，更なるナノワイヤ結晶成長技術の進展が望まれる。

文　　献

1) R S Wagner and W C Ellis, *Applied Physics Letters* **4**, 89 (1964).
2) K. Hiruma, M. Yazawa, T. Katsuyama, K. Ogawa, K. Haraguchi, M. Koguchi, and H. Kakibayashi, *Journal of Applied Physics* **77**, 447 (1995).
3) Masaru Inari, Junichiro Takeda, Junichi Motohisa, and Takashi Fukui, *Physica E* **21**, 620-624 (2004).
4) Masashi Akabori, Junichiro Takeda, Junichi Motohisa, and Takashi Fukui, *Nanotechnology* **14**, 1071-1074 (2003).
5) Tetsuko Hamano, Hideki Hirayama, and Yoshinobu Aoyagi, Japanese *Journal of Applied Physics* **36**, L286-L288 (1997).
6) X. Duan, Y. Huang, Y Cui, J Wang, and C M Lieber, *Nature* **409**, 66-9 (2001).
7) Xiangfeng Duan, Yu Huang, Ritesh Agarwal, and Charles M Lieber, *Nature* **421**, 241-5 (2003).
8) Yu Huang, X. Duan, Yi Cui, L J Lauhon, K H Kim, and C M Lieber, *Science* (New York, N.Y.) **294**, 1313-7 (2001).
9) M H Huang, S. Mao, H. Feick, H. Yan, Y. Wu, H. Kind, E. Weber, R. Russo, and P. Yang, *Science* **292**, 1897-9 (2001).
10) Jens Bauer, Hendrik Paetzelt, Volker Gottschalch, and Gerald Wagner, *Physica Status Solidi* (b) **247**, 1294-1309 (2010).
11) M. Cantoro, G. Brammertz, O. Richard, H. Bender, F. Clemente, M. Leys, S. Degroote, M. Caymax, M. Heyns, and S. De Gendt, *Journal of The Electrochemical Society* **156**, H860 (2009).
12) K. Ikejiri, J. Noborisaka, S. Hara, J. Motohisa, and T. Fukui, *Journal of Crystal Growth* **298**, 616-619 (2007).
13) Keitaro Ikejiri, Takuya Sato, Hiroatsu Yoshida, Kenji Hiruma, Junichi Motohisa, Shinjiroh Hara, and Takashi Fukui, *Nanotechnology* **19**, 265604 (2008).
14) Giacomo Mariani, Ramesh B. Laghumavarapu, Bertrand Tremolet De Villers, Joshua Shapiro, Pradeep Senanayake, Andrew Lin, Benjamin J. Schwartz, and Diana L. Huffaker, *Applied Physics Letters* **97**, 013107 (2010).

15) J Motohisa, Physica E : Low-dimensional Systems and Nanostructures **23**, 298-304 (2004).
16) J. Motohisa, J. Noborisaka, J. Takeda, M. Inari, and T. Fukui, *Journal of Crystal Growth* **272**, 180-185 (2004).
17) J. Noborisaka, J. Motohisa, Shinjiroh Hara, and T. Fukui, *Applied Physics Letters* **87**, 093109 (2005).
18) Jinichiro Noborisaka, Junichi Motohisa, and Takashi Fukui, *Applied Physics Letters* **86**, 213102 (2005).
19) H. Paetzelt, V. Gottschalch, J. Bauer, G. Benndorf, and G. Wagner, *Journal of Crystal Growth* **310**, 5093-5097 (2008).
20) K. Sladek, V. Klinger, J. Wensorra, M Akabori, H. Hardtdegen, and D. Grützmacher, *Journal of Crystal Growth* **312**, 635-640 (2010).
21) J. Tatebayashi, Y. Ota, S. Ishida, M. Nishioka, S. Iwamoto, and Y. Arakawa, *Applied Physics Letters* **100**, 263101 (2012).
22) Katsuhiro Tomioka, Yasunori Kobayashi, Junichi Motohisa, Shinjiroh Hara, and Takashi Fukui, *Nanotechnology* **20**, 145302 (2009).
23) Hiroatsu Yoshida, Keitaro Ikejiri, Takuya Sato, Shinjiroh Hara, Kenji Hiruma, Junichi Motohisa, and Takashi Fukui, *Journal of Crystal Growth* **312**, 52-57 (2009).
24) M. Akabori, K. Sladek, H. Hardtdegen, Th. Schäpers, and D. Grützmacher, *Journal of Crystal Growth* **311**, 3813-3816 (2009).
25) S. Hertenberger, D. Rudolph, M. Bichler, J. J. Finley, G. Abstreiter, and G. Koblmüller, *Journal of Applied Physics* **108**, 114316 (2010).
26) Bernhard Mandl, Julian Stangl, Thomas Mårtensson, Anders Mikkelsen, Jessica Eriksson, Lisa S Karlsson, G Uuml Nther Bauer, Lars Samuelson, and Werner Seifert, *Nano Letters* **6**, 1817-21 (2006).
27) Katsuhiro Tomioka, Junichi Motohisa, Shinjiroh Hara, and Takashi Fukui, *Nano Letters* **8**, 3475-80 (2008).
28) S. Wirths, K. Weis, A. Winden, K. Sladek, C. Volk, S. Alagha, T. E. Weirich, M. von der Ahe, H. Hardtdegen, H. Lüth, N. Demarina, D. Grützmacher, and Th. Schäpers, *Journal of Applied Physics* **110**, 053709 (2011).
29) M. T. Björk, H. Schmid, C. D. Bessire, K. E. Moselund, H. Ghoneim, S. Karg, E. Lörtscher, and H. Riel, *Applied Physics Letters* **97**, 163501 (2010).
30) Kamil Sladek, Andreas Winden, Stephan Wirths, Karl Weis, Christian Blömers, Önder Gül, Thomas Grap, Steffi Lenk, Martina von der Ahe, Thomas E. Weirich, Hilde Hardtdegen, Mihail Ion Lepsa, Andrey Lysov, Zi-An Li, Werner Prost, Franz-Josef Tegude, Hans Lüth, Thomas Schäpers, and Detlev Grützmacher, *Physica Status Solidi* (c) **9**, 230-234 (2012).
31) Katsuhiro Tomioka, Junichi Motohisa, Shinjiroh Hara, and T. Fukui, Japanese *Journal of Applied Physics* **46**, L1102-L1104 (2007).
32) Hyung-Joon Chu, Ting-Wei Yeh, Lawrence Stewart, and P. Daniel Dapkus, *Physica*

Status Solidi (c) **7**, 2494-2497 (2010).

33) Hajime Goto, Katsutoshi Nosaki, Katsuhiro Tomioka, Shinjiroh Hara, Kenji Hiruma, Junichi Motohisa, and Takashi Fukui, *Applied Physics Express* **2**, 035004 (2009).

34) Keitaro Ikejiri, Fumiya Ishizaka, Katsuhiro Tomioka, and Takashi Fukui, *Nano Letters* **12**, 4770-4 (2012).

35) Keitaro Ikejiri, Yusuke Kitauchi, Katsuhiro Tomioka, Junichi Motohisa, and Takashi Fukui, *Nano Letters* **11**, 4314-8 (2011).

36) Yusuke Kitauchi, Yasunori Kobayashi, Katsuhiro Tomioka, Shinjiro Hara, Kenji Hiruma, Takashi Fukui, and Junichi Motohisa, *Nano Letters* **10**, 1699-703 (2010).

37) Premila Mohan, Junichi Motohisa, and Takashi Fukui, *Nanotechnology* **16**, 2903-2907 (2005).

38) Premila Mohan, Junichi Motohisa, and Takashi Fukui, *Applied Physics Letters* **88**, 133105 (2006).

39) PJ J Poole, J Lefebvre, and J Fraser, *Applied Physics Letters* **83**, 2055 (2003).

40) Katsuhiro Tomioka, Keitaro Ikejiri, Tomotaka Tanaka, Junichi Motohisa, Shinjiroh Hara, Kenji Hiruma, and Takashi Fukui, *Journal of Materials Research* **26**, 2127-2141 (2011).

41) Yoshinori Kohashi, Takuya Sato, Keitaroh Ikejiri, Katsuhiro Tomioka, Shinjiroh Hara, and Junichi Motohisa *Journal of Crystal Growth* **338**, 47-51 (2012).

42) T Sato, Y Kobayashi, J Motohisa, Shinjiroh Hara, and T. Fukui, *Journal of Crystal Growth* **310**, 5111-5113 (2008).

43) Takuya Sato, Junichi Motohisa, Jinichiro Noborisaka, Shinjiroh Hara, and Takashi Fukui, *Journal of Crystal Growth* **310**, 2359-2364 (2008).

44) Masatoshi Yoshimura, Katsuhiro Tomioka, Kenji Hiruma, Shinjiro Hara, Junichi Motohisa, and Takashi Fukui, *Journal of Crystal Growth* **315**, 148-151 (2010).

45) Masatoshi Yoshimura, Katsuhiro Tomioka, Kenji Hiruma, Shinjiroh Hara, Junichi Motohisa, and Takashi Fukui, Japanese *Journal of Applied Physics* **49**, 04DH08 (2010).

46) Hiroto Sekiguchi, Katsumi Kishino, and Akihiko Kikuchi, *Applied Physics Express* **1**, 124002-1 (2008).

47) SD Hersee, Xinyu Sun, and Xin Wang, *Nano Letters* **6**, 1808-11 (2006).

48) Tomotaka Tanaka, Katsuhiro Tomioka, Shinjiroh Hara, Junichi Motohisa, Eiichi Sano, and Takashi Fukui, *Applied Physics Express* **3**, 025003 (2010).

49) Katsuhiro Tomioka, Masatoshi Yoshimura, and Takashi Fukui, *Nature* 1-5 (2012).

50) Katsuhiro Tomioka, Junichi Motohisa, Shinjiroh Hara, Kenji Hiruma, and Takashi Fukui, *Nano Letters* **10**, 1639-44 (2010).

51) Hiroto Sekiguchi, Katsumi Kishino, and Akihiko Kikuchi, *Applied Physics Letters* **96**, 231104 (2010).

52) K Tomioka, P Mohan, J Noborisaka, Shinjiroh Hara, J Motohisa, and T. Fukui, *Journal of Crystal Growth* **298**, 644-647 (2007).

53) Toshio Nishida, Kunihiko Uwai, Yasuyuki Kobayashi, and Naoki Kobayashi, Japanese *Journal of Applied Physics* **34**, 6326-6330 (1995).

54) Toru Akiyama, Kosuke Sano, Kohji Nakamura, and Tomonori Ito, Japanese *Journal of Applied Physics* **45**, L275-L278 (2006).
55) J. Phillips and J. Van Vechten, *Physical Review Letters* **23**, 1115-1117 (1969).
56) Katsuhiro Tomioka, Tomotaka Tanaka, Shinjiro Hara, Kenji Hiruma, and Takashi Fukui, Selected Topics in Quantum Electronics, IEEE Journal Of **17**, 1-18 (2010).

第7章　Ⅲ-Ｖナノワイヤ on Si

山口雅史*

1　はじめに

幾つかの化合物半導体はSi半導体よりも高い電子移動度や飽和速度を有しており，Siと比べてより高速で動作するデバイスが期待される。また，一部は直接遷移型バンド構造を有するために，窒化ガリウム（GaN）を用いた青色発光ダイオードやレーザーダイオードなど，Si単体では不可能な光デバイスの実現も可能になる。このように性能面・応用面においては化合物半導体が有利ではあるが，集積技術においてはSiに勝ることができない。

そこでSi電子デバイスと化合物半導体の光デバイスの融合が期待されている。このような光・電子集積回路（OEIC）が1972年SomekhとYarivによって初めて提唱された[1]。このOEICを実現する方法としてはSi基板上に化合物半導体を原子層レベルで結晶を制御するエピタキシャル成長技術が導入され，特にⅢ-Ｖ族化合物半導体のエピタキシャル成長には，有機金属気相成長法（MOVPE）と分子線エピタキシー（MBE）が主流となっている。

Si基板上に薄膜の化合物半導体のヘテロエピタキシャル成長を行うと，2つの結晶の熱膨張係数の違いや格子不整合による歪みエネルギーと表面の違いによる界面エネルギーによって2次元成長が容易ではなくなる。それを克服するためにSiと化合物半導体の間に緩和層が導入されている。しかし，このような方法では歪みの緩和によって発生する貫通転位が生じ，非発光中心として働くことによって光デバイスの性能低下を招くことになる。

この転位を減らす考え方の一つとして，Siと化合物半導体の接触面積を減らし，歪みエネルギーと界面エネルギーを小さくすることで柱状のナノ構造（ナノワイヤ）を作製する方法が考えられる。それを実現するためには，基板上にナノサイズのドットパターンマスクを形成して成長を行う選択成長法があるが，この方法ではマスクパターン形成のために電子線リソグラフィを用いているために，大面積でピラー状結晶を得ることが難しい。

そこで，選択成長法以外の方法として自己形成的にナノワイヤを成長することが出来るVLS成長法があり，Si基板上に化合物半導体ナノワイヤがMOVPE法やMBE法を使ったVLS法により成長されている[2,3]。これらの化合物半導体ナノワイヤ構造においては，透過型電子顕微鏡（TEM）像で貫通転位は確認されていない。

VLS法によるナノワイヤ成長の触媒としては，金，ニッケル，鉄，など様々な金属が用いられている。しかし，このような金属触媒は成長後にはナノワイヤの先端に残るものの，僅かな量

*　Masahito Yamaguchi　名古屋大学　大学院工学研究科　電子情報システム専攻　准教授

がナノワイヤ成長の際に結晶の中へと拡散して取り込まれるものと考えられている[4]。実際に金触媒で成長したInAsナノワイヤにおいて金触媒が取り込まれていることが確認されている[5]。このように取り込まれた金属は，結晶の中で不純物準位を形成し[6,7]，この準位にキャリアがトラップされて，ナノワイヤの光・電気特性に影響を与えると考えられる。

このようなナノワイヤへの金属汚染を回避するために考えられる方法が無触媒あるいは自己触媒VLS法である。

2 Si基板上無触媒（自己触媒）VLS法による化合物半導体ナノワイヤ

無触媒（自己触媒）VLS法によるSi基板上化合物半導体ナノワイヤを取り上げる前に，GaAs基板上への無触媒GaAsナノワイヤの成長初期過程を記す。SiO_2をスパッタリングしたGaAs基板上にGaを供給すると，成長初期段階において一部SiO_2膜が薄いところにGa液滴が形成され，次の化学反応式

$$\mathrm{Ga(liquid)} + \mathrm{SiO_2(solid)} \rightarrow \mathrm{Ga:Si(liquid)} + \mathrm{O_2(gas)} \qquad (1)$$

によってSiO_2が分解される。これにより，Ga液滴がGaAs面と接することでGaAs基板の結晶情報を得てGaを自己触媒としたGaAsナノワイヤのVLS成長が始まると考えられている[8]。

Si基板においても同様である。Si基板には自然酸化膜（SiO_2）が形成されており，この自然酸化膜の一部にGa液滴が形成され，Ga液滴がSi基板と接することによりGaAsナノワイヤの成長が起こる。

無触媒ナノワイヤの成長メカニズムは第Ⅰ編第1章で記述しているVLS成長メカニズムと同様であるが，金触媒で成長するGaAsナノワイヤの場合はAu-Ga-Asの相図を用いて考える。しかしながら，無触媒の場合はGa-Asの相図を用いて考える点で異なっている。つまり，Gaは触媒でありながらナノワイヤ原料であるために，Gaの供給量とAsの供給量のバランスによってナノワイヤの直径や長さが変化する。

典型的なSi基板上へのGaAsナノワイヤの成長について説明する。基板には(111)Si基板を用い，GaAsナノワイヤは成長温度550～590℃，Gaフラックス10^{-7}torr台，Asフラックス10^{-5}torr台で成長を行う。成長時間30分で成長したGaAsナノワイヤのSEM像を図1に示す。長さは約10 μm，直径は約60nmである。また，ナノワイヤの断面は六角形であり，(111)Si基板の面方向からナノワイヤのサイドファセットが{110}であることを確認している。先端の液滴について元素分析を行うために，測定を容易にする目的でAsフラックスを減らして太いGaAsナノワイヤを成長させ，エネルギー分散型X線分光（EDX）法により元素分析を行った。成長したナノワイヤのTEM像と長さ方向にラインプロファイルを行った結果が図2である。ラインプロファイルの結果から，GaAsナノワイヤ部分ではGaとAsが検出されたが，先端の部分は殆どGaしか検出されなかった。これらの事実からGaAsナノワイヤの先端にはGa液滴が

図1　(111)Si 基板上に無触媒で成長した GaAs ナノワイヤの SEM 像

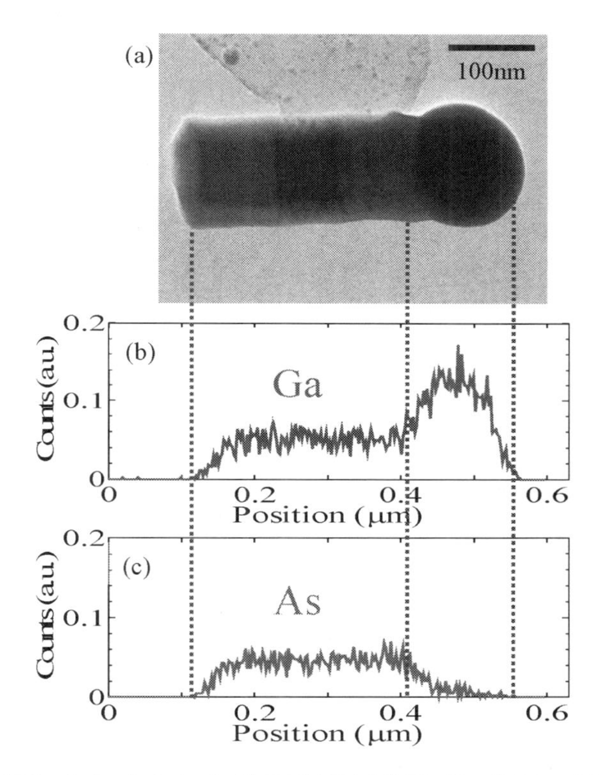

図2　GaAs ナノワイヤの(a) TEM 像と(b)(c)ラインプロファイル

形成されていることが確認できた。したがって，無触媒成長においては (111)Si 基板に形成される Ga 液滴によって GaAs ナノワイヤが VLS 成長するということになる。そして，ナノワイヤの先端には Ga しか検出されなかったので，Ga 液滴に As が取り込まれると直ちに GaAs 結晶化することになり，MBE-VLS 成長は As 律速であることが分かる。

3 Ga供給量依存性

Gaフラックス変化がGaAsナノワイヤの成長においてどのように影響を与えるかを調べるために，成長時間800秒，成長温度580℃，Asフラックスを1.2×10^{-5}torrに固定してGaフラックスを1.4×10^{-7}torrから4.1×10^{-7}torrまで変化させ，成長を行った。Gaフラックスを変化させてもGaAsナノワイヤの長さが約3μmのまま変わらない，つまりナノワイヤのVLS成長レートはGaフラックスに依存しないことがわかった。また，Gaフラックスが高くなるほど，GaAsナノワイヤの先端の直径は約20nmから約40nmまで増加するという結果が得られた。GaAsナノワイヤの平均長さおよび先端直径とGaフラックスとの関係を図3に示す。

先端の直径の変化を定性的に説明するために，Ga液滴の直径がGaAsナノワイヤの先端直径を決めると仮定する。そして，Ga液滴の直径と成長途中でGa液滴の中に供給されたGaの量との関係式[9)]

$$d=\frac{d_0}{\sqrt[3]{1-x}} \tag{2}$$

を用いる。ただし，dはGa液滴の直径，すなわちGaAsナノワイヤの先端直径であり，d_0はある成長時間においてGaの供給がないときのGa液滴の直径，xは成長途中でGa液滴の中に供給されるGaの量である。このとき，xはGaフラックス（f_{Ga}）に比例するので，$x=af_{Ga}$を(2)に代入すれば，

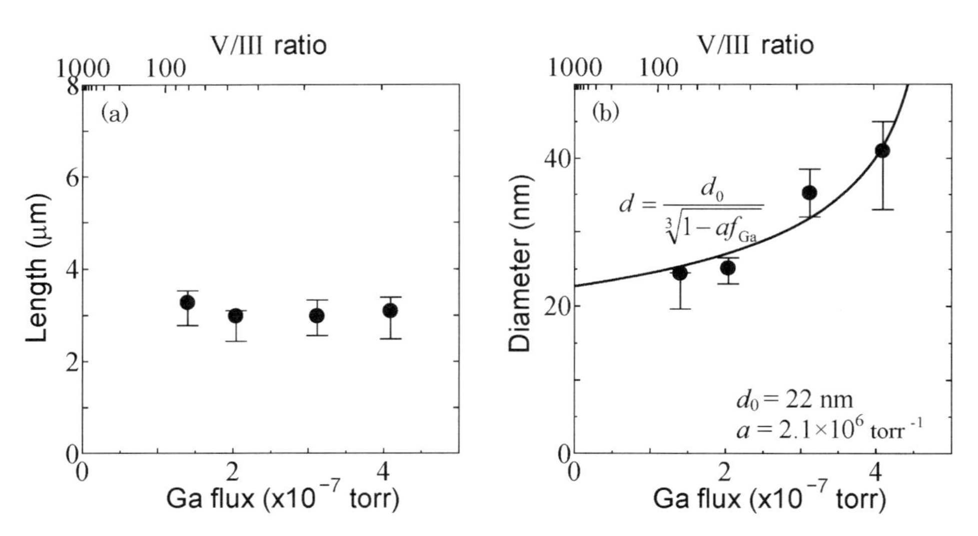

図3 (a)GaフラックスとGaAsナノワイヤの平均長さ，および(b)先端直径との関係（点：実験値，実線：計算値）

$$d = \frac{d_0}{\sqrt[3]{1 - af_{Ga}}} \tag{3}$$

が得られる。これがGaフラックスとGaAsナノワイヤの先端直径との関係式となる。ただし，aは定数である。この式を用いてGaAsナノワイヤの先端直径とGaフラックスの関係のフィッティングを行った。フィッティングパラメーターはd_0=22nm，a=2×10^{6}torr^{-1}である。このようにGaフラックスを増やすと，基板からの拡散，ナノワイヤ側面への吸着原子，Ga液滴への直接供給が増え，Ga液滴の直径が大きくなり，GaAsナノワイヤの先端直径が大きくなる（図3(b)の実線参照）。

4　As供給量依存性

Asフラックス変化がGaAsナノワイヤの成長においてどのように影響を与えるかを調べるために，成長時間830秒，成長温度580℃，Gaフラックスを3.5×10^{-7}torrに固定してAsフラックスを2.0×10^{-6}torrから3.4×10^{-5}torrまで変化させ，成長を行った。Asフラックスを増やすと，GaAsナノワイヤの長さは約0.5μmから約3.5μmまで長くなり，GaAsナノワイヤの先端の直径は約140nmから約25nmまで細くなるという結果が得られた。GaAsナノワイヤの平均長さおよび先端直径とAsフラックスとの関係を図4に示す。

先端の直径の変化は式(2)を用いることで定性的に説明できる。Ga，AsのフラックスとGaAsナノワイヤの長さとの関係から，GaAsナノワイヤのVLS成長はAs律速であることが分かる。

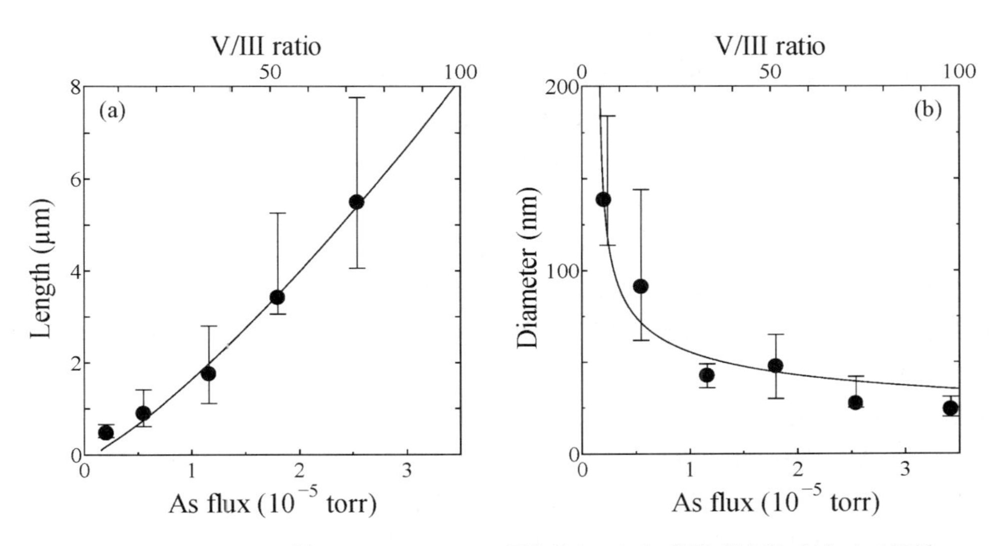

図４　Asフラックスと(a)GaAsナノワイヤの平均長さ，および(b)先端直径（右）との関係（点：実験値，実線：計算値）

すなわち，As フラックスを増やすと，Ga 液滴の中の Ga が GaAs ナノワイヤの成長に線形的に使われやすくなると仮定する。つまり，$x=x_0-bf_{\mathrm{As}}$ を式(2)に代入すれば，

$$d=\frac{d_0}{\sqrt[3]{1-x_0+bf_{\mathrm{As}}}} \tag{4}$$

が得られる。ただし，x_0 は As の供給がないときの Ga 液滴に供給される Ga の量，b は定数，fx は As フラックスである。これが As フラックスと GaAs ナノワイヤの先端直径を与える式となる。

以上により，GaAs ナノワイヤの VLS 成長レートは As フラックスによって決まることが分かった。As の Ga 液滴への供給は，液滴への直接供給とナノワイヤの側面からの表面拡散による供給が考えられる。すると，GaAs ナノワイヤの VLS 成長レートは

$$\frac{dL}{dt}=2R_{\mathrm{top}}+\frac{2\lambda R_{\mathrm{side}}}{r} \tag{5}$$

で与えられる[10]。ただし，L は GaAs ナノワイヤの長さ，R_{top} は As の Ga 液滴への直接供給レート，R_{side} は As の GaAs ナノワイヤの側面への供給レート，$r=d/2$ は GaAs ナノワイヤの半径，λ は拡散長である。R_{top} と R_{side} は As フラックスに比例するので，$R_{\mathrm{top}}=gf_{\mathrm{As}}$，$R_{\mathrm{side}}=hf_{\mathrm{As}}$ が成り立つ。ただし，g と h は定数である。これを式(4)に代入すれば，

$$L=2\left(g+\frac{2h\lambda}{d_0}\sqrt[3]{1-x_0+bf_{\mathrm{As}}}\right)f_{\mathrm{As}}t \tag{6}$$

が得られる。すなわち，GaAs ナノワイヤの長さ L (μm) は As フラックス f_{As}，成長時間 t と共に長くなる。まず，式(4)を用いて GaAs ナノワイヤの先端直径と As フラックスとの関係のフィッティングを行い，パラメーターを得る。d_0 は Ga フラックスの時の値 22nm を用いた。そして，式(4)と得られたパラメーターを式(6)に代入し，GaAs ナノワイヤの長さと As フラックスとの関係のフィッティングを行った。得られたフィッティングパラメーターは $b=7.3\times10^3\,\mathrm{torr}^{-1}$，$x_0=1.011$，$g=27\,\mu\mathrm{m\ sec^{-1}\ torr^{-1}}$，$h\lambda=2.1\,\mu\mathrm{m^2\ sec^{-1}\ torr^{-1}}$ である。このように As フラックスを増やすと，As 律速によって GaAs のナノワイヤの長さが長くなる。また，Ga 液滴の Ga 過剰供給量が As フラックスの増加によって減り，GaAs ナノワイヤの直径は小さくなる（図 4 の実線参照）。

金触媒を用いて GaAs ナノワイヤを成長させる場合，GaAs ナノワイヤの成長速度はⅢ族の Ga とⅤ族の As の供給量に依存する[11~13]。これはナノワイヤの先端に Au-Ga-As 合金が形成されており，相図によって決まる Ga あるいは As の過飽和度 $\Delta\mu_{\mathrm{Ga(As)}}$ に成長速度が依存することを意味する[14]。しかし，Ga 液滴で成長する GaAs ナノワイヤの場合，ナノワイヤの先端は Ga-As 合金が形成されており，液相において As は Ga と混ざりにくく（580℃で As の濃度は約

0.1%)，Asの過飽和度のみ依存すると考えられる[15]。このようにGa供給依存性ならびにAs供給依存性の結果から，原料のフラックスを調節することによってGaAsナノワイヤのサイズの制御ができる。

5　成長中断の効果

MBE成長においてヘテロ構造の作製の際には，ヘテロ界面の平坦性を確保するために原料を切り替える前に成長中断を行う。そして，金触媒を用いてMBE-VLS成長したGaAsナノワイヤにおいて，成長を終えて成長温度を下げる前のAs供給の有無によって金触媒の中のGaの量が変わるという報告がある[16]。これは金触媒の中にGaが残っているときにAsを供給すると，触媒中のGaがGaAsの結晶化に使われるからである。したがって，Ga液滴で成長するGaAsナノワイヤの場合も同様な結果が得られると考えられる。そこで，成長中断がGa液滴で成長するGaAsナノワイヤにどのような影響を及ぼすかについて検討する。まず，先端のGa液滴がAs雰囲気で放置されたときに表れる変化を調べた。成長温度580℃でGaフラックスを3.0×10^{-7}torr，GaAsナノワイヤの先端のGa液滴を大きくして見やすくするためにAsフラックスを5.0×10^{-6}torrと低く設定し，GaAsナノワイヤを成長させ，試料をMBEチャンバーから一度取り出してSEMで観察を行った。そのときの結果が図5(a)である。その後，同じ試料を再びMBEチャンバーに導入し，Asを1.2×10^{-5}torrで供給しながら成長温度を580℃にした後，580℃のまま5分間Asを供給し，成長温度を下げる。この試料を観察した結果が図5(b)の再成長後のSEM像である。再成長前にはGaAsナノワイヤの先端にGa液滴が存在しているが，再成長後にはGaAs先端にGa液滴が確認できず，針状の先端になっていた。これはGa液滴にAsを供給することでGaがGaAsの結晶化に消費され，その直径が徐々に小さくなりながらVLS成長したものだと考えられる。

次に，実際にGaAsナノワイヤの成長の際に成長中断を行った。Si基板は3枚用意し，そのうち2枚は成長温度580℃で各々8分，16分GaAsを供給する。残りの1枚は成長温度580℃で8

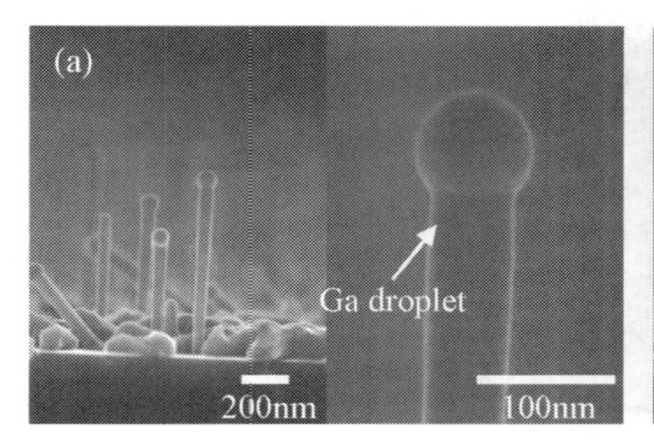

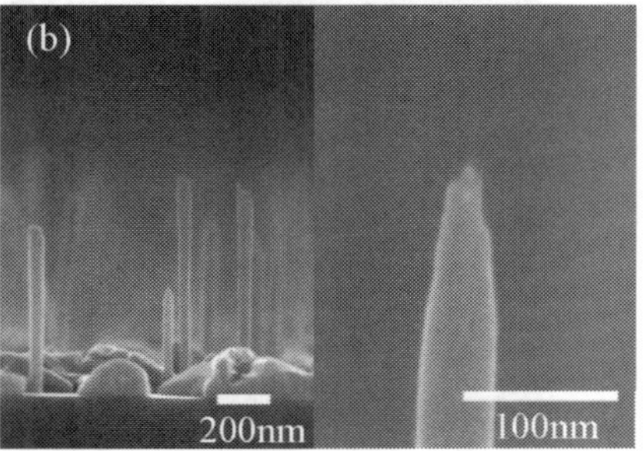

図5　(a)再成長前と(b)再成長後のGaAsナノワイヤの先端部分のSEM像

分間 GaAs を供給し，As を照射したまま 5 分間成長中断を行ったあと，さらに 8 分間 GaAs を供給した。これらの GaAs ナノワイヤの SEM 像および形状が図 6 である。8 分成長させた GaAs ナノワイヤの平均長さは約 3.5 μm であり，16 分成長させたものは約 7.4 μm である。これは GaAs ナノワイヤの長さが成長時間に比例するという結果と一致している。しかし，8 分だけ成長させて成長中断を行ったあと，再び 8 分成長させた GaAs ナノワイヤの平均長さは約 3.7 μm であり，8 分成長させた GaAs ナノワイヤの長さと殆ど変わらなかった。これは成長中断を行うことによって GaAs ナノワイヤの先端の Ga 液滴のすべての Ga が GaAs 結晶化に消費されてしまい，それ以上 VLS 成長ができなくなったからと考えられる。そして，8 分間成長した GaAs ナノワイヤの直径は一定であり，成長中断を行った GaAs ナノワイヤの直径はそれより約 10nm

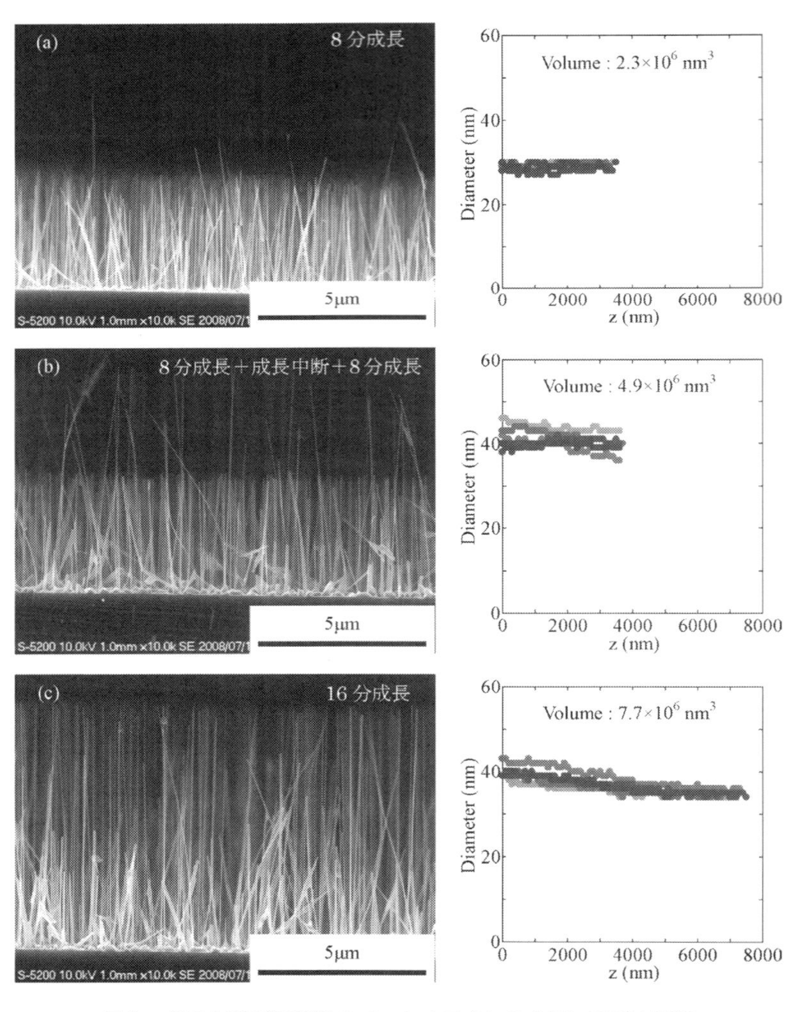

図 6　成長中断が無触媒 GaAs ナノワイヤの成長に及ぼす影響

大きくなっている。この結果から GaAs ナノワイヤの側面成長速度を計算すると約 0.02nm/sec であり，以前の結果とほぼ一致する。このように太くなった理由は Si 基板からマイグレーションした原料とナノワイヤ側面に直接入射する分子線によるものだと考えられる。そして，16 分間成長した GaAs ナノワイヤは根元の直径が太い形をしている。これは基板からの原料マイグレーションによるものと考えている。また，16 分成長した GaAs ナノワイヤの体積が，同じ成長時間で成長中断を導入した GaAs ナノワイヤの体積より大きい。Ga 液滴からの再蒸発時間は 40 分と成長中断時間である 5 分よりも十分長い。したがって，この体積の差は成長時間 8～16 分の間における原料の基板からのマイグレーション量の違いだと考えられる。すなわち，成長中断がない場合は 8～16 分で先端に Ga 液滴が存在するので，基板からのマイグレーション量が多いということである。

6　GaAs/$Al_xGa_{1-x}As$ のコア・シェルヘテロ構造

前述のように無触媒によって MBE 成長する GaAs ナノワイヤにおいて As 雰囲気の中で成長中断を行うと，先端の Ga 液滴が GaAs へと結晶化することによってそれ以上 VLS 成長が起こらないことが分かった。この成長中断を用いれば，ある程度の長さまでにナノワイヤを VLS 成長させ，その後はナノワイヤの側面のみ成長させることができるようになる。すなわち，MBE 法による VLS 成長においても成長中断を行うことでコア・シェルヘテロ構造のナノワイヤの作製ができると期待される。

AlAs は GaAs の格子定数にほとんど一致しており，理想的なヘテロ構造が作製できる代表的な材料である。このことを考慮し，ここでは GaAs/$Al_xGa_{1-x}As$ コア・シェルナノワイヤの成長を試みた。成長条件は以下の通りである。まず，成長温度 580℃で 10 分間 GaAs ナノワイヤを成長させる。その後，5 分間 As 雰囲気の中に GaAs ナノワイヤを放置し，Ga 液滴を GaAs へと結晶化させる。そして，Al が表面拡散しやすくするために成長温度を 640℃まで上げ，$Al_xGa_{1-x}As$ を 30 分供給する。試料の SEM 像と GaAs ナノワイヤの直径を調べた結果を図 7 に示す。ナノワイヤの長さは約 5 μm であり，GaAs ナノワイヤの直径は約 30nm，GaAs/$Al_xGa_{1-x}As$ コア・シェルナノワイヤの直径は約 100nm であることが分かる。よって，AlGaAs シェル層の厚さは約 35nm と推定される。

GaAs/$Al_xGa_{1-x}As$ コア・シェルナノワイヤの構造をより詳しく調べるために，試料の EDX 測定と断面の反射電子顕微鏡（REM）観察を行った。図 8 にその結果を示す。EDX スペクトルからでは Al，Ga，As の特性 X 線ピークがみられており，ナノワイヤに Al が含まれていることが確認できる。ラインスキャンの結果では Al と Ga 信号に平坦な部分がみられる。これは六角形のナノワイヤのファセットと対応している。また，コア GaAs の直径が約 35nm となっている。これは GaAs ナノワイヤだけを成長した試料の直径とほぼ一致している。そして，REM 像からも六角形のコア GaAs の直径約 30nm，六角形の均一な $Al_xGa_{1-x}As$ シェル層の厚さ約 30nm のコ

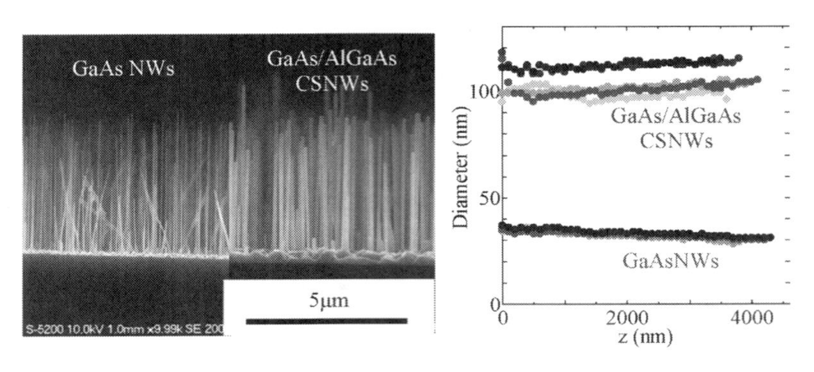

図７　GaAs ナノワイヤと GaAs/Al_xGa_{1-x}As コア・シェルナノワイヤの SEM 像および形状

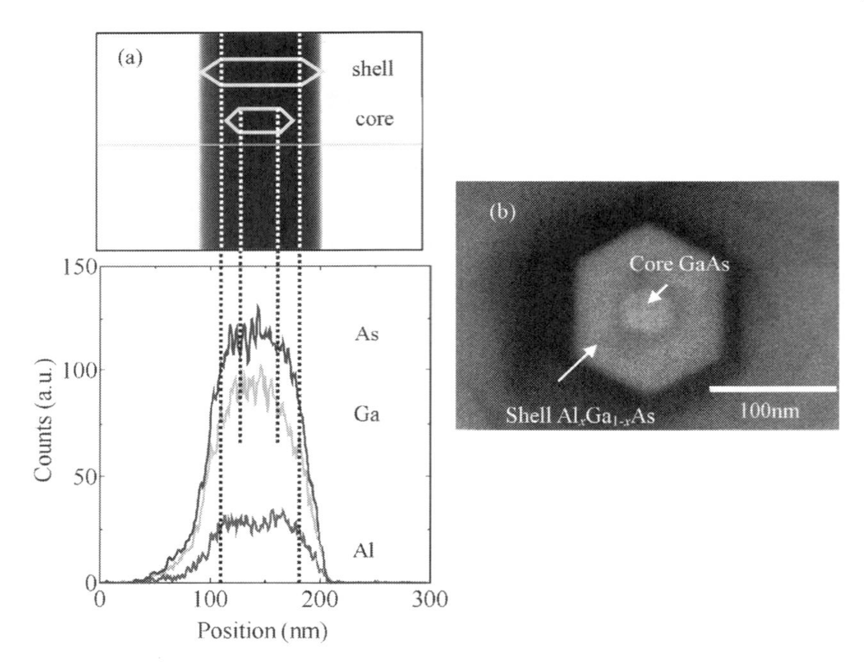

図８　GaAs/Al_xGa_{1-x}As コア・シェルナノワイヤの(a)走査型透過電子顕微鏡（STEM）像とEDX ラインスキャン(b)断面 REM 像

ア・シェル構造になっていることが確認できる。Si 基板の方向からナノワイヤのサイドファセットが（1-10）であることも確認でき，GaAs ナノワイヤの（1-10）側面に Al_xGa_{1-x}As がヘテロエピタキシャル成長していることが分かる。

Al_xGa_{1-x}As 層の Al 組成を調べるために，低温カソードルミネッセンス（CL）スペクトルの測定を行った。その結果が図９である。図９(a)～(c)の GaAs/Al_xGa_{1-x}As コア・シェルナノワイヤの SEM および CL 像からコアの GaAs（波長 818nm）とシェルの Al_xGa_{1-x}As（波長 770nm）からの発光が確認できる。そして，Al_xGa_{1-x}As がコアの GaAs を全体的に覆っていることが分

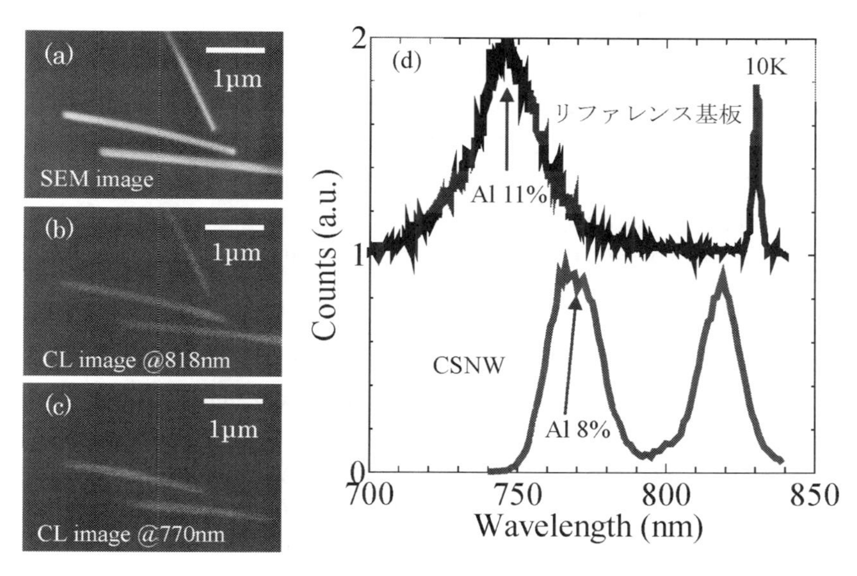

図9　GaAs/$Al_xGa_{1-x}As$ コア・シェルナノワイヤの CL スペクトル測定
(a) SEM 像 (b) 818nm の CL 像 (c) 770nm の CL 像 (d) CL スペクトル

かる。図9(d)はリファレンス基板と GaAs/$Al_xGa_{1-x}As$ ナノワイヤの低温 CL スペクトルである。リファレンス基板の $Al_xGa_{1-x}As$ 層の Al 組成が約 11%であることに対し，GaAs/$Al_xGa_{1-x}As$ コア・シェルナノワイヤの AlGaAs シェル層の Al 組成は約 8%である。$Al_xGa_{1-x}As$ シェル層の Al 組成がリファレンス基板のそれよりも低いのは，Al 拡散長が Ga の拡散長より短いことと {110} や {100} における拡散長の違いが原因だと思われる。

7　まとめ

Si 基板上へのⅢ-Ⅴナノワイヤの代表として GaAs ナノワイヤを取り上げ，MBE 装置を用いて無触媒（自己触媒）による VLS 成長を行った。Si 基板上 GaAs ナノワイヤの成長は，基本的にⅤ族である As 律速で成長している。また，無触媒 VLS 成長の成長機構を利用する，つまり成長中断により Ga 液滴を結晶化することで，その後のナノワイヤにおける横方向成長を可能とし，コア・シェルナノワイヤ構造を作製することも可能であることを示した。

文　献

1)　S. Somekh, A. Yariv, Proc. Conf. International Telemetry, Los Angeles, pp. 407-408

2) G. Zhang, K. Tateno, T. Sogawa, and H. Nakano, *J. Appl. Phys.* **103**, 014301 (2008)
3) S. G Ihn, J. I. Song, Y. H. Kim, and J. Y. Lee, *Appl. Phys. Lett.* **89**, 053106 (2006)
4) V. I. Sokolov and F. S. Shilshiyann, *Sov. Phys. Solid State* **6**, 265 (1964)
5) D. E. Perea, J. E. Allen, S. J. May, B. W. Wessels, D. N. Seidman, and L. J. Lauhon, *Nano Lett.* **6**, 181 (2006)
6) S. M. Sze and J. C. Irvin, *Solid-State Electron.* **11**, 599 (1968)
7) S. M. Sze,「Physics of Semiconductor Devices, 2nd edition」, (John Wiley & Sons, New York, 1981)
8) A. F. i Morral, C. Colombo, G. Abstreiter, J. Arbiol, J. R. Morante, *Appl. Phys. Lett.* **92**, 063112 (2008)
9) V. G. Dubrovskii, N. V. Sibirev, G. E. Cirlin, J. C. Harmand, and V. M. Ustinov, *Phys. Rev.* E **73**, 021603 (2006)
10) J. Johansson. B. A Wacaser, K. A Dick and W. Seifert, *Nanotechnology* **17**, S355 (2006)
11) M. Borgström, K. Deppert, L. Samuelson, W. Seifert, *J. Crystal Growth* **260**, 18 (2004)
12) X. Y. Bao, C. Soci, D. Susac, J. Bratvold, D. P. R. Aplin, W. Wei, C. Y. Chen, S. A. Dayeh, K. L. Kavanagh, and D. Wang, *Nano Lett.* **8**, 3755 (2008)
13) A. I. Persson, B. J. Ohlsson, S. Jeppesen, L. Samuelson, *J. Crystal Growth* **272**, 167 (2004)
14) M. B. Panish, *J. Electrochem. Soc.* **114**, 516 (1967)
15) J. C. DeWinter and M. A. Pollack, *J. Appl. Phys.* **58**, 2410 (1985)
16) J. C. Harmand, G. Patriarche, N. Péré-Laperne, M-N. Mérat-Combes, L. Travers, and F. Glas, *Appl. Phys. Lett.* **87**, 203101 (2005)

第8章　強磁性体／半導体複合ナノワイヤ

原　真二郎*

1　はじめに

半導体ナノテクノロジ分野ではこれまで，半導体薄膜堆積後のトップダウン型微細加工技術が産業化レベルで確立され，シリコン集積回路や半導体レーザ等のナノエレクトロニクス技術を支えてきた。しかし加工寸法の限界等から，結晶成長により原子を1つ1つ積み上げる，いわゆるボトムアップ型ナノテクノロジが幅広い材料・デバイス研究分野における今後の産業技術として必要不可欠となっている。そうした中2000年頃から急速に研究が盛んになった，いわゆる自立型（縦型）半導体ナノワイヤ（NW）は，異種材料ウェハ上に種々の半導体ヘテロ接合ナノ構造を直接ボトムアップ形成可能な技術として注目され，その作製手法や電子・光デバイス応用に関する研究が盛んに行われている。一般的な半導体NWの歴史的背景や作製技術については，本書の序章および第I編第1章等で詳細に解説されているので，ここでは割愛する。我々は，化合物半導体デバイスの研究開発から製品の生産に至るまで，世界中の研究機関で広く用いられる気相成長技術である有機金属気相成長（MOVPE）法をベースに，これまでGaAs NWをコアとしてその側面をAlGaAsで360°覆った，いわゆるGaAs/AlGaAsコア・シェル型NWの作製[1]や，自立型InAs NWトランジスタ[2]および，pn接合InP NW発光ダイオード（LED）[3]等，NWを用いた種々の電子・光デバイスを実現している。比較的簡便な手法として従来から用いられている，いわゆる気相－液相－固相（VLS）法では，金属ナノ微粒子を触媒に用いることが必須であるが，我々が開発したMOVPE選択成長（SA-MOVPE）法では，半導体ウェハを部分的に覆った非晶質膜をマスクとして用いるため，金属触媒による汚染もなく自立型（縦型）半導体NWを作製できる。また過去には，通常のMOVPE法により微傾斜GaAs(001)基板に自己形成される多段原子ステップ（ステップバンチング）をテンプレートとして横型半導体NW（量子細線）を作製し，半導体量子細線レーザを実現した[4,5]。

このように半導体NWの電子・光デバイス応用は盛んである一方，NWの磁気（スピントロニクスあるいはナノマグネティック）デバイスへの応用に関する研究は極めて僅かで，皆無と言っても過言ではない。近年隆盛な半導体スピントロニクス分野では，物質の磁性の起源である電子や原子核のスピン物性を従来の半導体デバイスの機能に融合する，正にMore Than Mooreの融合化技術を目指して，電流による磁区の制御（磁壁移動）と磁気メモリ（MRAM）応用，磁気論理素子，スピントランジスタ，強磁性体（MnAs等）グラニュラ薄膜材料を用いた巨大磁

---

*　Shinjiro Hara　北海道大学　量子集積エレクトロニクス研究センター　准教授

気抵抗（GMR）素子，スピン偏極LED等，高機能・省エネルギ素子実現に向けた魅力的な研究が精力的に行われている[6~12]。これらは全て，極端な低成長温度下での分子線エピタキシ（MBE）法により結晶成長した強磁性体（MnAs等）／半導体ヘテロ接合薄膜や，スパッタ法により堆積した金属（NiFe合金等）薄膜等のトップダウン型微細加工によりナノデバイスの試作が行われている。強磁性体は一般的に半導体とは異なる結晶構造を有するため，磁性体結晶薄膜の結晶成長では良質なヘテロ接合構造を作製するのが困難であり，微結晶が半導体薄膜中に無秩序に分散することが一般的であった。しかし我々が開発したSA-MOVPE法は，結晶成長をnmの極微細領域に制限することにより，(1)結晶構造や格子不整合度の違いによる影響を抑制し，(2)明瞭な結晶ファセットを有し結晶軸の揃った，かつ，(3)原子レベルで平坦・急峻な強磁性体／半導体ヘテロ接合を有するナノ構造を，(4)半導体ウェハの種類を問わず，ウェハ上の任意の位置に作製することができ，半導体のみならず強磁性体ナノ構造をウェハ上に直接ボトムアップ形成することを可能にした[13~20]。希薄磁性半導体材料や強磁性体／半導体複合構造を用いたNWの作製では，従来のVLS法あるいは，VLS法により作製した半導体NWに磁性元素をイオン注入後，アニールを行う手法が用いられているが，磁気デバイス応用も含め，現状では極僅かな実施例に限られる[21~26]。

こうした中，我々は開発したSA-MOVPE法を応用し，強磁性体／半導体複合NWを作製してきた[27,28]。GaAs(111)B基板上に直接SA-MOVPE成長した周期的強磁性体MnAsナノ構造，いわゆるナノクラスタ(NC)アレイでは，NC直下のp型半導体表面近傍を流れる電流が示す磁気抵抗（MR）が外部印加磁場方向との相対角に依存して大きく変化する角度依存MR効果を確認している。さらに，連結したNC個々の磁化方向に依存してNCアレイ中を流れる電流が示す角度依存MR効果を利用したナノ磁気センサーの提案を行った。詳細については文献に記した原著論文を参考にされたい[17~20]。これをさらに電流チャネルの構造アスペクト比が極めて大きな強磁性体／半導体複合NWに応用することにより，強磁性体NCで囲まれた半導体NWチャネル中を流れる電流に，より顕著な角度依存MR効果が期待される。他にも，自立型強磁性体／半導体NWによるスピントランジスタや，スピン偏極キャリアを強磁性体から半導体NWに注入するスピン偏極NW LED等への応用が可能である。本稿では，NWの種々の磁気デバイス応用に向け，SA-MOVPE法による強磁性体／半導体複合NWの作製と，基礎的な結晶構造評価および電気特性評価の結果について，これまでの実験的知見を解説する。

2 作製プロセス

本研究で作製した強磁性体／半導体複合NWは，半導体であるGaAs NWの周期構造をSA-MOVPE法により作製した後，強磁性体であるMnAs NCをGaAs NWの側面に無数に積層した複合ナノ構造体である。本研究では，強磁性体材料としてMnAsを採用した。強磁性を示すMnAsはNiAs型六方晶の結晶構造を有し，a軸およびc軸の格子定数はそれぞれ，0.372および

0.571nm である。通常，NiAs 型 MnAs の強磁性体－常磁性体転移温度，つまりキュリー温度（T_c）は 318K であるが，本研究で作製した MnAs NC では，微量の Ga 原子の混入等により T_c＝340K に上昇するとの実験的知見も得られている[17]。テンプレートとして用いられる GaAs NW の結晶成長条件は，これまで我々が実現した典型的なもので，本書の第Ⅰ編第６章等においても解説されている。本実験では，成長温度 T_g および，原料ガス供給比，いわゆるⅤ/Ⅲ比をそれぞれ T_g＝750℃，Ⅴ/Ⅲ＝180 とした[1]。実験に用いた原料は，MOVPE 法で通常用いられるⅢ族有機金属原料 $(CH_3)_3Ga$ および，H_2 希釈のⅤ族水素化物原料 AsH_3（20％）であり，Mn の有機金属原料として $(CH_3C_5H_4)_2Mn$ を用いた[13]。また半導体ウェハとして半絶縁性（S.I.）GaAs(111)B 基板の他，主に p 型および n 型 GaAs(111)B 基板を用いた。NW をウェハ上の任意の位置に選択形成するため SA-MOVPE 法で用いる，非晶質の SiO_2 誘電体薄膜マスクの膜厚は約 20〜30nm，電子線描画とエッチングにより GaAs(111)B 表面を露出させるマスク開口部の周期は 0.5〜3.0 μm とした。詳細な作製プロセスについては，文献に記した原著論文を参考にされたい[27, 28]。

作製した強磁性体／半導体複合 NW に対して，走査型電子顕微鏡（SEM）による構造観察結果とフィードバックすることにより，結晶成長条件依存性を評価した他，詳細な結晶構造評価を目的として，走査透過型電子顕微鏡（STEM）による断面観察，格子像観察，電子線回折（ED）測定，および STEM 装置を用いたエネルギ分散型Ｘ線（EDX）分析による固相組成評価を外部の分析専門業者に依頼した。最後に二端子素子構造を作製し，強磁性体／半導体複合 NW の電流－電圧（I-V）特性評価を行った。

3　強磁性体ナノクラスタの選択形成

半導体 NW の SA-MOVPE 技術を応用することにより，強磁性体 MnAs NC を半導体ウェハ上にボトムアップ作製する選択形成技術を初めて確立した[13〜16]。半導体 NW の選択形成においても同様であるが，成長温度 T_g はキーとなるパラメータの１つである。また，Ⅲ-Ⅴ族化合物半導体における原料ガス供給比，すなわちⅤ/Ⅲ比に相当するパラメータとして，Ⅴ族原料と Mn 有機金属原料ガスの供給比，「V/Mn 比」を定義でき，強磁性体 MnAs NC を選択形成は，これら T_g および V/Mn 比に強く依存する。こうした結晶成長条件をマスク開口部の周期 a に対して最適化しない場合，MnAs NC がマスク開口部に選択形成されず SiO_2 マスク上にのみ微粒子が堆積する，あるいは形成されたとしても SiO_2 マスク上にも意図しない微粒子が析出する。現在のマスク開口パターンでは，T_g を 800℃以上に増加することにより MnAs NC の選択形成が可能となる。また T_g＝750℃程度の比較的低い成長温度であっても，V/Mn 比を増加することにより，マスク上に析出する微粒子の数（密度）を低減可能であるが，V/Mn 比は主に NC の成長方向制御に重要な役割を果たす。図１(a)および(b)は T_g＝850℃一定として，V/Mn 比 375 および 2250 の時の MnAs NC の SEM 像を示しているが，V/Mn 比の増加に伴い，六角錘台型 NC

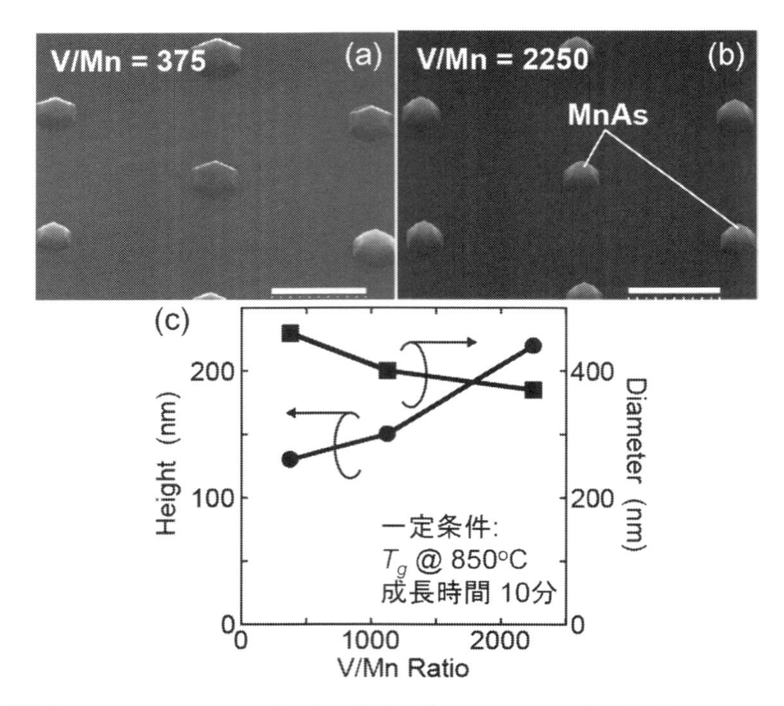

図1　強磁性体MnAsナノクラスタ（NC）の選択形成：SEMによる鳥瞰像（MnAs NCの周期aは2.0μm），(a)V/Mn比 = 375および，(b)2250（図中の白色スケールは1.0μmを表わす），(c)MnAs NCの高さ（●）および，直径（■）のV/Mn比依存性[13~16]

直径が減少，高さが増加していることが分かる。この六角錘台型NCの形状はNiAs型六方晶構造に起因し，磁化困難軸であるc軸方向（<0001>方向）は下地GaAs(111)Bウェハの<111>B方向と完全に平行である。このV/Mn比依存性をまとめた結果を図1(c)に示す。NC高さの増加は，V族原料AsH_3の供給量増加に伴い，MnAsが取るNiAs型六方晶の結晶構造におけるc面（{0001}面）の成長速度が増加するためであるが，比較的に高いV/Mn＝2250のV/Mn比条件においても，<0001>方向の成長速度は半導体NWの<111>B方向の成長速度に比べて著しく遅い。そのため現時点では，純粋な強磁性体MnAs NWの作製条件は未だ確立されていないが，成長条件の最適化およびSiO_2マスク開口パターンの最適化により，安定なファセット面の成長を促し，MnAs NWの作製も可能と考えられる。

4　強磁性体／半導体複合ナノワイヤの選択形成

前項で述べたMnAs NCの選択形成に関する基礎的な知見から，半導体GaAs NWをテンプレートとしたMnAs/GaAs複合NWの作製を行った[27,28]。図2(a)は本研究で用いた典型的なGaAs NWであり，直径130nm，高さ約1.5μm，6つの等価な{0-11}面で囲まれた六角柱構

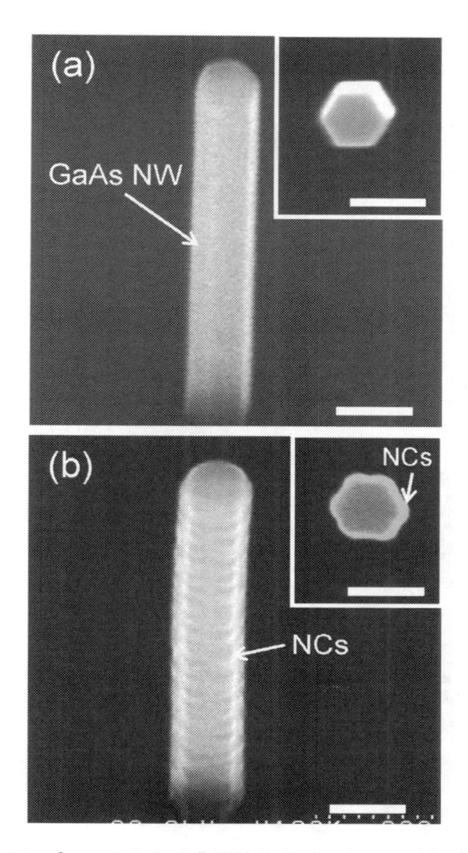

図2　(a)テンプレートとなる典型的なGaAsナノワイヤ（NW）と，(b)MnAs成長後のMnAs/GaAs NWのSEM鳥瞰像（共にGaAs NWの周期aは3.0μm），挿入図はそれぞれGaAs NWの六角柱構造とその稜線に形成されたMnAs NCsのSEM観察結果（図中の白色スケールは全て150nmを表わす）[27,28]

造である。NW作製直後T_g=600℃まで降温し，GaAs NW上にMnAsの成長を行った。この時，AsH_3供給を停止し，Mn原料およびH_2のみリアクタに1分間供給した。MnAs成長前後で，NWの高さ1.5μmに変化はなかった。図2(b)はMnAs/GaAs複合NWのSEM観察結果である。上面からのSEM像（挿入図）からも明らかなように，MnAs NCは2つの{0-11}面の交線，つまり六角柱の稜線に配列して形成されていることが分かる。次に，本構造のほぼ中央付近を<0-11>方向から断面STEM観察を行った結果を図3(a)に示す。六角柱GaAs NWの稜線部分に埋め込まれた形で，横幅約10nm，GaAs NW中の深さ約8nmのNCが40nm程度の間隔で多数形成されていることが判明した。また図3(b)から，これらのNCは，部分的に積層欠陥が確認されるものの，ほぼ単結晶であり，電子線回折パターンからNiAs型六方晶構造であることが分かった。MnAs NCの磁化容易軸であるa軸方向は，GaAs NWの<111>B方向からおよそ17

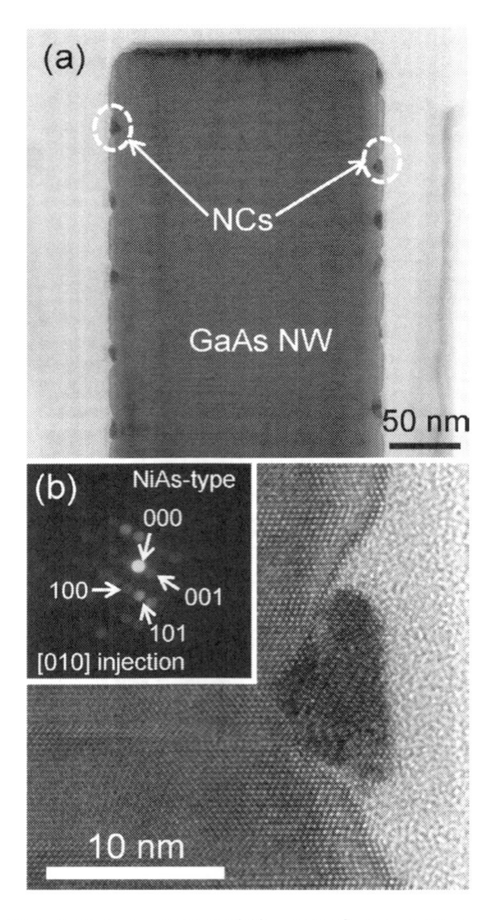

図３　(a)六角柱 GaAs NW の稜線上に形成された MnAs NC の断面 STEM 明視野像，(b)典型的な MnAs NC の断面格子像（挿入図は MnAs NC の電子線回折パターン：NiAs 型六方晶の結晶構造を示す）[27, 28]

～34°程度傾斜している。また図４は，六角柱 GaAs NW の稜線上に形成された MnAs NC の断面 STEM 暗視野像と，それに重ね合わせた EDX ライン分析（破線部）による固相組成の評価結果である。ここで，断面観察用の試料作製プロセスや試料ホルダー等，可能性の高い外部からの影響として，O，Si，C による寄与を排除し，Mn，As，Ga の３元素の組成割合を評価した。STEM 観察した GaAs NW 両端に確認できる MnAs NC の固相組成は，Mn，As，Ga がおよそ 44，50，6.0％および，33，56，11％であり，As を 50％程度含む MnAs を主体としたものであるが，主に Mn が 6.0～11％の Ga で置換されている。

MnAs/GaAs 複合 NW の作製でキーとなるのが「Endotaxy（エンドタキシ）」と呼ばれる現象である[29, 30]。エンドタキシとは，ホスト材料を構成する原子の再分布を引き起こし，その結果

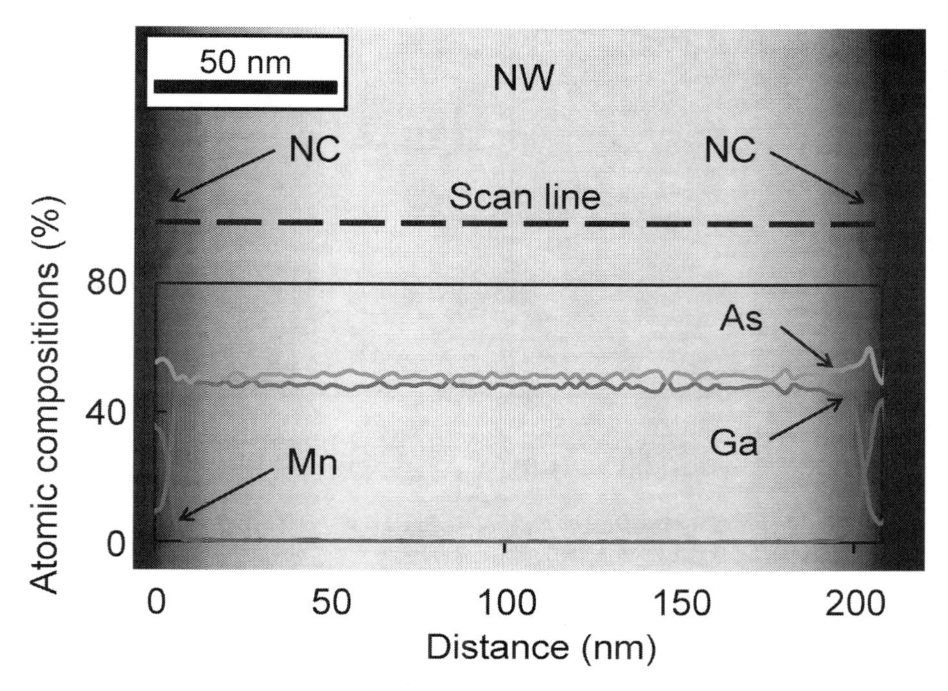

図4　六角柱 GaAs NW の稜線上に形成された MnAs NC の断面 STEM 暗視野像と，それに重ね合わせた EDX ライン分析（破線部）による固相組成（Mn, As, Ga 元素の割合）評価結果[27)]

生じる新しい安定相の形成へと導く拡散過程を伴った結晶成長様式である。今回の NC 成長では AsH_3 供給を停止し，Mn 原料および H_2 のみリアクタに供給しており，反応性が比較的高い気相中の Mn 原料が，固相である GaAs 中の As 原子と結合することにより，GaAs 中に埋め込まれた形で単結晶 MnAs NC の安定相が形成された。従って，エンドタキシと同様の結晶成長機構により GaAs NW 中に MnAs NC が形成されたと考えられる。通常の MOVPE 同様，Mn および As 原料を同時供給した場合，不均一な MnAs NC がランダムに GaAs NW 上に形成され，サイズおよび形成位置の制御性が著しく低下するため，NW の稜線部にのみ選択的に高均一な NC を形成可能なエンドタキシは有効である。

図5は，MnAs NC の成長温度 T_g および，NC 形成後の降温過程における供給ガス種依存性に関して，GaAs NW 稜線上の MnAs NC の直径（nm）および，稜線の単位長さ当たりの密度（1/μm）の NW 周期 a（隣接 NW 間の距離）依存性を評価した結果を示す。NW 周期 a を増加すると共に NC 直径および密度は増加することが判明した。（図5(b)：T_g＝600℃／AsH_3(20%)＋H_2 供給（□）時の a＝3.0 μm に関してのみ密度の減少が確認されたが，SEM 像から，NC サイズが著しく増加したため，隣接する NC の会合が促進したことに起因する。）降温過程において H_2 に加えて AsH_3(20%）を供給した場合，NC 直径が増加する他，T_g＝600℃の構造と比較し 500℃の構造では，さらに NC 直径が著しく増加することが判明した。次に図6は，MnAs/

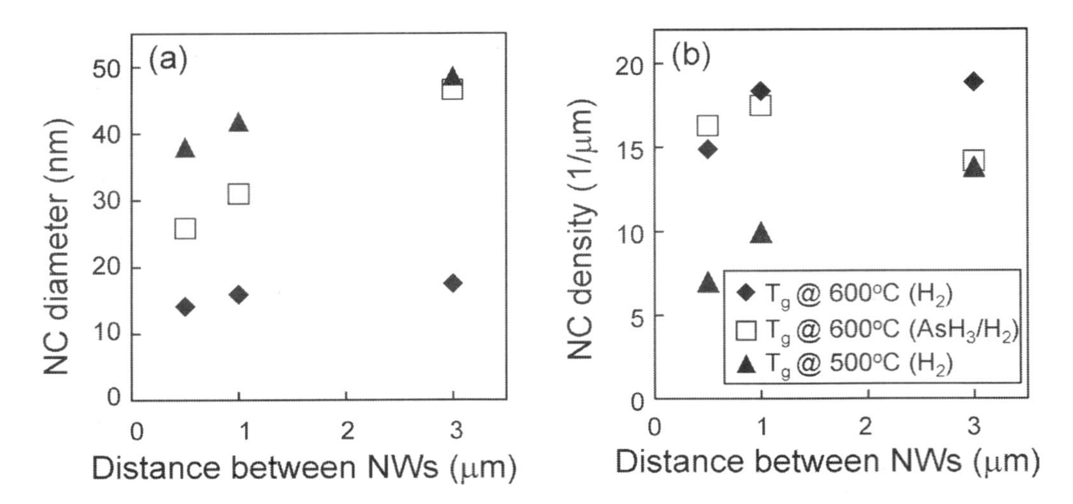

図5　MnAs NC の成長温度 T_g および，NC 形成後の降温過程における供給ガス種依存性と NW の周期 a 依存性：GaAs NW 稜線上の MnAs NC の(a)直径（nm）および，(b)稜線の単位長さ当たりの密度（1/μm），いずれの場合も，T_g=600℃／H_2 のみ供給（◆），T_g=600℃／AsH_3（20%）+H_2 供給（□），T_g=500℃／H_2 のみ供給（▲）とし，NW の周期 a は 0.5，1.0，3.0 μm と変化させた[27]

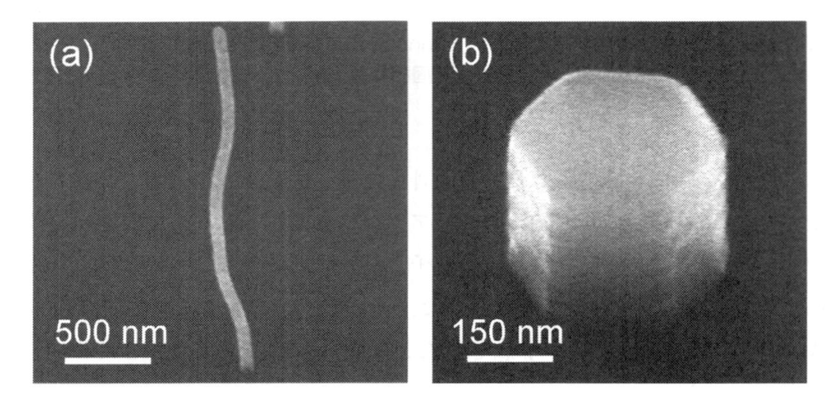

図6　MnAs/GaAs NW の NW 直径依存性：SEM 鳥瞰像，(a) NW 直径 80nm および(b) 300nm の結果，MnAs NC の成長温度 T_g は 600℃，NC 形成後の降温過程における供給ガスは H_2 のみとした[27]

GaAs NW 形成における NW 直径依存性である。テンプレートである GaAs NW の直径は図6(a)の構造で 80nm，(b)で 300nm であり，MnAs NC の成長温度は T_g=600℃，NC 形成後の降温過程における供給ガスは H_2 のみである。図2(b)で示した NW 直径 130nm の構造同様，MnAs NC が側面に形成されているが，NW 直径 80nm では，MnAs と GaAs の間の格子不整合による歪みの影響で NW に湾曲が生じている。

一方 NW 直径 300nm の構造では，NW の稜線と共に，六角柱の側面である｛0-11｝ファセット上においても NC 形成が確認された。また図7は，MnAs NC 形成における成長温度 T_g 依存

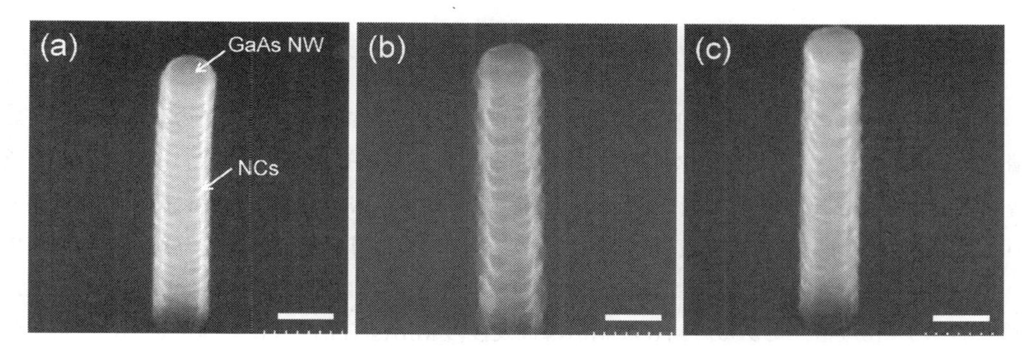

図7　MnAs NC の成長温度 T_g 依存性：MnAs NC 成長後の MnAs/GaAs NW の SEM 鳥瞰像（MnAs/GaAs NW の周期 a は 3.0 μm），(a) T_g = 600℃，(b) 500℃，(c) 400℃，いずれの場合も，用いた GaAs NW の直径は約 130nm，NC 形成後の降温過程における供給ガスは H_2 のみとした（図中の白色スケールは全て 150nm を表わす）[28]

性であり，それぞれ図7(a) T_g = 600℃，(b) 500℃，(c) 400℃である。いずれの場合も，用いた GaAs NW の直径は約 130nm であり，NC 形成後の降温過程において H_2 のみ供給した。図5(a)の結果においても示したが，図7(a)および(b)の SEM 像で示すように，NC サイズは T_g を 600℃から 500℃に低下すると著しく増加する。さらに T_g = 400℃とした場合，NC サイズは減少するが，NC は NW の稜線と共に，六角柱構成する6つの｛0–11｝ファセット上においても形成されることが判明した。

SA-MOVPE 法による原子の拡散過程では，主に次の3つの寄与を考える必要がある：(1)気相拡散，(2) SiO_2 マスク上の表面拡散（マイグレーション），および(3)ファセット間の面間拡散。本研究において，単位体積当たり同量の原料が供給されたと仮定すると，NW 一本当たりの Mn 原子の全供給量は，当然 NW 周期 a を増加すると共に増加するため，図5で得られた実験的知見は妥当なものと考えられる。また図7で示す通り，T_g = 400℃の場合，NC は NW の稜線と共に，側面の6つの｛0–11｝ファセット上においても形成されており，成長温度の低下により，表面に吸着した Mn 原子の表面マイグレーション距離（｛0–11｝面間拡散レート）が低下したためと考えられる。さらに図6(b)で示した通り，直径 300nm の GaAs NW 上では，NW の稜線と共に，側面の｛0–11｝ファセット上にも NC 形成が確認されており，この条件下における｛0–11｝上の Mn 原子の表面マイグレーション距離はおよそ 150nm よりも短いと推察される。本稿には掲載していないが，図3(a)の断面 TEM 観察結果と，GaAs NW の GaAs(111)B 基板近傍における MnAs NC 直径および密度を評価した結果を比較した場合，NW 上部に形成された NC の直径および密度の平均値は，共に下部の平均値より大きいとの知見を得ている[28]。従って，本研究の Mn 原料の拡散過程においては，SiO_2 マスク上の表面マイグレーションよりも，気相からの拡散が支配的であると考えられる。

5 電気特性

次に，強磁性体／半導体複合NWの電気特性評価とナノ磁気センサー素子の試作に向け，二端子素子構造のデバイスプロセスを確立した。詳細な作製プロセスについては，文献に記した原著論文を参考にされたい[28]。これまで強磁性体／半導体複合NWの電気特性に関する知見が無いため，p型およびn型GaAs(111)B基板上に強磁性体／半導体複合NWを作製し，複合NWの電気伝導評価を行った。実験に用いたウェハのキャリア濃度はそれぞれ，$p=1.0\times10^{19}cm^{-3}$および$n=2.5\times10^{18}cm^{-3}$である。図8はMnAs成長後のMnAs/GaAs NWの室温における電気伝導特性であり，図8(a)はp型，(b)はn型GaAs(111)B基板上に作製したMnAs/GaAs NWの二端子構造における評価結果である。いずれの場合も，MnAs/GaAs NWの成長温度T_gは600℃，周期aを0.5，1.0，3.0μmと変化させた。p型基板上のMnAs/GaAs NWでは，全てのサンプルにおいて近似的にオーム性の線形特性を示した。$T_g=500$℃で作製したMnAs/GaAs NWにおいても，同様に線形特性を示した。ただし図8(a)で得られた抵抗値は非常に高く，例えば周期a＝0.5μmおよび1.0μmの場合，それぞれ室温でおよそ1.0MΩおよび6.4MΩであった。現在デバイスプロセスの最適化や複合NW構造の検討により接触抵抗の低減等を試みているが，NW周期aを3.0から0.5μmへ小さくするに従って，つまり同一電極直下の複合NWの本数が増加するに従い，抵抗値が低下する傾向が得られている。一方n型基板上のMnAs/GaAs NWでは，全てのサンプルにおいて整流性を有するダイオード特性を示すことが判明した。従って図8の結果は，MnAs/GaAs NWが全てp型の電導型を有することを示している。我々が通常のMOVPE法によりGaInAs/InP(111)B薄膜上に自己形成したMnAs NC($T_g=650$℃）の電気伝導特性で

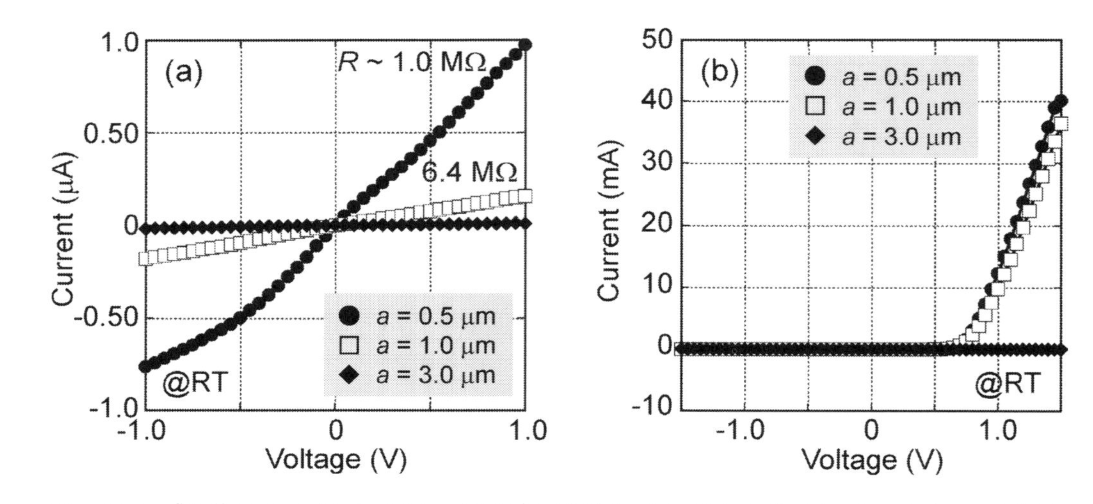

図8 MnAs成長後のMnAs/GaAs NWの室温電気伝導特性：(a)p型および，(b)n型GaAs(111)B基板上に作製したMnAs/GaAs NWの2端子構造，いずれの場合も，MnAs/GaAs NWの周期aを0.5μm（●），1.0μm（□），3.0μm（◆）と変化させた[28]

は，全てのサンプルでp型の電導型を示しており，キャリア濃度は280Kでおよそ$1.7\times10^{18}\mathrm{cm}^{-3}$であった[17]。これはMnAs NC成長中にMn原子がGaInAs薄膜に拡散した結果，GaInAs層表面近傍にp型のGaInMnAs層が形成されたためである。同様に今回のMnAs/GaAs NWにおいても，MnAsのエンドタキシ（$T_g=600$℃）の結果，GaAs NW表面近傍にMn原子の拡散に伴うp型GaMnAs層が形成されたためと考えられる。

6　おわりに

本稿では，NWのデバイス応用における多様な広がりを実現すべく，SA-MOVPE法による強磁性体MnAs／半導体GaAs複合NWの作製と，基礎的な結晶構造評価および電気特性評価の結果についてこれまでの基礎的知見を解説した。我々はこれまで，GaAs(111)B基板上に選択形成した強磁性体MnAs NCアレイ系において，NC直下に形成されたp型GaMnAs層を流れる電流に対して大きなMRを確認し，そのMR値が外部印加磁場方向との相対角に依存して大きく変化する効果を見出している[17~19]。4節で述べた通り本研究で作製したMnAs/GaAs NWでは，MnAs NCの磁化容易軸であるa軸方向がGaAs NWの<111>B方向からおよそ17～34°程度傾斜しており，NCの磁化方向もNWの<111>B方向に対して同様の角度を成す。外部印加磁場方向を変化させるに伴いNCの磁化方向はNCのc面内で変化するため，<111>B方向に流れるMnAs/GaAs NWチャネル中の電流とその磁化方向との間の角度に依存して生じるMR効果の変化をナノ磁気センサーとして利用する。MR効果に生じる変化の大きさは，MnAs NCのサイズおよび密度に強く依存すると考えられる。しかし図8(a)で示した通り，本稿における強磁性体MnAs／半導体GaAs複合NWでは抵抗値が高いため，顕著なMR効果を確認するに至っていない。現在デバイスプロセスのさらなる最適化と，我々がこれまで実現した自立型InAs NWトランジスタ[2]で用いたInAs NWチャネルによる強磁性体MnAs／半導体InAs複合NWの作製およびナノ磁気センサー素子の作製等を推進している。InAs NWでは，伝導帯への強いフェルミレベルのピニングにより，種々の電極金属と良好なオーム性の線形特性が得られるため，角度依存MR効果特性においても今後良好な特性評価が期待できる。InAs NW上におけるMnAs NC形成では，本稿で紹介したGaAs NW上の場合と異なる実験的知見も得られているが，現在，強磁性体MnAs／半導体InAs複合NWの作製が可能となっている。結晶構造，磁気物性，電気伝導特性等の詳細な評価結果と合わせ，作製条件の最適化により素子の試作が可能であり，NWの様々な磁気デバイス応用への端緒とすべく本技術を確立したい。

謝辞

本稿で紹介した研究成果は，矢田郷 昌稔氏，崎田 晋哉氏，藤曲 央武氏，小橋 義典氏，駒形 啓太氏，伊藤 真悟氏，福井 孝志教授，本久 順一教授（以上，北海道大学），Peter J. Klar 教授，Matthias T. Elm 博士，Martin Fischer 氏（以上，Justus-Liebig-University of Giessen, Germany）らの協力の下得られたものであり，深く感謝の意を表する。また本研究の一部は，独立行政法人日本学術振興会・科学研究費補助金・基盤研究（B）（課題番号：23360129），独立行政法人科学技術振興機構・戦略的創造研究推進事業・個人研究型さきがけタイプ（「ナノ製造技術の探索と展開」研究領域），および公益財団法人村田学術振興財団からの研究助成を受け，実施されたものである。

文　献

1) J. Noborisaka *et al., Appl. Phys. Lett.*, **87**, 093109 (2005)
2) T. Tanaka *et al., Appl. Phys. Express*, **3**, 025003 (2010)
3) S. Maeda *et al., Jpn. J. Appl. Phys.*, **51**, 02BN03 (2012)
4) S. Hara *et al., Jpn. J. Appl. Phys.*, **34**, 4401 (1995)
5) S. Hara *et al., Electron. Lett.*, **34**, 894 (1998)
6) M. Tanaka, *Semicond. Sci. Technol.*, **17**, 327 (2002)
7) V. Garcia *et al., Phys. Rev. Lett.*, **97**, 246802 (2006)
8) D. Saha *et al., Appl. Phys. Lett.*, **89**, 142504 (2006)
9) Y. Ohno *et al., Nature*, **402**, 790 (1999)
10) P. N. Hai *et al., Nature*, **458**, 489 (2009)
11) A. Imre *et al., Science*, **311**, 205 (2006)
12) S. S. P. Parkin *et al., Science*, **320**, 190 (2008)
13) S. Hara *et al., J. Cryst. Growth*, **310**, 2390 (2008)
14) T. Wakatsuki *et al., Jpn. J. Appl. Phys.*, **48**, 04C137 (2009)
15) S. Ito *et al., Appl. Phys. Lett.*, **94**, 243117 (2009)
16) K. Komagata *et al., Jpn. J. Appl. Phys.*, **50**, 06GH01 (2011)
17) M. T. Elm *et al., J. Appl. Phys.*, **107**, 013701 (2010)
18) M. T. Elm *et al., Phys. Rev. B*, **83**, 235305 (2011)
19) M. T. Elm *et al., Phys. Rev. B*, **84**, 035309 (2011)
20) C. Heiliger *et al., IEEE Trans. Magn.*, **46**, 1702 (2010)
21) H.-J. Choi *et al., Adv. Mater.*, **17**, 1351 (2005)
22) D. G. Ramlan *et al., Nano Lett.*, **6**, 50 (2006)
23) A. Rudolph *et al., Nano Lett.*, **9**, 3860 (2009)
24) H. S. Kim *et al., Chem. Mater.*, **21**, 1137 (2009)
25) M. F. H. Wolff *et al., Nanotechnology*, **22**, 055602 (2011)
26) C. Borschel *et al., Nano Lett.*, **11**, 3935 (2011)
27) M. Yatago *et al., Jpn. J. Appl. Phys.*, **51**, 02BH01 (2012)
28) S. Hara *et al., Jpn. J. Appl. Phys.*, **51**, 11PE01 (2012)
29) H. Iguchi *et al., Jpn. J. Appl. Phys.*, **47**, 3253 (2008)
30) I. Bonev, *Acta Crystallogr., Sect. A*, **28**, 508 (1972)

第9章　ZnOナノワイヤ成長

岡田龍雄[*1]，中村大輔[*2]

1　はじめに

ZnOは，3.2eVのバンドギャップエネルギー（BGE）を持つ，Ⅱ-Ⅵ族の直接遷移型ワイドバンドギャップ半導体である。特に，励起子束縛エネルギーが，GaNの20meVや室温の熱エネルギー（27meV）に比べて60meVと大きいことから，高効率な紫外発光素子への応用が期待されている。光特性に加えて，ピエゾ効果やドーピングにより磁性を示すことから，これらの機能を組み合わせた新しい素子への応用も期待されている。さらに，資源的に豊富であり，化粧品にも古くから使われているように生体にも優しいことから，次世代の光電子材料として注目されている[1)]。

ZnOのもう一つの特徴として，さまざまな形状のナノ・マイクロ結晶構造を作り易いことが挙げられる。ナノワイヤに代表されるナノ結晶は，体積に対する表面積比が大きいことからセンサ材料として有用であり，またその形状から光導波路としても機能する。このように特徴ある形態を，光リソグラフィのような高価で複雑なプロセスを用いることなく，自己組織的に合成できるので，光電子素子作製のためのビィルディングブロックとして有用と考えられており，さまざまな応用研究が報告されている[2,3)]。

この章では，ZnOナノ構造体の成長法について紹介する。まず，さまざまな作製方法について紹介する。続いて，ナノ結晶を実際に応用する際に必要になる形態や基板上でのナノ結晶の成長位置などの成長制御法について述べ，最後に光電子素子への応用に不可欠な電導特性の制御についても簡単に紹介する。

2　ZnOナノ結晶の成長

2.1　CVD

MOCVD（Metal Organic Chemical Vapor Deposition）法は，さまざまな薄膜の作製に広く用いられている。図1に装置の基本構成を示す。ZnOナノワイヤの成長では，Znの前駆体にジエチル亜鉛（$(C_2H_5)_2Zn$）を用いArガスをキャリアガスとして用いる。酸素源には純粋な酸素やN_2Oが用いられる。ナノワイヤ形状を得るには，基板温度，雰囲気圧力，Znと酸素の供給比

＊ Tatsuo Okada　九州大学　大学院システム情報科学研究院　教授
＊ Daisuke Nakamura　九州大学　大学院システム情報科学研究院　准教授

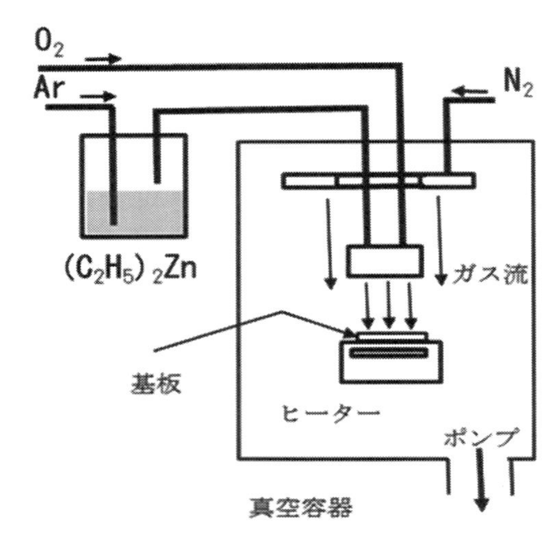

図1　MOCVD 装置

などを最適化する必要がある。ZnO の成長では触媒を用いることなく基板に垂直に配向したナノワイヤの成長が報告されている[4,5]。成長時の基板温度は，500℃程度と他の気相法に比べると比較的低温での成長が可能である。

Zn の前駆体に金属亜鉛を用いた CVD も報告されており，MOCVD の場合と同様に触媒を用いることなくナノワイヤを含むナノ結晶の成長が可能である[6]。この場合は，図2に示すように加熱したアルミナあるいは石英管の中に原料となる Zn を入れたるつぼを置き，下流に置いた基板上にナノ結晶を合成する方式が良く用いられる。

成長のメカニズムは十分解明されていないが，触媒を利用しない CVD の場合はいわゆる vapor-solid 機構（V-P 機構）が支配的で，まず Zn が析出して酸化され薄膜状のバッファ層が作られ，その一部が核となってナノワイヤなどのナノ結晶が成長すると考えられている。実際，ナノワイヤと基板の界面には島状成長した薄膜層が見られる。V-P 機構の場合，成長点での Zn と酸素の供給比や供給量が結晶形状に大きな影響を与える。

2.2　熱炭素 CVD

CVD 法の一種であるが，Zn の供給源に ZnO と炭素の混合物を用いて，炭素熱還元により Zn を供給する方式を，ここでは特に熱炭素 CVD（carbo-thermal CVD）法と呼んでいる。装置構成は図2と同様であるが，るつぼ内に ZnO と炭素粉をほぼ等量封入し，数%の酸素を混入した Ar をキャリアガスとして流す。基板温度は通常 800～1000℃である。

ナノ結晶の成長には，酸素の分量が非常に重要である。酸素分圧がゼロではナノ結晶の成長は見られない。酸素分圧が3%程度の時には高密度のナノワイヤの成長が見られる。しかし，酸素分圧を高くしすぎると，再びナノワイヤの成長は見られなくなる。これは，次のように理解され

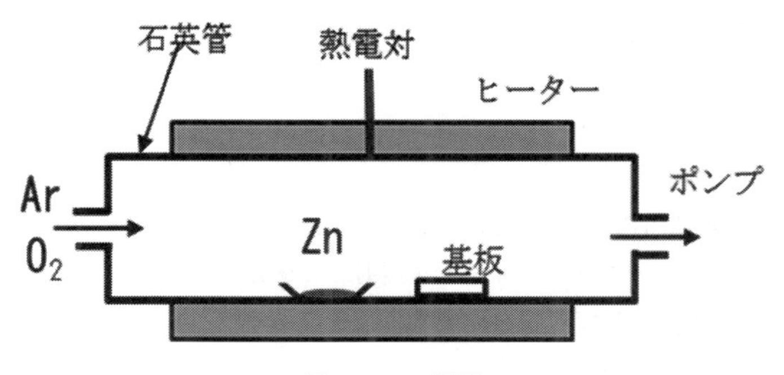

図2　CVD 装置

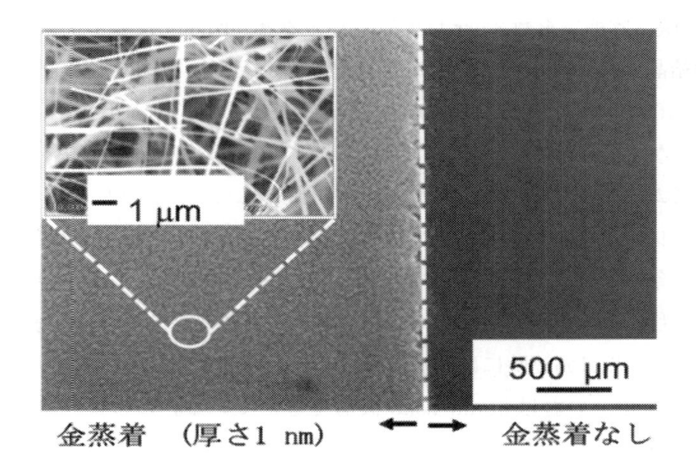

図3　熱炭素 CVD によるナノワイヤの成長

ている[6)]。Zn は式(1)と(2)に示す熱還元反応より供給され，CO の存在が Zn 供給に重要な役割を果たす。酸素分圧が高いと CO はただちに CO_2 に変換され Zn の供給が止まるが，逆に酸素が少なすぎると Zn を ZnO として再堆積することができない。

$$ZnO(s) + C(s) \Leftrightarrow Zn(v) + CO(v) \quad (1)$$

$$ZnO(s) + CO(v) \Leftrightarrow Zn(v) + CO_2(v) \quad (2)$$

$$CO_2(v) + C(v) \Leftrightarrow 2CO(v) \quad (3)$$

また，装置自体は図2の熱 CVD と似ているが，基板温度が 1000℃以下では基板に予め触媒として堆積させる Au の堆積条件により，ナノ結晶の成長が大きく影響される。Au を堆積した場合，成長後のナノワイヤの先端には Au のナノ微粒子が存在していることから，成長メカニズムとしては，いわゆる vapor-liquid-solid（VLS）機構が支配的と考えられている。この場合，図3に示すように，触媒となる金薄膜を堆積した場所のみに選択的にナノワイヤを成長させることができるので，予め金薄膜をパターニングしておけば，ナノワイヤの成長位置のパターンニングもできる。

2.3 パルスレーザー堆積法

パルスレーザー堆積法（PLD：Pulsed-Laser Deposition）は，作製したい材料と同一組成のセラミックスターゲットにパルスレーザー光を照射して爆発的に気化し（レーザーアブレーション），これを基板上に再堆積して薄膜を作製する技術である[7]。高品質の薄膜結晶，特に複合酸化物薄膜の作製に適した方法として研究室レベルで広く普及している。通常，酸化物薄膜は数100mTorr以下の低い酸素雰囲気中で作製される。ZnOの場合も，低い酸素雰囲気では透明薄膜が堆積するが[8]，酸素雰囲気を数Torr以上に高くすると，図4(a)に示すような直径数100nm程度のロッド状の結晶が得られる[9]。さらに，雰囲気をArとして圧力を数100Torrの高圧にし，基板温度を800～1000℃にすると，図4(b)や(c)のようなナノワイヤやナノウォールなどの結晶が触媒を用いることなく得られる。

成長のメカニズムは必ずしもはっきりしないが，筆者らは次のように考えている。数Torr以上のガス雰囲気でレーザーアブレーションを行うと，ガス中でナノ微粒子が生成することは良く知られている[10]。今の場合も，ガス中でZnOナノ微粒子が生成し，これが基板に堆積してまず島状の薄膜成長をし，そのなかの一部が核となってナノワイヤが成長する。また，ナノ微粒子は融点が低いことから基板に到達時には液滴として基板上を動き，核となる部分にトラップされると固体として析出する，いわばliquid-solid機構を考えている。このように，高圧雰囲気中のPLDではガス中に生成されたナノ微粒子の挙動が，結晶成長に重要な役割を果たすと考えられるので，我々は特にNAPLD（Nanoparticle-Assisted PLD）と呼んでいる[9,11]。

2.4 水熱法

水熱（Hydro-Thermal）法によるZnOナノワイヤの成長は，Vayssieresにより最初に報告されている[12]。Vayssieresは，ガラス容器に，0.1mMの硝酸亜鉛（$Zn(NO_3)_2 \cdot 6H_2O$）と0.1mMのヘキサメチレンテトラアミン（$C_6H_{12}N_4$）の水溶液を作製し，この中にさまざまな基板を浸して95℃で数時間加熱し，基板上にZnOナノワイヤを成長させている。

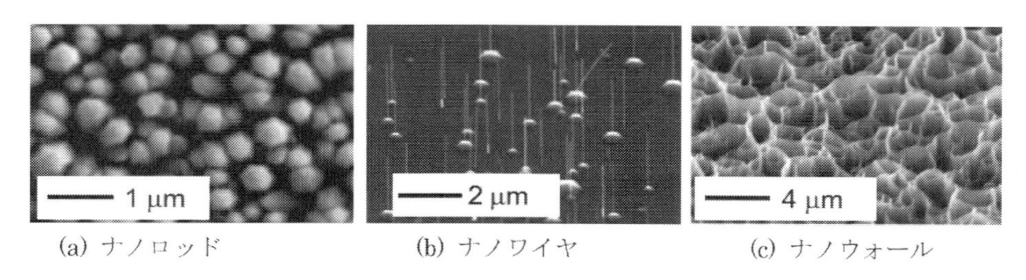

(a) ナノロッド　(b) ナノワイヤ　(c) ナノウォール

図4　ZnOナノ結晶のSEM画像例

先に述べた気相法では，500～1000℃程度の高温状態で結晶成長を行うのに対して，水熱法は100℃程度に加熱した溶液中の化学反応を利用して，低温状態で結晶の成長を行う。このため，プラスチックなど低融点基板へ直接成長も可能である。また，装置的にも簡便で安価な作製方法として広く利用されている。

一方で，ホトルミネッセンススペクトルを調べると，一般に酸素欠陥に起因するとされる緑色の可視発光を呈することが多く，気相法よりは欠陥の多い結晶となっていると推測される。そのため，熱アニールなどの後処理も必要である[13]。

2.5　電着法

電着法による ZnO の成長は，最初透明導電膜への応用を目指して行われたが[14]，電着条件によりナノロッド状の ZnO が成長することが見出された[15]。酸素ガスで飽和状態にした $ZnCl_2$ や $Zn(NO_3)_2$ などを含む電解質中を 90℃程度に加熱して，プラチナを対向電極として，さまざまな導電性の基板を堆積用電極として通電して，ナノワイヤやナノロッドの成長が報告されている。電着用の電気系を必要とする以外は，装置的には水熱法と同様であるが，堆積用電極をパターニングすることで，ナノ結晶の成長位置をパターニングすることが容易なのが特徴である[16]。また，水熱法同様，低温で安価に ZnO ナノ結晶を作製できる。ただ，結晶の品質に関しては，溶液法である水熱法と同様に一般には気相法で合成したものより欠陥が多い。

3　制御法

前節に示すように ZnO ナノワイヤの作製手法は様々あるが，ZnO ナノワイヤの応用を考えた場合には成長制御が重要となる。具体的には，(1)成長方向，(2)結晶サイズ，(3)密度，(4)成長位置などの制御が求められる。これらのニーズに対する制御法を簡単に紹介する。

3.1　成長方向制御

成長方向に関しては，堆積する基板に大きく影響する。作製手法にも依存するが，一般的に同一材料基板であればホモエピタキシャル成長により基板に対して垂直配向した ZnO ナノワイヤが成長する[17,18]。異なる材料であっても格子ミスマッチが比較的小さい GaN（1.8％）[19]や Al_2O_3（18％）[20,21]上には垂直成長の報告がある。Si などの格子定数の不整合が大きい基板上には単結晶から成る ZnO ナノワイヤが成長するものの，成長方向は完全に垂直ではなくなる[22]。しかしながら，ZnO 薄膜をあらかじめ堆積させることで Si 基板上にも垂直配向成長させることが可能となる[23]。一方，垂直配向のみでなく，a 面 Al_2O_3 基板を使用することで図5に示すように基板に対して水平配向したナノワイヤが生成する報告がある[24]。これは，a 面基板の表面に存在する原子レベルのステップアンドテラス構造のステップ面に c 面があるため，そこを起点に垂直成長することで a 面に対して水平成長すると考えられる。また，Au や Cr 触媒を利用した水平成長制

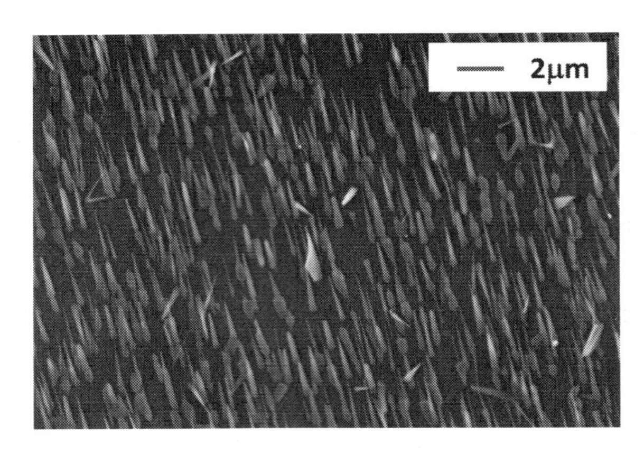

図5　基板に水平配向した ZnO ナノワイヤの SEM 画像

御[25]や電子ビームリソグラフィを利用した ZnO($2\bar{1}\bar{1}0$) 面上へ水平成長の報告もある[26]。

3.2　結晶サイズの制御

サイズ制御においては基本的には作製時間によって長さと直径が大きくなる傾向にあるが[27, 28]，長さ，もしくは直径の選択的成長に関しては作製条件の変更によってある程度の制御が可能である。例えば，熱蒸着法（Thermal evaporationmethod）ではガスフローの変更によって[29]，PLD 法であればターゲットと基板の距離の変更[30]によって ZnO ナノワイヤの直径制御が達成される。その他，単結晶から構成される ZnO ナノワイヤのサイズ制御とは異なるが，組成の違う材料を長軸方向に積層した層構造[31]や直径方向に積層したコアシェル構造[32, 33]，多重量子井戸構造ナノワイヤ[31, 34]に関する報告もある。ZnO ナノワイヤをビルディングブロックとしたデバイス応用の上で，こういったサイズ制御や積層化は大変重要となる。

3.3　密度制御

成長密度に関しては触媒やバッファ層の膜厚による制御が可能である。Au 触媒を用いた MOCVD では，Au 膜厚が大きいほど作製過程時に形成される Au ドットの間隔が大きくなることが要因で低密度化を実現している[35]。ZnO バッファ層を用いた溶液成長法ではバッファ層の膜厚が 1.5–3.5nm とわずかな違いによっても密度が 10^4cm^{-2} から 10^{10}cm^{-2} に変化する報告例がある[36]。一方，これとは逆に ZnO バッファ層の膜厚が厚いほど ZnO ナノワイヤが低密度化する報告もある[37]。図6に堆積時間を変えて作製したバッファ層上の ZnO ナノワイヤ SEM 画像を示す。詳しいメカニズムは明らかでないが，層表面の状態が ZnO ナノワイヤの結晶核形成に大きく影響していることが考えられる。その他，前述した NAPLD 法では触媒を用いずに基板上にナノワイヤを作製することが可能であるが，レーザーフルエンスや繰り返し周波数の変更で密度制御が可能である[38]。

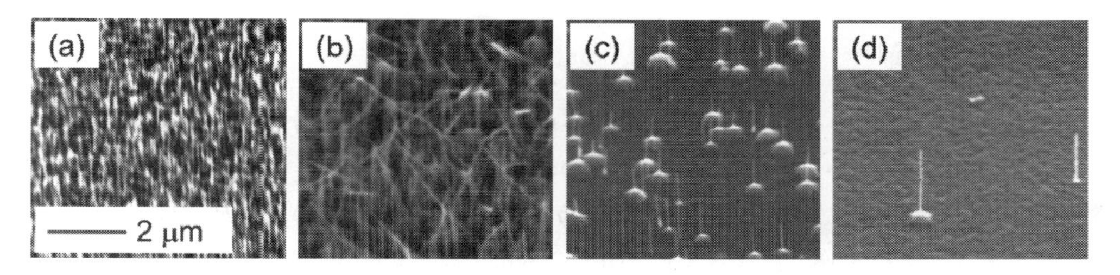

図6　バッファ層上に作製した ZnO ナノワイヤの SEM 画像。バッファ層の堆積時間
(a) 1min.，(b) 3min.，(c) 5min.，(d) 10min.。

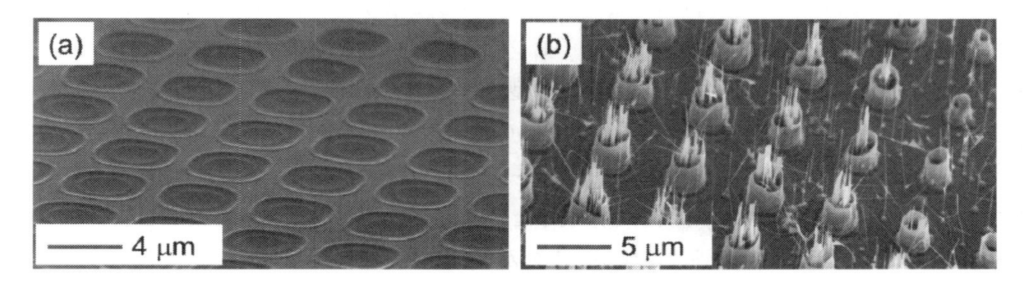

図7　4光束干渉レーザー照射を行なったバッファ層の SEM 画像(a)，
およびその膜上に作製した ZnO ナノワイヤの SEM 画像(b)。

3.4　成長位置

成長位置制御に良く利用される手法は，触媒のパターニングである。一般に，電子ビームリソグラフィ技術[39]やフォトリソグラフィ[40, 41]，ナノインプリント[42]を用いたパターニングが用いられ，成長位置の制御を実現している例が見られる。その他にも，微小球を利用したパターン構造触媒を蒸着する手法[43, 44]や，インクジェット法を使用した報告例がある[45]。一方，触媒をパターニングする手法ではパターニングに要する作製工程が多い点，さらに，デバイス応用において導電性を有する触媒が不要となる，といった課題点が懸念される。その課題点を克服するような位置制御も試みられている。たとえば，GaN 基板への干渉レーザー直接加工による周期構造 ZnO ナノワイヤの形成が挙げられる[46]。一方，我々は ZnO 薄膜への4光束干渉レーザー照射を導入した周期構造 ZnO ナノワイヤの作製を達成している[47]。図7(a)は ZnO 薄膜に干渉レーザーを照射した際の SEM 画像を示しており，この薄膜上に ZnO ナノワイヤを作製した結果が図7(b)である。この手法は，ZnO ナノワイヤの制御に留まらず，ZnO ナノウォール等の形状制御にも展開できると期待される。

4 導電性制御

半導体応用にはp型とn型の導電性が必要不可欠である。ZnOの場合，格子欠陥の影響で自発的にn型になりやすい一方で，ドーパントの溶解度が低く，さらにドーピングの際の自己補償効果によりp型化するのが非常に困難という問題がある[48, 49]。ZnOのp型化はN，P，As，Sb等の5族元素をO置換，あるいはLi，Na，K等の1族元素をZn置換でドーピングすることで達成されるが，そのドーピング手法は大きく2つに分類できる。一つは，原料に不純物を混合して結晶作製する手法であり，例えばCVD法において原料のZnにP_2O_5紛体を混合して作製した報告[50]や水熱法で溶液中に酢酸Sbを混入して作製した報告[51]などが該当する。もう一つは，イオン注入[52, 53]や熱拡散法[54]，レーザードーピング[55]といった既存の結晶に対してドーピングする手法である。重要となるのが作製されたp型ZnOの電気特性であるが，薄膜についてはNドープZnOを用いたLEDの報告がある[56]。ZnOナノワイヤについてはSbドープZnOナノワイヤとn型ZnO薄膜を用いたLED[57]やレーザー発振[58]の報告がある。また，PをドーパントとしてナノワイヤのA長軸方向にpn接合を形成したLEDも報告されている[59]。しかしながら，p型ZnOの安定性や信頼性，再現性に課題があるのが現状である。

ZnOのp型化については実験的な取り組みのみでなく，理論的な考察もなされてきている。ドーピング元素によって形成されるアクセプタ準位の理論計算からNが有望視されると報告されているものもあれば[60]，Nではp型導電性を誘起しないとする報告もある[61]。一方で，単一元素ではなく2元素を同時にドーピングするコドーピングによりアクセプタを安定化することができると理論考察がある[62]。コドーピングに関する実験報告も増えてきており[63～65]，安定化したp型ZnOの実現が強く期待されている。

5 まとめ

ZnOナノ結晶の合成と成長制御法について現状を紹介した。多様な形状を持つZnOナノ結晶は，発光素子，各種センサ，ピエゾ応用素子，太陽電池の電極などさまざまな応用が検討されている。サイズや形態の制御，特に安定なp型ZnOナノ結晶の作製技術はいまだに確立されておらず，提案されている応用を実用化する上で解決すべき大変チャレンジングな課題である。そして，近い将来ZnOナノ結晶を利用したさまざまな光・電子デバイスが実用化される事を期待している。

文　献

1) Y. W. Heo *et al., Materials Sci & Eng.* **R47**, 1 (2004).
2) M. Willander *et al., Nanotechnology* **20**, 332001 (2009).
3) D. Vanmaekelbergh *et al., Nanoscale* **3**, 2783 (2011).
4) W. Lee *et al., Acta Materialia* **52**, 3949 (2004).
5) M. C. Jeong *et al., J. Crystal Growth* **268**, 149 (2004).
6) H. Wan *et al., J. Material Sci.* **21**, 1014 (2010).
7) D. B. Chrisey *et al.*, "Pulsed laser Deposition of Thin Films", John Wiley & Sons (1994).
8) Y. Nakata *et al., Appl. Surf. Sci.* **197-198**, 368 (2002).
9) M. Kawakami *et al., Jpn. J. Appl. Phys.* **42**, L33 (2003).
10) J. Muramoto *et al., Jpn. J. Appl. Phys.* **36**, L563 (1997).
11) A. B. Hartanto *et al., Appl. Phys.* **A78**, 299 (2004).
12) L. Vayssieres, *Adv. Mater.* **15**, 464 (2003).
13) K. H. Tam *et al., J. Phys. Chem.* **B110**, 20865 (2006).
14) M. Izaki *et al., J. Electrochem. Soc.* **143**, L53 (1996).
15) S. Peulon *et al., Adv. Mater.* **8**, 166 (1996).
16) Y. L-Wang *et al., Materials Sci. & Eng.* **B170**, 107 (2010)
17) P. X. Gao *et al., Nano Lett.* **3**, 1315-1320 (2003)
18) C. Thiandoume *et al., J. Cryst. Growth* **311**, 4311-4316 (2009)
19) Xudong Wang *et al., J. Am. Chem. Soc.* **127**, 7920-7923 (2005)
20) M. H. Huang *et al., Science* **292**, 1897-1899 (2001)
21) Ruiqian Guo *et al., Appl. Sur. Sci.* **254**, 3100-3104 (2008)
22) Heon Ham *et al., Chem. Phys. Lett.* **404**, 69-73 (2005)
23) Lisheng Wang *et al., Appl. Phys. Lett.* **86**, 024108 (2005)
24) Ruiqian Guo *et al., Appl. Sur. Sci.* **255**, 9671-9675 (2009)
25) Yong Qin *et al., J. Phys. Chem. C* **112**, 18734-18736 (2008)
26) Sheng Xu *et al., Adv. Funct. Mater.* **20**,1493-1497 (2010)
27) L. L. Yang *et al., J. Alloys Comp.* **469**, 623-629 (2009)
28) J. Zhang *et al., Appl. Phys. A* **97**, 869-876 (2009)
29) Su Li *et al., Nanotechnology* **20**, 495604 (2009)
30) Tatsuo Okada *et al., Jpn. J. Appl. Phys.* **44**, 688-691 (2005)
31) A. Bakin *et al., ECS Transactions* **16**, 107 (2008)
32) S. Z. Li *et al., Appl. Phys. Lett.* **90**, 263106 (2007)
33) B. Q. Cao *et al., Nanotechnology* **20**, 305701 (2009)
34) C. Kim *et al., Appl. Phys. Lett.* **89**, 113106 (2006)
35) Xudong Wang *et al., J. Phys. Chem. B* **110**, 7720-7724 (2006)
36) Jun Liu *et al., J. Phys. Chem. C* **112**, 11685-11690 (2008)
37) D. Nakamura *et al., Proc. SPIE* **8245**, 82450N (2012)
38) Ruiqian Guo *et al., Jpn. J. Appl. Phys.* **47**, 741-745 (2008)

39) Y-J. Kim *et al., Appl. Phys. Lett.* **89**, 163128 (2006)
40) E. C. Greyson, *et al., Adv. Mater.* **16**, 1348-1352 (2004)
41) Yaguang Wei *et al., Nano Lett.* **10**, 3414-3419 (2010)
42) M-H. Jung *et al., Nano. Res. Lett.* **6**, 159 (2011)
43) J. Rybczynski *et al., Nano Lett.* **4**, 2037 (2004)
44) Xudong Wang *et al., Nano Lett.* **4**, 423 (2004)
45) Seung Hwan Ko *et al., Langmuir* **28**, 4787-4792 (2012)
46) Dajun Yuan *et al., Adv. Funct. Mater.* **20**, 3484-3489 (2010)
47) D. Nakamura *et al., Proc. Laser Precision Microfabrication* (2011)
48) Y. R. Ryu *et al., Appl. Phys. Lett.* **83**, 87 (2003)
49) S. B. Zhang *et al., Phys. Rev. B* **63**, 075205 (2001)
50) Pengcheng Tao *et al., Chem. Phys. Lett.* **522**, 92 (2012)
51) Andrew B. Yankovich *et al., Nano. Lett.* **12**, 1311 (2012)
52) Y.Yang *et al., Appl. Phys. Lett.* **93**, 253107 (2008)
53) X. Sun *et al., Appl. Phys. Lett.* **95**, 133124 (2009)
54) J. Zhang *et al., Appl. Phys. Lett.* **93**, 021116 (2008)
55) T. Aoki *et al., Phys. Stat. Sol.* **229**, 911 (2002)
56) K. Nakahara *et al., Appl. Phys. Lett.* **97**, 013501 (2010)
57) Guoping Wang *et al., Appl. Phys. Lett.* **98**, 041107 (2011)
58) Sheng Chu *et al., Nature Nanotech. Lett.* **6**, 506 (2011)
59) Min-TengChen *et al., Nano Lett.* **10**, 4387 (2010)
60) C. H. Park *et al., Phys. Rev. B* **66**, 073202 (2002)
61) J. L. Lyons *et al., Appl. Phys. Lett.* **95**, 252105 (2009)
62) T. Yamamoto *et al., Physica B*, **155**, 302-303 (2001)
63) Guodong Yuan *et al., Mater. Lett.* **58**, 3741 (2004)
64) M. Joseph *et al., Jpn. J. Appl. Phys.* **38**, L1205 (1999)
65) E. S. kumar *et al., Appl. Phys. Lett.* **96**, 232504 (2010)

【第Ⅱ編　物性・理論】

第1章　光物性

本久順一*

1　はじめに

断面寸法がサブミクロンから数ナノメートルの1次元細線構造であるナノワイヤは，マクロスコッピクな寸法を持つ3次元的な材料とも，また量子ドットや微粒子など，3次元のいずれの方向にもナノメートルオーダの寸法を持つ材料とも全く異なる光学的特性を示す。このため，様々な光デバイスやフォトニクスへの応用が期待されている[1,2]。その特異な特性をおおまかに分類すると以下のとおりとなる。まず第1に，ナノワイヤには光を閉じ込める性質と伝搬する性質とが共存していることである。これはまさにナノワイヤの形状的な異方性に起因しており，ナノワイヤは共振器としての性質と導波路としての性質を兼ね備えている，とも言い換えることができる。例えば半導体ナノワイヤの場合，半導体の屈折率 n はSiが3.4，GaAsが3.3，またワイドギャップ半導体のZnOでも2.1というように比較的大きく，このため断面寸法 d（あるいはナノワイヤの半径を R として $d=2R$）がサブミクロン～200nm程度の場合，近紫外-可視-近赤外領域の光（波長 $\lambda=200$～1000nm程度）を断面方向に強く閉じ込めることができるとともに，細線方向は光ファイバのように光の伝搬が可能である。d がこの値より小さくなると，光の閉じ込めは弱くなるが，異方的な形状を持つ誘電体材料としての特性は維持され，その結果，強い光学異方性を示す。また金属ナノワイヤにおいても，表面プラズモンを閉じ込め可能であるとともに，ナノワイヤの方向に沿って伝搬させることが可能である。第2として，半導体ナノワイヤの場合，d がさらに小さくなった場合には，量子閉じ込め効果のため電子状態が変化し，光学遷移の行列要素が変化する。このため，吸収特性・発光特性が変化し，また電子状態の異方性が形状の異方性に加算される。そしてナノワイヤは縦型あるいは横型（コアシェル型）ヘテロ構造など，様々なヘテロ構造が実現可能であり，これらのヘテロ構造による量子閉じ込め効果によっても電子状態・光学特性を制御することができる。また，第3の要素として，特にⅢ-Ⅴ族化合物半導体ナノワイヤでは，バルクの安定構造とは異なる結晶構造形成される場合があり，これが光学特性に大きな影響を与える。本章では，Ⅲ-Ⅴ族化合物半導体ナノワイヤを中心として，ナノワイヤの示す特異な光物性についてこれまでに得られた知見について解説する。

---

*　Junichi Motohisa　北海道大学　大学院情報科学研究科　教授

2　ナノワイヤ光導波路と共振器効果

最初に述べたとおり，ナノワイヤはまず光導波路としての機能を持っており，おおまかに言うと，d と物質中の波長 λ/n との関係で，$d/(\lambda/n)=1\sim3$ 程度の時，導波モード数が数個程度の光導波路となる。ナノワイヤ導波路と通常の光ファイバとの違いは屈折率差が大きいことにあり，このため，曲げが多少大きくとも伝搬損失なく光を導波することが可能である[3]。同時に導波路としての特性と，半導体材料の電気光学効果を用いれば，光変調器としても用いることが可能である[4]。また，ナノワイヤの中心部を励起した場合でも，ナノワイヤ中を光が伝搬し端面で光を放出し，このため端面での発光強度が最大となる。そして両端面で光が一部内部反射するため，ファブリ-ペロ共振により発光スペクトルに周期的にピークが観測される[5~11]。このファブリペロ共振はナノワイヤをレーザ発振させる上で非常に重要であるが，レーザ発振については後でまとめて述べる。

導波モードの解析には，コアにあたるナノワイヤとクラッドにあたる空気との屈折率差が大きいことを除けば，光ファイバの解析モデルがそのまま適用であり，実験的にはファブリペロ共振を詳細に調べることによって可能である。実際，ナノワイヤにおけるファブリペロ共振モードの間隔は，材料の持つ波長分散とともに，導波モードの波長分散を考慮することによって説明可能である[12]とともに，ナノワイヤ断面寸法に依存して導波モードの分散関係が変化することが確認されている[13]。また，ナノワイヤの共振器としての効果を利用すると，自然放出光の制御が可能であり，特にナノワイヤ断面寸法を制御することによって，光取り出し効率の向上[14,15]や自然放出光と導波モードの結合レートの制御[16,17]が可能であることが示されている。

一方，ナノワイヤ断面寸法 d が大きくなってくると，ナノワイヤに対して直交する方向に伝搬する光の共振モードが重要になってくる。すなわち，ナノワイヤに対し垂直方向に伝搬する内部の電磁波を考えると，ナノワイヤの表面で全反射し周回し共鳴するモード（whispering gallery mode, WGM）が現われる。一般に，WGM の共振器 Q 値は周回方向のモード数 m が高くなると指数関数的に増加することから，これらの効果は一般に d の大きなナノワイヤで重要となるが，ZnO ナノワイヤ（ナノニードル）では非常に低指数のモードまで観測されている[18]。

3　光学異方性

最初に述べたとおり，半導体ナノワイヤは高い屈折率 n もしくは誘電率 ϵ を持つ異方的形状を持つ材料であるため大きな光学異方性を示し，その影響は吸収特性，発光特性に顕著に現われる[19,20]。実験的には，これらの異方性は後述する光学遷移の行列要素もしくは双極子モーメントの異方性と一緒になって観測される。ここでは形状に起因する光学異方性について理論的な面から述べる。

まず，光を吸収する場合，ナノワイヤに対して平行・垂直方向の電場成分をそれぞれ $E_{\parallel 0}$,

$E_{\perp 0}$とした場合，ナノフイヤ内部での電場強度の平行成分$E_{\parallel}$，垂直成分$E_{\perp}$は

$$E_{\parallel}=E_{\parallel} \tag{1a}$$

$$E_{\perp}=\frac{2\epsilon_0}{\epsilon+\epsilon_0}E_{\perp 0} \tag{1b}$$

となり[19,21]，$E_{\perp}$がϵの増大とともに著しく減少する。このためナノワイヤ垂直方向の偏光に対する光吸収が抑制される。より定量的に吸収の異方性について評価するため，次のような計算モデルが考えられている。まず，van Weertら[20]は，円筒形状の誘電体によるMie散乱の理論[22]を適用することによって散乱断面積Q_{sca}，消衰係数Q_{ext}そして$Q_{abs}=Q_{ext}-Q_{sca}$により求まる吸収断面積Q_{abs}をナノワイヤに平行・垂直な方向の電場の電磁場に対して計算することによって，吸収の異方性を評価している。このモデルは，式（1b）と同様に，ナノワイヤの断面寸法dが波長λより十分小さい場合に成立し，吸収の異方性は波長に対し比較的単調な変化を示す。一方，Rudaらは外部光電場E_0が存在する場合のナノワイヤ内部の電場分布Eをヘルムホルツ方程式を解くことによって求め，光強度分布$|\mathrm{E}|^2$をナノワイヤ全体で積分することによって吸収強度およびその偏光依存性を評価している[23]。その結果によれば，ナノワイヤに対し垂直方向の偏波成分の光が，ナノワイヤ中のある特定の導波モードを励起するため，波長に対しナノワイヤの電場強度の振動的に変化する。このため吸収の偏光度も波長に対し振動的に変化する。

一方，発光については，Rudaらは，ナノワイヤに対し垂直・平行方向に偏光した光の強度（それぞれ$I_{\perp}$，$I_{\parallel}$）の比は

$$\frac{I_{\parallel}}{I_{\perp}}=\frac{d_x^2+2d_z^2}{3d_x^2} \tag{2}$$

となることを示している。ここでd_x，d_zはナノワイヤに対しそれぞれ垂直方向・平行方向の実効的な双極子モーメントであり，ナノワイヤの中心に双極子モーメント$\mathrm{d}_0=(d_{0x},\ d_{0x},\ d_{z0})$が存在する場合，

$$d_x=d_{0x}\sqrt{\epsilon}\ \frac{J'_1(kR)H_1^{(1)}(kR)-J_1(kR)H_1^{(1)\prime}(kR)}{\epsilon_0 J'_1(kR)H_1^{(1)}(kR)-\epsilon J_1(kR)H_1^{(1)\prime}(kR)} \tag{3a}$$

$$d_z=d_{0z}\sqrt{\epsilon}\ \frac{J_1(kR)H_0^{(1)}(kR)-J_0(kR)H_1^{(1)}(kR)}{\epsilon J_1(kR)H_0^{(1)}(kR)-\epsilon_0 J_0(kR)H_1^{(1)\prime}(kR)} \tag{3b}$$

により与えられる[23]。ここで$J_n(z)$は第1種のn次のベッセル関数，$H_n^{(1)}$は第1種のn次のハンケル関数，$k=2\pi/\lambda$である。この結果によれば，発光の偏光度$P=(I_{\parallel}-I_{\perp})/(I_{\parallel}+I_{\perp})$は波長$\lambda$や$R(=d/2)$により振動的に変化し，複雑な偏光依存性を示す。

4　結晶構造転移と光学特性

Ⅲ-Ⅴ族化合物半導体ナノワイヤの特徴あるいは問題点の一つとして，成長中に回転双晶が導

入されることが挙げられる。このため結晶構造がバルクで安定な閃亜鉛鉱構造（zincblende, ZB）とともに，ウルツ鉱構造（wurtzite, WZ）を取ることが報告されている。そして，このため図1に示すようにバンド構造が変化し，これが光学特性の変化となってあらわれる。閃亜鉛鉱構造の価電子帯構造は，Γ点で2重（スピンを含めると4重）に縮退した重い正孔バンド，軽い正孔バンド，およびスピンスプリットオフバンドに分裂するが，これに加えてウルツ鉱では結晶場によって価電子帯のエネルギーがΓ点で3つに分裂する（図1(a)）[24]。加えて，同じ材料であっても，閃亜鉛構造とウルツ鉱構造が接合を形成すると，伝導帯と価電子帯との間に不連続が発生し，一般的に，図1(b)に示したとおりtype-Ⅱ横ずれ型（staggered）のバンドアラインメントとなり[25]，電子は閃亜鉛鉱構造側に，正孔はウルツ鉱構造側に閉じこめられる。同時にバンド不連続量は伝導帯・価電子帯（それぞれΔE_c，ΔE_v）で異なるため，閃亜鉛鉱構造とウルツ鉱構造ではバンドギャップエネルギーが異なってくる。さらに，ウルツ鉱構造の価電子帯最上端のバンドであるΓ_9はc軸方向の偏光に対して光学遷移の行列要素が0となる。このため，通常ナノワイヤでは前述のとおりナノワイヤに沿った方向に偏光した方向が観測されるが，ウルツ鉱構造のナノワイヤでは，ナノワイヤに沿った方向の偏光による光学遷移が一部禁制となり，偏光特性が大きく変化する。

このような結晶構造転移による光学特性の変化については，これまでInPナノワイヤに対して詳細に調べられている。まず，バンドギャップエネルギーはウルツ鉱構造型のほうが80から90meV程度大きく[26~28]（すなわち$\Delta E_c > E_v$），これは村山と中山による計算結果[25]と一致している。また，閃亜鉛鉱構造ナノワイヤの場合には，主として発光はナノワイヤ平行方向に偏光しているが，ウルツ鉱ナノワイヤではそれが逆転する[27]。そして，閃亜鉛構造とウルツ鉱構造が混在すると，type-Ⅱの量子井戸もしくは量子ドットが形成される[29]さらに，断面寸法が小さくなれば，面内の有効質量と垂直方向の有効質量の違いにより横方向閉じ込めエネルギーに差が表われてくるため，type-Ⅰともなることが示唆されている[30]。一方，GaAs系ナノワイヤに関しても多くの報告があり，結晶構造の変化による偏光特性の変化については確認されている[31]が，バ

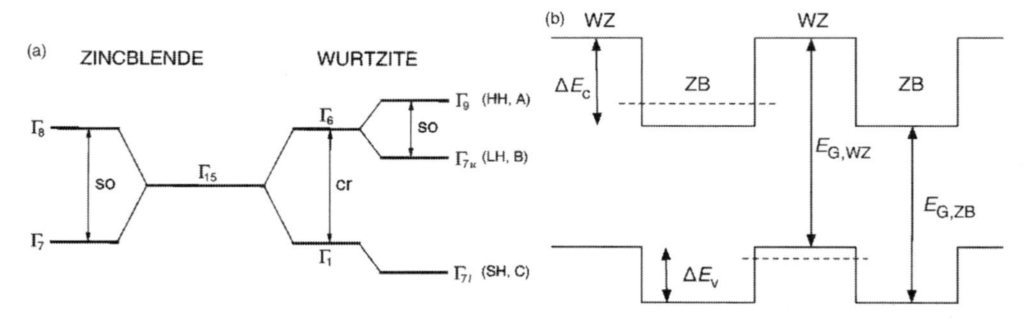

図1　(a)閃亜鉛鉱構造およびウルツ鉱構造半導体の価電子帯構造。(b)同一半導体による閃亜鉛鉱とウルツ鉱とのヘテロ構造におけるバンドアラインメントの模式図。

ンドギャップの大小については実験・理論ともばらつきがあり[32,33]，今後より明快な実験の出現が望まれる。

5　ナノワイヤアレイにおける光吸収

空気層から物質に垂直に光が入射した場合の反射率は次式で与えられる。

$$R=\frac{(\mathrm{n}-1)^2+\kappa^2}{(\mathrm{n}+1)^2+\kappa^2} \tag{4}$$

ここでnは複素屈折率の実部，κは消衰係数であり，複素屈折率の虚部に相当する。前述のとおり，半導体の屈折率は非常に大きいため反射率も高くなるが，基板から垂直に成長するナノワイヤを並べたアレイ構造では，材料充填率が低いため，実効的な屈折率が低下し反射率が著しく減少する。このため，ナノワイヤ断面寸法dおよびアレイの周期aによっては光の吸収量が増大することが理論的[34]にも実験的[35,36]にも示されている。これらは一般的にlight-trapping効果として知られており，太陽電池への応用上大きな利点となる。

dやaを制御することによってどの程度吸光度が向上するかについては理論的に多くの検討がされている[37~42]が，太陽電池への応用を念頭に，一般的に次式で与えられる「究極効率」η[34,43]で評価されている。

$$\eta=\frac{\int_{\lambda_0}^{\lambda_g} I(\lambda)A(\lambda)\frac{\lambda}{\lambda_g}d\lambda}{\int_{\lambda_0}^{\lambda_m} I(\lambda)d\lambda} \tag{5}$$

ここで$I(\lambda)$は太陽光のスペクトル[44]，$A(\lambda)$は吸光度スペクトル，λ_0およびλ_mはそれぞれ太陽光スペクトラムとして考慮する最短および最長の波長，λ_gは半導体のバンドギャップエネルギーに対応する波長であり，$A(\lambda)=1$のとき，Shockley-Queisser極限を与えるηとなる。d，aの最適値は半導体材料の種類によって大きく異なるが，いずれの計算結果もほぼd/a 0.7程度でηが最大となることを示している。これらに加えて，ナノワイヤアレイにおいて吸収を増大させるため，均一な直径のナノワイヤではなく，ナノワイヤに沿って断面寸法を意図的に変化させたテーパ構造などの工夫が理論的・実験的に検討されている。

6　ヘテロ構造半導体ナノワイヤの発光特性

半導体ナノワイヤの大きな特徴として，様々なヘテロ構造が実現可能なことがある。その第1例がナノワイヤの側面にヘテロ構造を形成したコアシェル型ヘテロ構造であり，これは表面の不活性化あるいは発光効率の向上に非常に有効である。すなわち，Ⅲ-Ⅴ族化合物半導体には高密度の表面準位が存在し，発光特性は表面による非発光性再結合の影響を強く受ける。このため体積に比べて表面積の占める割合が大きいナノワイヤのような構造では発光効率は低下し，その影響は断面寸法が小さければ小さくなるほど深刻になる。例えばGaAsナノワイヤに対して簡単なモデル計算を行うと[45]，発光効率は$d=100$nmのときバルクの1/5000程度にまで低下する。そこで，コアシェル型ヘテロ構造によってナノワイヤ側面を高いバンドギャップを有する材料で覆うことにより，効果的に表面非発光性再結合を抑制することが可能である。我々の結果では，コアシェル構造を利用することによって，GaAs系では，室温において裸のGaAsナノワイヤよりも20倍程度発光強度が増大し[46]，また低温においては後述のように200倍程度増大している[47]。

ナノワイヤ側面にヘテロ構造を積層すれば，コア–マルチシェル構造となる。図2(a)に我々が作製したInP/InAs/InPによるコアマルチシェルナノワイヤの断面SEM像と模式図を示す。このようなコア–マルチシェル構造は，ナノワイヤ側面に量子井戸が形成されたと考えることができるが，その発光スペクトルの一例を図2(b)に示す。発光のピーク位置から，膜厚1原子から4原子層程度のInAs層，さらに明確に発光ピーク分離していることから，原子層オーダで平らなヘテロ界面を有するInAs量子井戸がInPナノワイヤの側面に形成されていることがわかった。加えて，このような構造ではナノワイヤをとり囲むようにチューブ状の量子井戸が形成されていると考えられるので，ナノワイヤに平行に磁場を印加した場合，ナノワイヤのまわりを電子・正孔がサイクロトロン運動し，チューブを貫く磁束に対して発光エネルギーが振動的に変化するといった，励起子のAharanov–Bohm（AB）効果が期待される。実際，ナノワイヤに対して平行に磁場を印加した場合の発光ピークの磁場依存性には，図2(c)に示したとおり振動が観測されており，振動周期がチューブ状の量子井戸を貫く磁束に対応していることから，AB効果が出現していることが確かめられる。なお，本構造において観測されたピークのシフト量は，チューブ中の中性励起子で期待されるシフト量よりもかなり大きい。このような励起子のAB効果による振動は，電子–正孔が異る領域に閉じ込められ，type–II型の場合に振動による発光ピークの変化量が大きくなることがわかっており，我々の結果も，おそらく歪みの効果，もしくはウルツ鉱構造と閃亜鉛鉱構造の混在により，type–II型の量子井戸が形成されている[48]と考えられる。

また，縦型ヘテロ構造を利用して，ナノワイヤ中に量子ドットを形成する例も多く報告されており[49~51]，自己形成量子ドットで報告されたような，励起子–励起子分子発光[51~53]，単一光子放出[54~57]などが報告されている。ナノワイヤ量子ドットでは，ナノワイヤによる導波路構造もしくは共振器構造と併用できるため，前述した光の取り出し効果の向上[15]や自然放出光と導波モードの結合レートの制御といった効果が期待できる。また，化合物半導体ナノワイヤの成長方向が多くの場合〈111〉方向と，自己形成量子ドットが容易に得られる(001)面よりも結晶構造の対称性が高いため，形状の異方性や，それに起因する励起子の微細構造分裂を抑制することができるため[58]，これはもつれた光子対の発生に有利と考えられる。これらナノワイヤ量子ドットの詳細については別項に譲る。

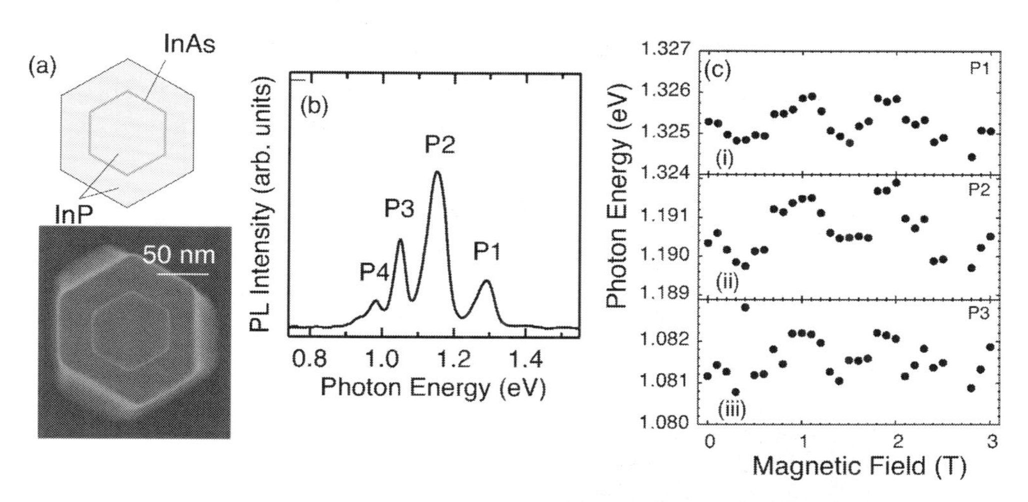

図2　(a) InP/InAs/InP コアーマルチシェル型ナノワイヤの断面 SEM 像と模式図と(b)低温 PL 測定結果の一例。(c)磁場をナノワイヤに平行に印加した場合の PL ピーク位置の磁場依存性。

7　光励起による誘導放出およびレーザ発振

ナノワイヤの研究が活発となった契機の一つとして，光励起による誘導放出あるいはレーザ発振の観測が挙げられる。これはまず ZnO ナノワイヤアレイで報告され[59]，その後，単一の ZnO ナノワイヤ[8,11,60]や GaN 系の単一のナノワイヤ[7,61,62]およびアレイ[63]で，さらに単一の CdS[64]，GaSb[65]および GaAs[47]ナノワイヤなどで観測されている。以上の多くはファブリペロ共振モードにもとづいたレーザ発振を示しているが，WGM による発振と考えられている報告もいくつか存在し[66,67]，また，Chen らの Si 上に形成した InGaAs/GaAs のコアシェル型ナノニードルでは[68]，WGM と伝搬モードとが合成されたヘリカルモードがレーザ発振に寄与していると考えられる。

このうち我々の MOVPE 選択成長により形成した GaAs/GaAsP コアシェルナノワイヤにおけるレーザ発振の観測結果を図3に示す[47]。まず図3(a)に GaAs ナノワイヤの SEM 像を，そして図3(b)に GaAs ナノワイヤ形成後，GaAsP を成長した後のナノワイヤ SEM 像を示す。GaAsP 成長後，断面寸法が大きくなっていることからコアシェル構造の形成が確認される。TEM および EDX の結果より，GaAsP シェルの厚さは 20nm，As（P）組成は 80%（20%）となっている。これらのナノワイヤを，成長後基板から分離し SiO_2/Si 基板に分散させた励起した後，PL を測定した。まず先に述べたとおり，コアシェル構造とすることによって，表面非発光性再結合が大幅に抑制され，図3(c)からもわかるとおり，裸の GaAs よりも 200 倍程度発光強度が増大している。同時にナノワイヤ端面で光が内部反射し，ファブリペロ共振モードが観測されている。そしてコアシェル型ヘテロナノワイヤに対し，パルス光により光励起を行った場合，励起光強度を増加させると，ある強度以上から急激に発光強度が増大するとともに，発光線幅が狭くなった。（図3(d)，(e)）。これはナノワイヤがレーザ発振していることを示している。また，図3(d)の挿入図に示したとおり，レーザ発振時の発光像には干渉像が観測された。これはナノワイヤの両端から放出された光が等方的に広がって干渉しているためであり[8]，ナノワイヤがレーザ発振している場合にのみ観測されることから，コヒーレントな光がナノワイヤ両端から放出されていることを意味している。

以上の単一のナノワイヤの他，ナノワイヤアレイを利用したフォトニック結晶[69,70]やフォトニック結晶共振器によるレーザ発振[71]が報告されている。また，ナノワイヤのランダムなアレイ構造におけるランダムレーザ[72,73]なども報告されているが，詳細は割愛する。

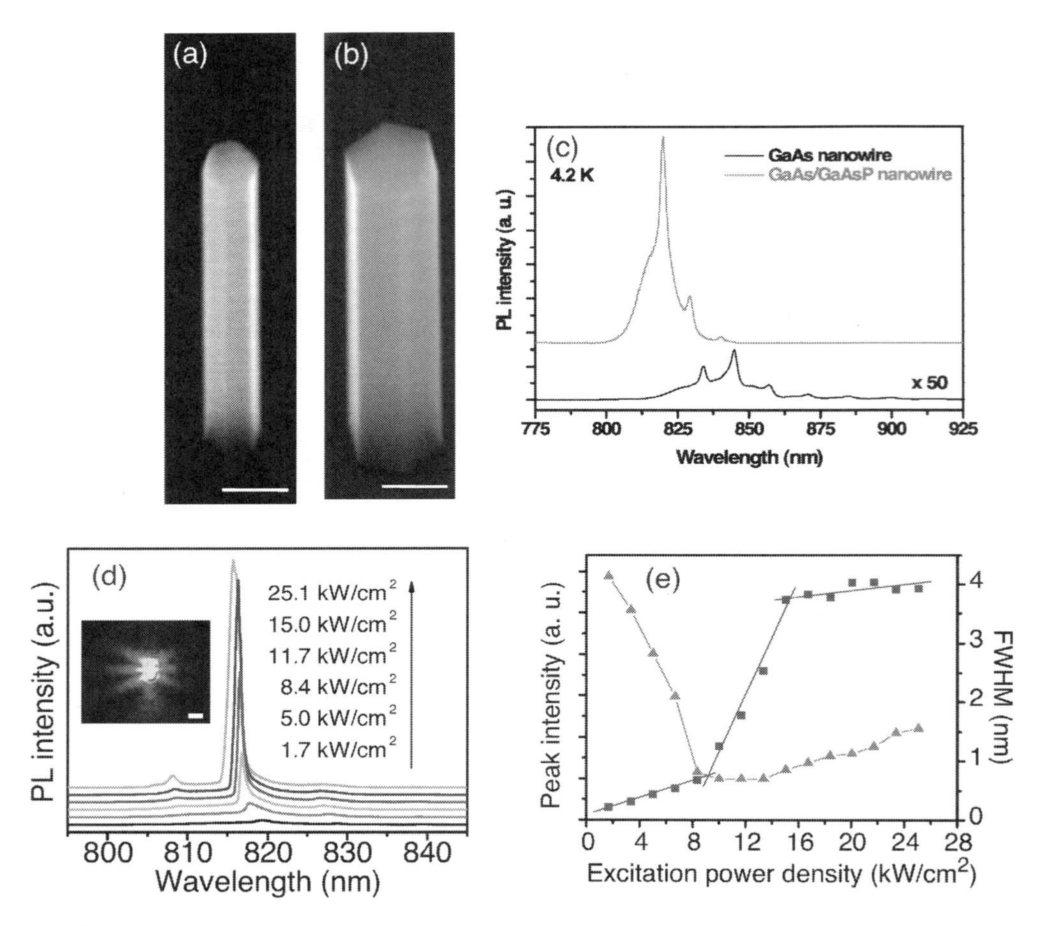

図3　(a) GaAs および(b) GaAs/GaAsP コアシェル型ヘテロ構造ナノワイヤの SEM 像。(c)成長後基板から分離した GaAs ナノワイヤおよび GaAs/GaAsP コアシェルナノワイヤの PL スペクトル。いずれのナノワイヤでもファブリ-ペロ共振による振動的な発光ピークが観測されているが，発光強度はコアシェルナノワイヤのほうが著しく強くなっている。コアシェルナノワイヤの発光スペクトルのパルス光励起強度依存性(d)および，発光強度・半値幅の励起光強度依存性(e) (d)の挿入図はレーザ発振時の発光像。測定温度はいずれも 4.2K。

8　ナノワイヤ発光素子

最後にナノワイヤを用いた発光素子について簡単に紹介する。まずpn接合および発光ダイオード（LED）は原口ら[74]により最初に報告された。その後，Ⅲ−Ⅴ族化合物半導体によるナノワイヤLEDの報告はあまり多くない[50,75〜79]ものの，GaN系ではシリコン基板上への形成や，可視の全領域，さらには近赤外領域をカバーすることなどを目標として多くの成果が報告されている[80〜84]が，この詳細は別項に譲る。一方，電流注入によるレーザ発振については文献[6,85]の報告があるが，研究は緒についたばかりと言え，レーザ光源の微細化が可能というナノワイヤのメリット活かすためには，今後さらなる研究が待たれる。

9　おわりに

以上，半導体ナノワイヤが示す特異な光物性について述べてきたが，これらの特徴を利用して，本稿で述べた発光ダイオード・レーザの他，光伝導を用いた光検出器[19,86,87]，フォトダイオード[78,88,89]，太陽電池[90〜101]など，ナノワイヤのさまざまな光デバイス応用が検討されている。これらの詳細については別項に譲るが，今後も未解明の点も含め，ナノワイヤ特有の光物性が明らかになり，ナノワイヤならでの応用分野が広がることを期待する。なお，本稿では金属ナノワイヤの表面プラズモンについては触れなかったが，すでに銀ナノワイヤにおけるプラズモンの伝搬とファブリペロ共振モードの観測[102]，半導体ナノワイヤと金属ナノワイヤのハイブリッド構造による共振器[103]，さらに半導体ナノワイヤと金属薄膜のハイブリッド構造によるレーザ発振[104,105]などが観測されている。これら金属と半導体とのハイブリッド構造のナノワイヤは，波長で決まる回折限界以下の寸法を有する光導波路[106]やレーザ[107]として，トップダウン技術による形成手法[108,109]も含め，今後の展開が注目される。

文　　献

1）K. Hiruma, M. Yazawa, T. Katsuyama, K. Ogawa, K. Haraguchi, M. Koguchi, and H. Kakibayashi, *Journal of Applied Physics*, **77**（2）：447-462.

2）R. Yan, D. Gargas, and P. Yang, *Nature Photonics*, **3**（10）：569-576.

3）M. Law, D. Sirbuly, J. Johnson, J. Goldberger, R. Saykally, and P. Yang, *Science*, **305**（5688）：1269-1273.

4）A. Greytak, C. Barrelet, Y. Li, and C. Lieber, *Applied Physics Letters*, **87**：151103.

5）J. Johnson, H. Yan, P. Yang, and R. Saykally, *The Journal of Physical Chemistry B*, **107**（34）：8816-8828.

6) X. Duan, Y. Huang, R. Agarwal, and C. Lieber, *Nature*, **421** (6920) : 241-245.
7) S. Gradečak, F. Qian, Y. Li, H. Park, and C. Lieber, *Applied Physics Letters*, **87** : 173111.
8) L. K. V. Vugt, S. Rühle, and D. Vanmaekelbergh, *Nano Letters*, **6** (12) : 2707-2711.
9) B. Hua, J. Motohisa, Y. Ding, S. Hara, and T. Fukui, *Applied Physics Letters*, **91** (13) : 131112.
10) Y. Ding, J. Motohisa, B. Hua, S. Hara, and T. Fukui, *Nano Letters*, **7** (12) : 3598-3602.
11) M. Zimmler, J. Bao, F. Capasso, S. Müller, and C. Ronning, *Applied Physics Letters*, **93** (5) : 051101.
12) L. Yang, J. Motohisa, T. Fukui, L. Jia, L. Zhang, M. Geng, P. Chen, and Y. Liu, *Optics Express*, **17** (11) : 9337-9346.
13) L. van Vugt, B. Piccione, C. Cho, C. Aspetti, A. Wirshba, and R. Agarwal, *The Journal of Physical Chemistry A*, **115** : 3827-3833
14) J. Claudon, J. Bleuse, N. Malik, M. Bazin, P. Jaffrennou, N. Gregersen, C. Sauvan, P. Lalanne, and J. Gérard, *Nature Photonics*, **4** (3) : 174-177.
15) M. Reimer, G. Bulgarini, N. Akopian, M. Hocevar, M. Bavinck, M. Verheijen, E. Bakkers, L. Kouwenhoven, and V. Zwiller, *Nature Communications*, **3** : 737.
16) J. Bleuse, J. Claudon, M. Creasey, N. Malik, J. GÈrard, I. Maksymov, J. Hugonin, and P. Lalanne, *Physical Review Letters*, **106** (10) : 103601.
17) G. Bulgarini, M. Reimer, T. Zehender, M. Hocevar, E. Bakkers, L. Kouwenhoven, and V. Zwiller, *Applied Physics Letters*, **100** (12) : 121106.
18) T. Nobis, E. Kaidashev, A. Rahm, M. Lorenz, and M. Grundmann, *Physical Review Letters*, **93** (10) : 103903.
19) J. Wang, M. Gudiksen, X. Duan, Y. Cui, and C. Lieber, *Science*, **293** (5534) : 1455-1457.
20) M. van Weert, N. Akopian, F. Kelkensberg, U. Perinetti, M. van Kouwen, J. Rivas, M. Borgström, R. Algra, M. Verheijen, and E. Bakkers, *Small*, **5** (19) : 2134-2138.
21) H. Ruda and A. Shik, *Physical Review B*, **72** (11) : 115308.
22) C. F. Bohren and D. R. Huffman, *Absorption and Scattering of Light by Small Particles*.
23) H. Ruda and A. Shik, *Journal of Applied Physics*, **100** (2) : 024314.
24) Y. Sirenko, J. Jeon, B. Lee, K. Kim, M. Littlejohn, M. Stroscio, and G. Iafrate, *Physical Review B*, **55** (7) : 4360.
25) M. Murayama and T. Nakayama, *Physical Review B*, **49** : 4710-4724
26) M. Mattila, T. Hakkarainen, M. Mulot, and H. Lipsanen, *Nanotechnology*, **17** (6) : 1580-1583.
27) A. Mishra, L. Titova, T. Hoang, H. Jackson, L. Smith, J. Yarrison-Rice, Y. Kim, H. Joyce, Q. Gao, and H. Tan, *Applied Physics Letters*, **91** : 263104.
28) Y. Kobayashi, M. Fukui, J. Motohisa, and T. Fukui, *Physica E : Low-dimensional Systems and Nanostructures*, **40** (6) : 2204-2206.
29) N. Akopian, G. Patriarche, L. Liu, J. Harmand, and V. Zwiller, *Nano Letters*, **10** (4) : 1198-1201.
30) L. Zhang, J.-W. Luo, A. Zunger, N. Akopian, V. Zwiller, and J.-C. Harmand, *Nano Letters*,

10 (10)：4055-4060.
31) T. B. Hoang, A. F. Moses, L. Ahtapodov, H. Zhou, D. L. Dheeraj, A. T. J. V. Helvoort, B.-O. Fimland, and H. Weman, *Nano Letters*, **10** (8)：2927-2933.
32) A. De and C. Pryor, *Physical. Review, B*, **81** (15)：155210.
33) U. Jahn, J. Lähnemann, C. Pfüller, O. Brandt, S. Breuer, B. Jenichen, M. Ramsteiner, L. Geelhaar, and H. Riechert, *Physical. Review, B*, **85** (4)：045323.
34) L. Hu and G. Chen, *Nano Letters*, **7** (11)：3249-3252.
35) J. Zhu, Z. Yu, G. Burkhard, C. Hsu, S. Connor, Y. Xu, Q. Wang, M. McGehee, S. Fan, and Y. Cui, *Nano Letters*, **9** (1)：279-282.
36) M. D. Kelzenberg, S. W. Boettcher, J. A. Petykiewicz, D. B. Turner-Evans, M. C. Putnam, E. L. Warren, J. M. Spurgeon, R. M. Briggs, N. S. Lewis, and H. A. Atwater, *Nature Materials*, **9** (3)：239-244.
37) J. Li, H. Yu, S. Wong, X. Li, G. Zhang, P. Lo, and D. Kwong, *Applied Physics Letters*, **95**：243113.
38) J. Li, H. Yu, S. Wong, G. Zhang, X. Sun, P. Lo, and D. Kwong, *Applied Physics Letters*, **95**：033102.
39) L. Wen, Z. Zhao, X. Li, Y. Shen, H. Guo, and Y. Wang, *Applied Physics Letters*, **99** (14)：143116.
40) H. Alaeian, A. Atre, and J. Dionne, *Journal of Optics*, **14**：024006.
41) N. Huang, C. Lin, and M. Povinelli, *Journal of Optics*, **14**：024004.
42) J. Motohisa and K. Hiruma, *Japanese Journal of Applied Physics*, **51**.
43) W. Shockley and H. Queisser, *J. Appl. Phys.*, **32**：510.
44) http：//rredc.nreal. gov/solar/spectra/am1.5/.
45) J. Motohisa, J. Takeda, M. Inari, J. Noborisaka, and T. Fukui, *Physica E：Low-dimensional Systems and Nanostructures*, **23** (3-4)：298-304.
46) J. Noborisaka, J. Motohisa, S. Hara, and T. Fukui, *Applied Physics Letters*, **87** (9)：093109.
47) B. Hua, J. Motohisa, Y. Kobayashi, S. Hara, and T. Fukui, *Nano Letters*, **9** (1)：112-116.
48) B. Pal, K. Goto, M. Ikezawa, Y. Masumoto, P. Mohan, J. Motohisa, and T. Fukui, *Applied Physics Letters*, **93** (7)：073105-073105-3.
49) N. Panev, A. Persson, N. Sköld, and L. Samuelson, *Applied Physics Letters*, **83**：2238.
50) E. Minot, F. Kelkensberg, M. van Kouwen, J. V. Dam, L. Kouwenhoven, V. Zwiller, M. Borgström, O. Wunnicke, M. Verheijen, and E. Bakkers, *Nano Letters*, **7** (2)：367-371.
51) V. Zwiller, N. Akopian, M. van Weert, M. van Kouwen, U. Perinetti, L. Kouwenhoven, R. Algra, J. G. Rivas, E. Bakkers, G. Patriarche, L. Liu, J.-C. Harmand, Y. Kobayashi, and J. Motohisa, *Comptes Rendus Physique*, **9** (8)：804-815.
52) Y. Kobayashi, J. Motohisa, K. Tomioka, S. Hara, K. Hiruma, and T. Fukui, Proceedings of 2010 Internaional Conference on Indium Phosphide and Related Materials.
53) J. Renard, R. Songmuang, C. Bougerol, B. Daudin, and B. Gayral, *Nano Letters*, **8** (7)：2092-2096.

54) M. Borgstrom, V. Zwiller, E. Muller, and A. Imamoglu, *Nano Letters*, **5** (7) : 1439–1443
55) A. Tribu, G. Sallen, T. Aichele, R. Andre, J. Poizat, C. Bougerol, S. Tatarenko, and K. Kheng, *Nano Letters*, **8** (12) : 4326–4329.
56) S. Dorenbos, H. Sasakura, M. van Kouwen, N. Akopian, S. Adachi, N. Namekata, M. Jo, J. Motohisa, Y. Kobayashi, and K. Tomioka, *Applied Physics Letters*, **97** : 171106.
57) J. Tatebayashi, Y. Ota, S. Ishida, M. Nishioka, S. Iwamoto, and Y. Arakawa, *Applied Physics Letters*, **100** (26) : 263101-263101-4.
58) R. Singh and G. Bester, *Physical Review Letters*, **103** : 063601.
59) M. Huang, S. Mao, H. Feick, H. Yan, Y. Wu, H. Kind, E. Weber, R. Russo, and P. Yang, *Science*, **292** (5523) : 1897–1899.
60) J. Johnson, H. Yan, R. Schaller, L. Haber, R. Saykally, and P. Yang, *The journal of Physical Chemistry B*, **105** (46) : 11387–11390.
61) J. Johnson, H. Choi, K. Knutsen, R. Schaller, P. Yang, and R. Saykally, *Nature Materials*, **1** (2) : 106–110.
62) F. Qian, Y. Li, S. Gradečak, H.-G. Park, Y. Dong, Y. Ding, Z. L. Wang, and C. M. Lieber, *Nature Materials*, **7** (9) : 701.
63) A. Kikuchi, K. Yamano, M. Tada, and K. Kishino, *physica status solidi* (b), **241** (12) : 2754–2758.
64) R. Agarwal, C. Barrelet, and C. Lieber, *Nano Letters*, **5** (5) : 917–920.
65) A. Chin, S. Vaddiraju, A. Maslov, C. Ning, M. Sunkara, and M. Meyyappan, *Applied Physics Letters*, **88** (16) : 163115.
66) D. Gargas, M. Moore, A. Ni, S. Chang, Z. Zhang, S. Chuang, and P. Yang, *ACS Nano*, **4** (6) : 3270–3276.
67) J. Paek, T. Nishiwaki, M. Yamaguchi, and N. Sawaki, *Physica E : Low-dimensional Systems and Nanostructures*, **42** (10) : 2722–2726.
68) R. Chen, T.-T. D. Tran, K. W. Ng, W. S. Ko, L. C. Chuang, F. G. Sedgwick, and C. Chang-Hasnain, *Nature Photonics*, **5** (3) : 170.
69) T. Kouno, K. Kishino, K. Yamano, and A. Kikuchi, *Optics Express*, **17** (22) : 20440–20447.
70) S. Ishizawa, K. Kishino, R. Araki, A. Kikuchi, and S. Sugimoto, *Appl. Phys. Express*, **4** (5) : 055001.
71) A. Scoeld, S. Kim, J. Shapiro, A. Lin, B. Liang, A. Scherer, and D. Huffaker, *Nano Letters*, **11** (12) : 5387–5390.
72) S. Yu, C. Yuen, S. Lau, W. Park, and G. Yi, *Applied Physics Letters*, **84** (17) : 3241–3243.
73) M. Sakai, Y. Inose, K. Ema, T. Ohtsuki, H. Sekiguchi, A. Kikuchi, and K. Kishino, *Applied Physics Letters*, **97** (15) : 151109.
74) K. Haraguchi, T. Katsuyama, K. Hiruma, and K. Ogawa, *Applied Physics Letters*, **60** (6) : 745–747.
75) X. Duan, Y. Huang, Y. Cui, J. Wang, and C. Lieber, *Nature*, **409** : 66–69
76) C. Svensson, T. Mårtensson, J. Trägårdh, C. Larsson, M. Rask, D. Hessman, L. Samuelson, and J. Ohlsson, *Nanotechnology*, **19** (30) : 305201.

77）K. Tomioka, J. Motohisa, S. Hara, K. Hiruma, and T. Fukui, *Nano Letters*, **10**（5）：1639-1644.

78）L. Chuang, F. Sedgwick, R. Chen, W. Ko, M. Moewe, K. Ng, T. Tran, and C. Chang-Hasnain, *Nano Letters*. **11**（2）：385-390

79）S. Maeda, K. Tomioka, S. Hara, and J. Motohisa, *Jpn. J. Appl. Phys.*, **51**（2）：02BN03.

80）H.-M. Kim, T. Kang, and K. Chung, *Advanced Materials*, **15**（78）：567-569.

81）A. Kikuchi, M. Kawai, M. Tada, and K. Kishino, *Jpn. J. Appl. Phys.*, **43**（12A）：L1524-L1526.

82）F. Qian, S. Gradecak, Y. Li, C. Wen, and C. Lieber, *Nano Letters*, **5**（11）：2287-2291.

83）S. Hersee, M. Fairchild, A. Rishinaramangalam, M. Ferdous, L. Zhang, P. Varangis, B. Swartzentruber, and A. Talin, *Electronics Letters*, **45**（1）：75-76.

84）K. Kishino, J. Kamimura, and K. Kamiyama, *Applied Physics Express*, **5**（3）：031001.

85）S. Chu, G. Wang, W. Zhou, Y. Lin, L. Chernyak, J. Zhao, J. Kong, L. Li, J. Ren, and J. Liu, *Nature Nanotechnology*, **6**（8）：506-510.

86）H. Kind, H. Yan, B. Messer, M. Law, and P. Yang, *Adv. Mater.*, **14**（2）：158.

87）H. Pettersson, J. Trägårdh, A. Persson, L. Landin, D. Hessman, and L. Samuelson, *Nano Letters*, **6**（2）：229-232.

88）O. Hayden, R. Agarwal, and C. Lieber, *Nature Materials*, **5**（5）：352-356.

89）C. Yang, C. Barrelet, F. Capasso, and C. Lieber, *Nano Lett*, **6**（12）：2929-2934.

90）L. Tsakalakos, J. Balch, J. Fronheiser, B. Korevaar, O. Sulima, and J. Rand, *Applied Physics Letters*, **91**：233117.

91）B. Tian, X. Zheng, T. Kempa, Y. Fang, N. Yu, G. Yu, J. Huang, and C. Lieber, *Nature*, **449**（7164）：885.

92）E. Garnett and P. Yang, *Journal of the American Chemical Society*, **130**（29）：9224-9225.

93）T. Stelzner, M. Pietsch, G. Andrä, F. Falk, E. Ose, and S. Christiansen, *Nanotechnology*, **19**（29）：295203.

94）J. Czaban, D. Thompson, and R. LaPierre, *Nano Letters*, **9**（1）：148-154.

95）M. Kelzenberg, D. Turner-Evans, B. Kayes, A. Michael, M. Putnam, N. Lewis, and H. Atwater, *Nano Letters*, **8**（2）：710-714.

96）H. Goto, K. Nosaki, K. Tomioka, S. Hara, K. Hiruma, J. Motohisa, and T. Fukui, *Appl. Phys. Express*, **2**（3）：035004.

97）C. Colombo, M. Hei β, M. Grätzel, and A. i Morral, *Applied Physics Letters*, **94**：173108.

98）Y. Dong, B. Tian, T. J. Kempa, and C. M. Lieber, *Nano Letters*, **9**（5）：2183-2187.

99）M. Borgstrom, J. Wallentin, M. Heurlin, S. Falt, P. Wickert, J. Leene, M. Magnusson, K. Deppert, and L. Samuelson, *Selected Topics in Quantum Electronics*, IEEE Journal of, **17**（99）：1-12.

100）M. C. Putnam, S. W. Boettcher, M. D. Kelzenberg, D. B. Turner-Evans, J. M. Spurgeon, E. L. Warren, R. M. Briggs, N. S. Lewis, and H. A. Atwater, *Energy Environ. Sci.*, **3**（8）：1037.

101）M. Heurlin, P. Wickert, S. Fält, M. Borgström, K. Deppert, L. Samuelson, and M. Magnusson, *Nano Letters*. **11** (5) : 2028–2031

102) H. Ditlbacher, A. Hohenau, D. Wagner, U. Kreibig, M. Rogers, F. Hofer, F. Aussenegg, and J. Krenn, *Physical Review Letters*, **95** (25) : 257403.

103) X. Guo, M. Qiu, J. Bao, B. Wiley, Q. Yang, X. Zhang, Y. Ma, H. Yu, and L. Tong, *Nano Letters*, **9** (12) : 4515–4519.

104) R. Oulton, V. Sorger, T. Zentgraf, R. Ma, C. Gladden, L. Dai, G. Bartal, and X. Zhang, *Nature*, **461** : 629–632.

105) Y. Lu, J. Kim, H. Chen, C. Wu, N. Dabidian, C. Sanders, C. Wang, M. Lu, B. Li, and X. Qiu, *Science*, **337** (6093) : 450–453.

106) J. Takahara, S. Yamagishi, H. Taki, A. Morimoto, and T. Kobayashi, *Optics Letters*, **22** (7) : 475–477.

107) A. V. Maslov and C. Z. Ning, Proceedings of the SPIE, 6468 : 646801.

108) M. Hill, Y. Oei, B. Smalbrugge, Y. Zhu, T. de Vries, P. van Veldhoven, F. van Otten, T. Eijkemans, J. Turkiewicz, and H. de Waardt, *Nature Photonics*, **1** (10) : 589–597.

109) M. P. Nezhad, A. Simic, O. Bondarenko, B. Slutsky, A. Mizrahi, L. Feng, V. Lomakin, and Y. Fainman, *Nature Photonics*, **4** (6) : 395–399.

第2章　ドーピング

深田直樹*

1　はじめに

半導体ナノワイヤは，トランジス，センサー，太陽電池等の様々な応用が期待されている[1~4]。何れの場合においても，機能化のための不純物ドーピングは重要な技術となっている[5~12]。特にIV族元素からなるシリコン（Si）およびゲルマニウム（Ge）ナノワイヤを利用したナノデバイスは，現在のシリコン相補型金属酸化膜半導体（Si CMOS）集積回路技術との互換性とより良い拡張性のため注目されている。SiおよびGeナノワイヤの次世代トランジスタへの応用を考えた場合，縦型構造を有するサラウンディングゲートトランジスタ（SGT：Surrounding Gate Transistor）等への採用が期待されている。その内部において，Siナノワイヤはソース，ドレイン，チャネルに利用でき，ソースおよびドレインの形成には高濃度の不純物ドーピングが考えられている。更に最近では，ナノワイヤの構造の利点を生かした新規太陽電池として，ナノワイヤの内部にpn接合を有する特殊な構造が提案されている。このSiナノ構造太陽電池を実現するためには，pn接合形成のための不純物ドーピングがやはりキーテクノロジーとなっている[13)]。

本稿では，半導体ナノワイヤへの不純物のドーピング法についていくつかの具体例を紹介する。最もよく行われている手法は，化学気相堆積（CVD：Chemical Vapor Deposition）法等でナノワイヤを成長する際にドーピングを行う手法である。まずは，この成長時ドーピングの方法について詳しく解説する。ナノワイヤの形成をトップダウン的手法で行う場合には，イオン注入法を利用したドーピング法が重要になると考えられており，イオン注入後の再結晶過程でのドーパント不純物の活性化に関する研究も重要な研究課題となっている。そこで，成長後のドーピングとその後の熱処理による結晶性回復と不純物の活性化についても解説を行う。続いて，SiおよびGeナノワイヤ中にドープされた不純物の評価手法について紹介する。特に，不純物の状態として結合・電子状態の評価方法，ナノワイヤ中での不純物の分布および挙動を明らかにした実験例について紹介する。

* Naoki Fukata　㈱物質・材料研究機構　国際ナノアーキテクトニクス研究拠点（MANA）
無機ナノ構造物質ユニット　半導体ナノ構造物質グループ
グループリーダー

2 ドーピング方法

ナノワイヤへの不純物ドーピングは，大きく分けてナノワイヤの成長時に行われる場合と成長後に行われる場合に分けられる。直径数十ナノメートルのナノワイヤの成長はボトムアップ的手法で行われる場合が多く，その場合，ナノワイヤへの不純物ドーピングは成長時に行われている。まずは，CVD 法およびレーザーアブレーション法を利用して Si ナノワイヤを成長する場合に行われる成長時ドーピング，続いてイオン注入による成長後のドーピングについて紹介する。

2.1 成長時ドーピング

CVD 法を利用する場合，ナノワイヤの成長は一般的に金属触媒を利用した VLS（Vapor-Liquid-Solid）成長機構[14]を利用して行われている。VLS 成長では，基板上に形成，或いは配置・配列したナノサイズの触媒金属に原料ガスを供給することでナノワイヤの成長行う。Si ナノワイヤの成長を行う場合，モノシラン（SiH_4）ガス，或いはジシラン（Si_2H_6）ガスが触媒金属の表面で反応し，触媒原子へ Si 原子が溶け込み共晶を形成する。Si ナノワイヤは共晶により液滴となったナノサイズの触媒金属-Si 粒子から Si が析出する過程で基板上に成長する。図 1 に CVD により成長した Si ナノワイヤの走査電子顕微鏡（SEM：Scanning electron microscope）写真を示す。ナノワイヤの先端には成長に利用された金属触媒の粒子が存在することから，ナノワイヤの成長が VLS 成長機構により行われたことがわかる。この Si ナノワイヤの成長時にドーパントガスを同時に供給することで，Si ナノワイヤの成長過程での不純物ドーピングが可能となる。一般的に，p 型ドーパントガスとしてはジボラン（B_2H_6）ガスが，n 型ドーパントガスとしてはホスフィン（PH_3）ガスが用いられている。ドーパントガスの流量，分圧，そして成長温度を制御することでナノワイヤ中の不純物の濃度制御も可能である。CVD 法を利用したナノワイヤ成長の場合には，成長条件によってはナノワイヤの動径方向への成長（VS 機構：Vapor-Solid）が生じ，その VS 過程でもドーパント原子がナノワイヤ表層にドーピングされる。この VS 過程は B_2H_6 ガスを利用した場合に助長される傾向があり[15]，成長軸方向への不均一ドーピングの原因となる。Ge ナノワイヤの場合には，原料ガスをゲルマニウム系のゲルマン（GeH_4）

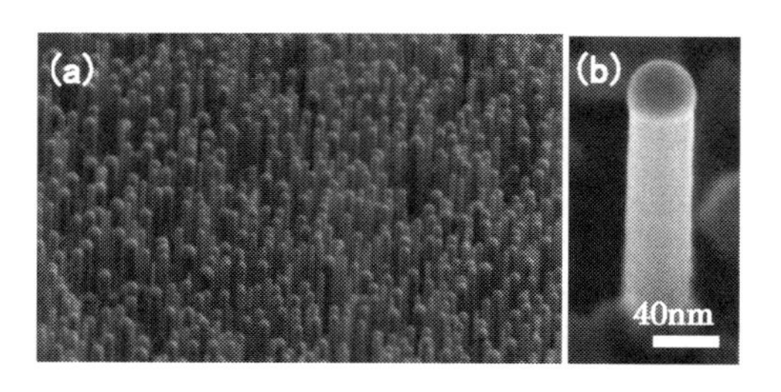

図 1 (a)金属触媒（先端部に存在）を利用して Si 基板上に垂直に成長した Si ナノワイヤと(b)拡大図

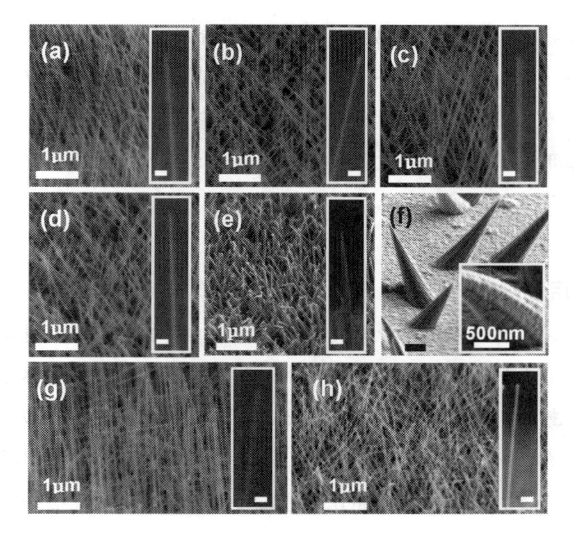

図2　CVD 法により成長した Ge ナノワイヤの SEM 像。(a)未ドーピングの結果。(b) 0.2sccm，(c) 0.4sccm，(d) 0.7sccm，(e) 1.0sccm，(f) 2.2sccm で B_2H_6 ガス導入し，成長した B ドープ Ge ナノワイヤの SEM 像。(g) 1.0sccm，(h) 7.0sccm で PH_3 ガス導入し，成長した P ドープ Ge ナノワイヤの SEM 像。

ガス等に置き換えることで同様に行える。ドーパントガスは，Si ナノワイヤの場合と同じ B_2H_6 ガスおよび PH_3 ガスが一般的に用いられている。VS 過程による Ge ナノワイヤ表層への表面ドーピングについては Si ナノワイヤの場合と同様に B_2H_6 ガスを利用した場合に助長される傾向がある。図2に CVD 法を利用して成長を行った Ge ナノワイヤの SEM 像を例として紹介する。B ドーピングを行った場合に，ナノワイヤの形状が成長方向に対してテーパー構造をとるようになり，VS 過程による動径方向への成長が促進されていることが分かる。不純物ドーピングを行う場合，不純物のドーピング濃度に加えて，不純物分布も重要になることから，VS 過程での表面ドーピングの制御，或いは抑制が重要な研究課題となっている。不純物分布に関しては，3.2にて説明をする。

レーザーアブレーション法[12,16]を利用する場合には，Si ターゲット内に金属触媒とドーパント不純物として B および P を含有させたものを利用する。成長機構は CVD の場合と同様の VLS 機構で，不純物はナノワイヤの成長中に取り込まれる。Si ターゲットを高温の希ガス雰囲気中でレーザーアブレーションすると，Si，金属触媒，およびドーパント不純物が原子状でレーザー蒸発し，それらは雰囲気ガスである希ガスとの衝突により冷却され，ナノ微粒子になる。このとき電気炉内の温度を Si と金属触媒の共晶温度以上に設定しておくと，ナノ微粒子を液体の状態にでき，同時に不純物原子も取り込まれることになる。液体状のナノ微粒子中にアブレーションにより蒸発した Si 原子および不純物原子がさらに取り込まれ，ナノ微粒子中の金属触媒に対する Si 原子の割合が共晶点での値を超えると，ナノ微粒子中の成分として Si が増大し，過飽和となる。すると，そこからSiの析出が開始し，その際にドーパント不純物の一部も析出されることになり，不純物がドーピングされたSiナノワイヤが成長する。Siナノワイヤ中の不純物濃度はアブレーションターゲット内の不純物原子の含有量を変化させることで制御可能である。また，成長温度および雰囲気ガスの圧力によりナノワイヤの直径が変化するため，温度およびガス圧にも不純物濃度は依存することになる。

2.2 イオン注入を利用したドーピング

ナノワイヤのトランジスタへの応用を考えた場合，イオン注入による不純物ドーピングも1つの重要な手段である。イオン注入法は，不純物ドーピングを行うために現在の半導体プロセスで用いられている手法であり，既述の成長時ドーピングに比べてドーピングの濃度制御に優れた手法といえる。ただし，イオン注入を行った場合，不純物の電気的活性化のための注入領域の再結晶化が必要であり，ナノ構造体中の再結晶化過程について調べる必要がある。以下に，筆者らが行った研究を紹介する。

イオン注入では，ナノワイヤへの不純物ドーピング量を制御できる反面，欠陥の除去が重要な課題となる。そのため，イオン注入後のナノワイヤの結晶性回復と不純物の電気的活性化が重要になる。イオン注入後のSiナノワイヤ内の結晶性を透過電子顕微鏡（TEM：Transmission electron microscope）観察により詳細に調べたところ，バルクSi結晶に注入を行った場合に比べて低いドーズからアモルファス化していることが分かった。図3にSiナノワイヤへBイオン注入を行った場合の結果を例として示す。この結果から，バルクに比べてナノワイヤではアモルファス化しやすいといえる。イオン注入後に熱アニールを行い，Siナノワイヤ内部の結晶性を調べた結果，Pでは$1\times10^{14}-5\times10^{16}\mathrm{cm}^{-2}$のドーズ量，Bでは$1\times10^{16}-5\times10^{16}\mathrm{cm}^{-2}$のドーズ量でイオン注入を行った場合に，単結晶ではなく多結晶的になる[17]。これは，イオン注入を高いドーズで行った為に，結晶化において重要な核形成がランダムに起こってしまうため，元の結晶方位が維持されないためである。また，Siナノワイヤでは歪の影響により，欠陥がアニールア

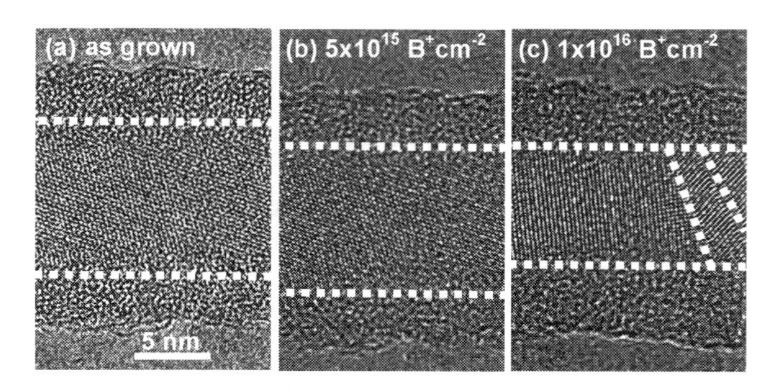

図3 (a)成長直後，(b)$5\times10^{15}\mathrm{cm}^{-2}$，および(c)$1\times10^{16}\mathrm{cm}^{-2}$でBイオン注入を行った後のSiナノワイヤのTEM像。

ウトされにくいことも原因の1つとして考えられる。一方，それ以下のドーズでは単結晶化が確認される。また，高温でイオン注入を行った場合にはより単結晶が得られやすいことも明らかになっている。以上の結果から，イオン注入をナノワイヤへの不純物ドーピングに応用する場合には，低ドーズ且つ長時間注入，或いは高温での注入が効果的であるといえる[17]。イオン注入および活性化アニール後の不純物の電気的活性化に関しては，低温電子スピン共鳴（ESR：Electron spin resonance）測定による伝導電子シグナルの観測，およびラマン散乱測定によるB局在振動・Fanoブロードニングの観測から評価できる。詳細は次節で紹介する。

3　ドーピング評価

3.1　結合・電子状態

ナノワイヤ中にドーピングされた不純物の状態評価法にはいくつかの手法が存在する。ここでは，筆者がこれまでに行ってきたラマン散乱法および低温ESR法を利用してどのように不純物の結合・電子状態を明らかにできるかを紹介する。

まずはラマン散乱を利用した方法について実例とともに紹介する。図4にp型ドーパントであるBをドーピングしたSiナノワイヤにおけるラマン散乱測定の結果を示す[9,12]。比較のために，未ドーピングのSiナノワイヤの結果も示す。図4に示すように，Bドーピングを行ったSiナノワイヤの場合のみ，約618cm^{-1}と640cm^{-1}の位置にピークが観測された。このピークは，バルクSi結晶中において観測されている^{11}Bおよび^{10}Bの局在振動ピークの位置とほぼ一致していること[18]，およびその強度比が同位体Bの自然存在比（^{11}B：^{10}B＝4：1）に一致していることから，Siナノワイヤ中にドープされたBの局在振動ピークとアサインされる。また，Bドーピングを行ったSiナノワイヤの場合には，Si光学フォノンピークの高波数側への非対称ブロード

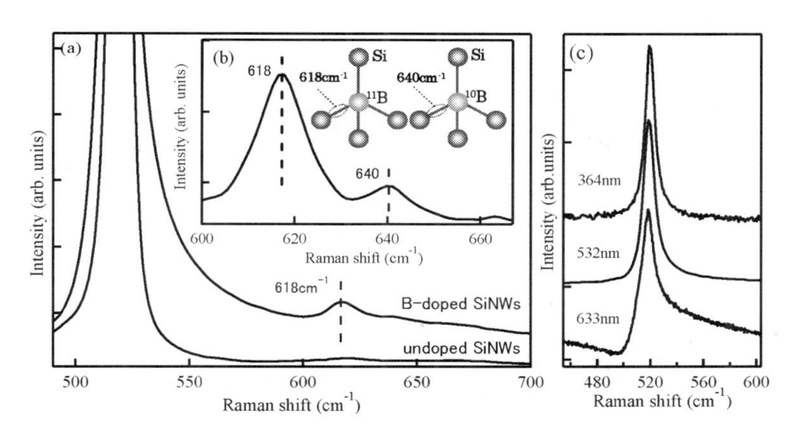

図4　(a)BドープSiナノワイヤおよび未ドープSiナノワイヤのラマン散乱測定結果。(b)拡大図。(c)励起波長依存性。

ニングも観測されている。これは，高濃度Bドーピングによる価電子帯内での連続的なレベル間での遷移と，離散的なフォノンのレベルとのカップリングによって生じるFano効果による[18]。ラマン測定時の励起波長を変化させて測定を行った結果では（図4(c)），Fano効果特有の現象として，励起波長の増大に伴う非対称ブロードニングの増大が観測できる。以上の結果は，B原子がSiナノワイヤ中の結晶コア内のSi置換位置に，電気的に活性な状態でドーピングされたことを示している。Fano効果の式を式(1)に示す。

$$I(\omega)=I_0\frac{(q+\varepsilon)^2}{(1+\varepsilon^2)}, \tag{1}$$

qが非対称パラメータ，εは$\varepsilon=(\omega-\omega_p)/\Gamma$で記述でき，$\omega_p$がフォノンの波数，$\Gamma$がスペクトル線幅に関係したパラメータである。ここで，Siナノワイヤ中にドーピングされたB濃度を正確に見積もることはできないが，Bの局在振動ピークが観測されたこと，およびFano効果の式を利用したピークフィッティングから得られるqおよびΓの値から電気的に活性なB濃度を見積もることができる。図4に示した結果では，10^{19}～10^{20}cm^{-3}台の高濃度ドーピングが実現されていると推測される。

同様な評価は，BおよびPをドープしたGeナノワイヤにおいても適用可能である[15]。図5にラマン散乱測定の結果を示す。Bドーピングを行った場合，^{11}Bおよび^{10}Bの局在振動ピークは約544cm^{-1}および565cm^{-1}の位置にそれぞれ観測される。一方，Pドーピングを行った場合，Pの局在振動ピークは約342－345cm^{-1}の位置に観測できる。300cm^{-1}付近に観測されているピー

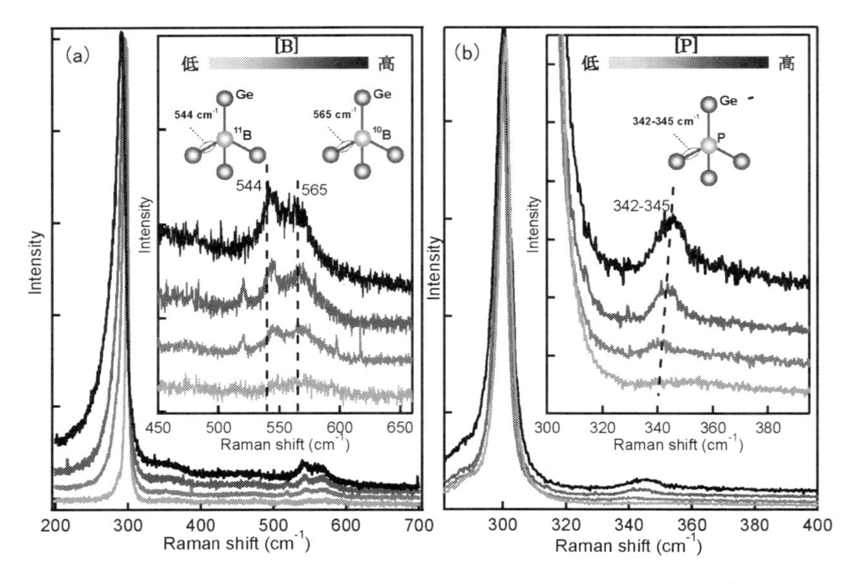

図5　(a)BドープGeナノワイヤおよび(b)PドープGeナノワイヤのラマン散乱測定結果。

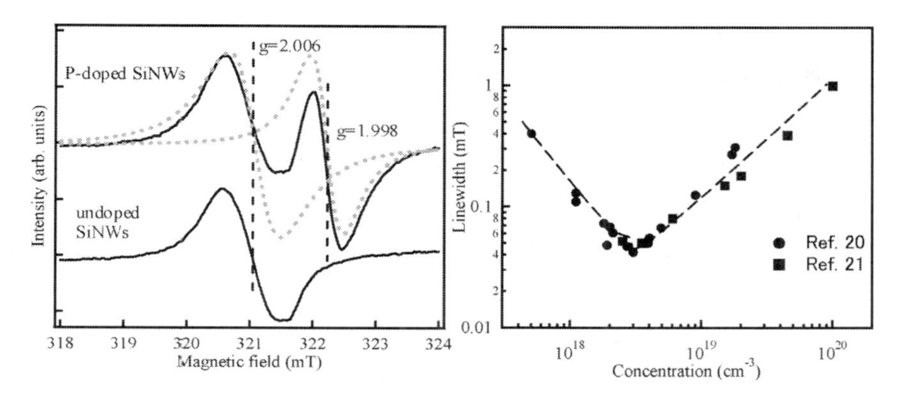

図6　(a)PドープSiナノワイヤおよび未ドープSiナノワイヤのESR測定結果。
(b)伝導電子シグナル線幅のPドナー濃度依存性。

クはGeの光学フォノンピークであり，ドーピング濃度の上昇に伴って低波数側へのブロードニングを起こしている。この低波数側へのブロードニングがGeの場合のFano効果である。以上のラマン散乱測定による結果から，BおよびP原子がGeナノワイヤ中の結晶コア内のGe置換位置に存在していること，および電気的に活性な状態でドーピングされていることを評価できる。Siナノワイヤの場合と同様に，光学フォノンピークをFanoの式でフィッティングし，得られたパラメータからおおよその不純物濃度を評価することができる[15)]。

次に，Si中でドナーとなるPのドーピングを行った結果[6,7)]について紹介する。図6(a)にPドーピングを行ったSiナノワイヤのESR測定の結果を示す。このときのESRシグナルは，少なくとも2種類のシグナルに分離することができる。分離されたシグナルの内，高磁場に観測されているもののg値は約1.998であり，バルクSi結晶中のPの伝導電子によるg値と一致している[20,21)]。Pを含まない場合には，g値1.998の位置にシグナルが無く，そのシグナルがPに関係することを示している。以上のことから，g値1.998に観測されたシグナルはPの伝導電子によるものであり，P原子がSiナノワイヤ中の結晶コア内のSi置換位置に，電気的に活性な状態でドーピングされたことを示している。図6(b)に示すように，観測された伝導電子シグナルの線幅は電気的に活性なPの濃度に依存するため[20,21)]，伝導電子シグナルの線幅から活性なPの濃度の値をおおよそ見積もることができる。一方，g値2.006の位置に観測されたシグナルは，Siナノワイヤ中の結晶と表面酸化膜との界面に形成されるダングリングボンド型の欠陥（バルクでは，P_b中心と呼ばれる）によるシグナルである。つまり，ESR測定では，スピンを持つ欠陥の観測も同時に行える利点がある。

3.2　不純物分布

円筒状をしたナノワイヤでは，ドーパント不純物の分布に偏りが生じる。理論計算により不純物分布に関して調べた結果では，ナノワイヤの直径が小さくなるほど，不純物はナノワイヤの中心よりも表面側に分布しやすいという結果が報告されている[22]。表面付近の方が，不純物が入ったことによる構造変化の影響を緩和しやすいためである。実際に，我々の成長した直径 20nm の Si ナノワイヤ中の B および P 原子の分布を繰り返しエッチングにより調べた結果は，約半数の B および P 原子が表面から約 5nm の領域に存在することを示している[23]。

動径方向の成長を促す VS 機構によりナノワイヤの成長が行われた場合には，不純物原子は VS 機構で堆積した表面層により多く取り込まれることになる。ナノワイヤ中の不純物原子の 3 次元分布をアトムプローブ法により評価した結果では，表面堆積層に高濃度の不純物原子がドーピングされている結果が得られている[24]。

3. 3　不純物の挙動

ナノワイヤ中にドーピングされた不純物の挙動についても調べる必要がある。Si ナノワイヤを利用したトランジスタを考えた場合，その周りはゲート酸化膜で覆われた構造をとる。したがって，酸化膜形成過程での Si ナノワイヤ中のドーパント不純物の挙動を明らかにすることは重要である。そこで，B および P をドープした Si ナノワイヤにおいて，900℃の酸素雰囲気中での熱酸化実験を行い，B および P 原子の偏析挙動について調べた結果を紹介する。評価法としては，既述のラマン散乱法および電子スピン共鳴法を利用した。図 7(a)に示されるように，B 局在振動ピーク強度は僅か 30 分の熱酸化で急激に減少するのに対して，伝導電子シグナルの強度は最初の 60 分まではそれほど変化が無く，その後減少する。以上の結果は，熱酸化過程において，B は P に比べて圧倒的に酸化膜中へ偏析しやすいことを示している[23]。図 7(b)のモデル図にも示されているように，P ではナノワイヤ中での最大固溶度を超えるまでは酸化膜側でなく，Si 側にパイルアップする傾向にあり（P-1），ナノワイヤの径が減少し，最大固溶度を超えたところでようやく酸化膜側へ析出が開始する（P-2）。90 分以降の熱酸化では，B および P ともに変

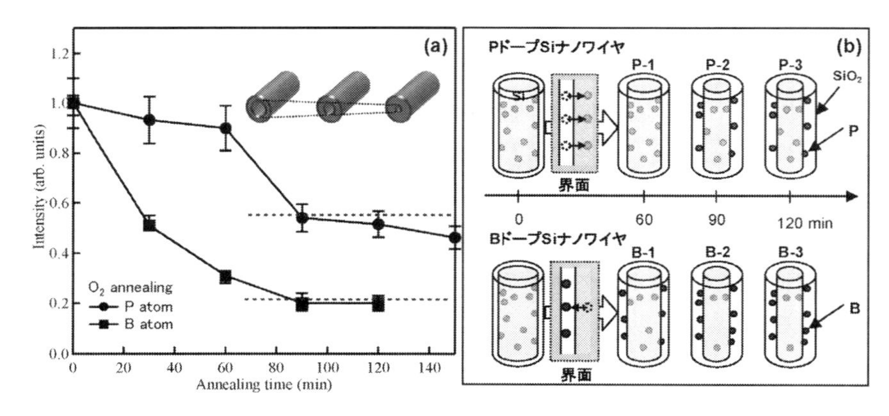

図 7　(a)ラマン散乱測定および電子スピン共鳴測定により Si ナノワイヤにおいて観測された B 局在振動ピークおよび伝導電子シグナル強度の熱酸化時間依存性。(b) Si ナノワイヤ中にドーピングされた B および P 原子の熱酸化過程での偏析挙動のモデル図。

化が見られなくなっている（B-3，P-3）。これは，酸化の進行でナノワイヤ周りに形成された厚い酸化膜が中心の結晶コアに対して圧縮の歪を与えるようになるため，酸化の進行がストップし，BおよびPの偏析が停止したためである。この効果は酸化の自己停止と呼ばれており，酸化が停止すると，ナノワイヤ中の不純物の偏析も停止することを示している[23]。

4　まとめ

本章では，SiおよびGeナノワイヤへの不純物ドーピングに関するドーピング手法および不純物の状態・挙動等の評価法について解説した。本章で紹介した不純物ドーピングは，次世代トランジスタのソースおよびドレイン領域をナノワイヤ中に形成する際に有益な情報を与えるといえる。また，新規太陽電池としてSiナノワイヤ内部にコアシェル構造からなるpn接合を形成する場合でも，不純物ドーピングがキーテクノロジーとなっている。しかしながら，課題も数多く存在する。まず，ナノスケール特有の問題として，サイズの減少に伴う統計揺らぎの発現，ドーパント原子自体によるキャリア散乱の顕在化等に着眼した研究が必要になると考えられる。ドーパント不純物による散乱を抑制する手法としては，SiとGeからなるコアシェルナノワイヤの利用が検討されている[25,26]。VLS成長機構で用いられる金属触媒による汚染も懸念される。そのため，金属触媒フリーでの形成を行う必要があり，集積化に対応できる新しい成長プロセスの開発が求められる。また，従来のデバイスに比べて表面・界面の割合が増大するため，その制御が現状よりもより一層重要になると考えられる。

文　献

1) Y. Cui and C. M. Lieber, *Science*, **291**, 851 (2001)
2) J. F. Wang, M. S. Gudiksen, X. F. Duan, Y. Cui, and C. M. Lieber, *Science*, **293**, 1455 (2001)
3) X. F. Duan, Y. Huang, Y. Cui, J. F. Wang, and C. M. Lieber, *Nature*, **409**, 66 (2001)
4) Y. Cui, Q. Wei, H. Park, and C. M. Lieber, *Science*, **293**, 1289 (2001)
5) Y. Cui, X. Duan, J. Hu, and C. M. Lieber, *J. Phys. Chem.* B, **104**, 5213 (2000)
6) D. D. D. Ma, C. S. Lee, F. C. K. Au, S. Y. Tong, and S. T. Lee, *Science*, **299**, 1874 (2003)
7) G. Zheng, W. Lu, S. Jin, and C. M. Lieber, *Adv. Mater.*, **16**, 1890 (2004)
8) L. Pan, K. K. Lew, J. M. Redwing,and E. C. Dickey, *J. Crystal Growth*, **277**, 428 (2005)
9) N. Fukata, J. Chen, T. Sekiguchi, N. Okada, K. Murakami, T. Tsurui, and S. Ito, *Appl. Phys. Lett.*, **89**, 203109 (2006)
10) N. Fukata, J. Chen, T. Sekiguchi, S. Matsushita, T. Oshima, N. Uchida, K. Murakami, T. Tsurui, and S. Ito, *Appl. Phys. Lett.*, **90**, 153117 (2007)

11) N. Fukata, M. Mitome, Y. Bando, M. Seoka, S. Matsushita, K. Murakami, J. Chen, and T. Sekiguchi, *Appl. Phys. Lett.*, **93**, 203106 (2008)
12) N. Fukata, *Adv. Mater.*, **21**, 2829 (2009)
13) E. C. Garnett and P. Yang, *J. Am. Chem. Soc.*, 130, 9224 (2008)
14) R. S. Wagner and W. S. Ellis, *Appl. Phys. Lett.*, **4**, 89 (1964)
15) N. Fukata, K. Sato, M. Mitome, Y. Bando, T. Sekiguchi, M. Kirkham, J-I. Hong, Z. L. Wang, and R. L. Snyder, ACS NANO, **4**, 3807 (2010)
16) A. M. Morales and C. M. Lieber, *Science*, **279**, 208 (1998)
17) N. Fukata, R. Takiguchi, S. Ishida, S. Yokono, S. Hishita, and K. Murakami, ACS NANO, **6**, 3278 (2012)
18) C. P. Herrero and M. Stutzmann, *Phys. Rev.* B **38**, 12668 (1988)
19) U. Fano, *Phys. Rev.* **124**, 1866 (1961)
20) S. Maekawa and N. Kinoshita, *J. Phys. Soc. Jpn.* **20**, 1447 (1965)
21) J. D. Quirt and J. R. Marko, *Phys. Rev.* B **5**, 1716 (1972)
22) H. Peelaers, B. Partoens, and F. M. Peeters, *Nano Lett.* 6, 2781 (2006)
23) N. Fukata, S. Ishida, S. Yokono, R. Takiguchi, J. Chen, T. Sekiguchi, and K. Murakami, *Nano Lett.*, 11, 651 (2011)
24) D. E. Perea, E. R. Hemesath, E. J. Schwalbach, J. L. Lensch-Falk, P. W. Voorhees, and L. J. Lauhon, *Nat. Nanotechnol.* **4**, 315 (2009)
25) J. Xiang, W. Lu, Y. Hu, Y. Wu, H. Yan, C. M. Lieber, *Nature* **441**, 489 (2006)
26) N. Fukata, M. Mitome, T. Sekiguchi, Y. Bando, M. Kirkham, J- I. Hong, Z. L. Wang, and R. L. Snyder, *ACS NANO.* **6**, 8887 (2012)

第3章　径方向量子井戸・量子ドットナノワイヤ構造と光学特性

河口研一*

1　はじめに

半導体ナノワイヤは，1次元的に伸びた構造という共通点はあるが，サイズに関しては直径が数nm～数百nm程度，長さが数百nm～数十μm程度とかなり広がりがある。このため，ナノワイヤデバイス形成の方向性としては，ナノワイヤ自体のサイズ，形状から得られる機能を活用するという方向と，ナノワイヤはヘテロ構造を形成するための基盤構造体として，従来の薄膜デバイスと同様に複数の材料によってヘテロ構造を形成し，そこで機能をもたせるという方向がある。後者の場合は，形成工程はやや複雑になるが，例えば，ナノワイヤ自体のサイズが大きくても，ヘテロ構造で量子井戸や量子ドット等といった量子構造を構成することで，量子化デバイス特有の効果を得ることができるというメリットがある。加えて，ナノワイヤの取り得る結晶構造や結晶面は，一般的な薄膜デバイスに用いられる平板基板とは異なる場合もあり，それがもとでナノワイヤ量子構造特有の物性が得られることも期待できる。本章では，ナノワイヤ量子構造の物性に関して，著者らがⅢ-Ⅴ族InP系半導体を用いて検討した径方向量子井戸・量子ドットナノワイヤの構造と光学特性を中心に述べる。

2　ナノワイヤに形成可能な量子ヘテロ構造

ナノワイヤに形成可能な量子ヘテロ構造の概略図を図1に示す。積層構造の形態としては，ナノワイヤの軸方向にヘテロ構造を形成する構成(a)と，ナノワイヤ側壁を取り囲むように径方向にヘテロ構造を形成する構成(b)の2種類がある。軸方向のヘテロ構造の特徴としては，横方向サイズがナノワイヤ直径によって決まるため，(c)のように横方向に量子効果が生じる程度に細いナノワイヤを用いて，量子井戸を形成すると，量子ドットを含んだナノワイヤとなる。このような量子ドットナノワイヤは，ナノワイヤ1本あたりの量子ドットの位置や数を精密に決めることができるという特徴がある。直径40nm以下のナノワイヤを用いて，単一光子光源応用などの研究が進められている[1,2]。最近では，軸方向量子ドットナノワイヤを形成した後に，量子ドットの側壁に径方向成長によりキャップ層を追加することによって特性の改善が報告されている[2]。一方，

* Kenichi Kawaguchi　㈱富士通研究所　次世代ものづくり技術研究センター　シニアリサーチャー

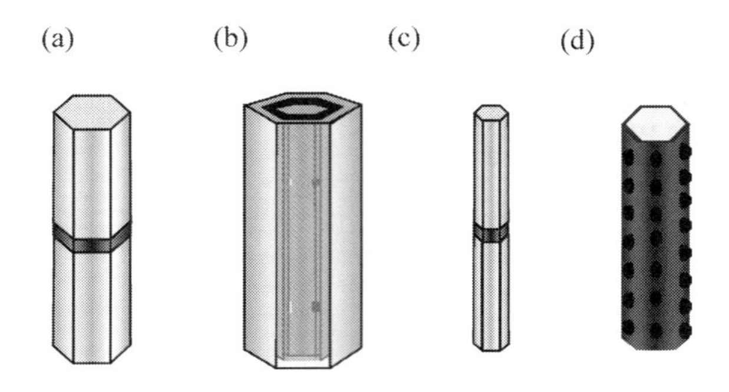

図1　ナノワイヤ量子ヘテロ構造の形態
(a) 軸方向量子井戸ナノワイヤ　(b) 径方向量子井戸ナノワイヤ
(c) 軸方向量子ドットナノワイヤ　(d) 径方向量子ドットナノワイヤ

径方向ヘテロ構造は，コアを機能層として捉えれば，理想的な1次元チャネルとなり得るので，コアにInAs，シェルにInPを用いた高移動度トランジスタ応用が検討されている[3]。また，シェル層を機能層として用いる場合は，ナノワイヤ1本あたりの機能層の体積を大きく取ることができ，例えば，ある程度大きな光出力を必要とする発光デバイス応用に適したヘテロ構造であると考えられる[4]。径方向ヘテロ構造においては，図1(d)のように多数の量子ドットを有するナノワイヤを形成することも可能となる。

これらのナノワイヤヘテロ構造は，従来の薄膜ヘテロ構造と同様に複数の材料の組み合わせによって形成することが可能であるが，Ⅲ-Ⅴ族化合物半導体ナノワイヤ特有のヘテロ構造として，同一材料の異なる結晶相を組み合わせた形態が存在する。例えば，InAs，InP，GaAsは，バルクでは閃亜鉛鉱型（Zinc-blende：ZB）結晶が安定であるが，ナノワイヤにおいては，ウルツ鉱型（Wurtzite：WZ）結晶も得ることが可能である。これまでにInAs[5]，InP[6]，GaAs[7]のいずれにおいても，ナノワイヤ成長中に，WZとZBの2つの結晶相を切り替えて形成できることが報告されており，WZ結晶に比べてバンドギャップエネルギーの小さいZB結晶の層厚を制御することによって，図1(a)のような軸方向の量子井戸ナノワイヤが得られている。ただし，ヘテロ構造に異なる材料を用いる場合と比較して，同一材料の2つの結晶相における物性値の違いはそれほど大きくないため[8]，応用の可能性としては限定的である。

3　径方向量子井戸ナノワイヤの物性

ここでは，Ⅲ-Ⅴ族化合物半導体の中で光通信デバイスに用いられているInP系材料をベースとし，バルクや薄膜とは異なってナノワイヤにおいて安定して得られるウルツ鉱型結晶を用いて著者らが研究を進めている径方向InP/InAsP量子井戸ナノワイヤの構造，光学的物性について説明する[9]。

径方向量子井戸ナノワイヤは，次の工程によって形成することが可能である。初めに金微粒子を触媒としたVLS成長によりInPナノワイヤコアをMOVPE成長する。原料には，トリメチルインジウム（TMIn），ホスフィン（PH_3）を用い，温度400℃付近でナノワイヤ成長することによって，金微粒子の直径と同等の直径を有するナノワイヤコアが形成される[10]。また，InPナノワイヤコア成長時に硫化水素（H_2S）を用いたSドーピングを行うことにより，ウルツ鉱型結晶の生成が促進され，積層欠陥がない良質なナノワイヤコアが形成できる[11,12]。次に，ヘテロ構造形成時の軸方向成長を抑制するために，試料をいったん成長装置の外に出して，金微粒子をウェットエッチングにより除去する。その後，試料をもう一度成長装置に戻して再成長することで，径方向ナノワイヤ量子井戸を形成する。ここでは，アルシン（AsH_3）をAs原料に用い，単層のInAsP量子井戸を有するInP/InAsP構造を形成した。

上記の工程により形成した径方向InP/InAsP量子井戸ナノワイヤの構造特性について説明する。図2に，InAsP量子井戸層のAs組成20%，膜厚8nmの径方向量子井戸ナノワイヤの高分解能電子線透過型顕微鏡（TEM）像を示す。径方向量子井戸は，ナノワイヤコア側壁にエピタキシャルに成長することで，ナノワイヤコアと同じ結晶相の，積層欠陥を含まない良質なウルツ鉱型結晶となっている。径方向量子井戸ナノワイヤの軸方向の格子定数を，X線回折により評価した。図3に，量子井戸層厚が0～14nmの量子井戸ナノワイヤに対するInP(111)ブラッグ反射角近傍のω-2θ回折スペクトルを示す。ナノワイヤからの回折によるピークは，ZB-InP(111)基板からの回折による強度の大きなピークの低角側に現れる。これは，ウルツ鉱型結晶の軸方向格子定数が閃亜鉛鉱型結晶のものより大きいためであり，InPの場合，2つの結晶の軸方向格子定数の違いは，約0.36%である[13]。ナノワイヤの回折ピークは，径方向InAsP量子井戸膜厚の増加に従って，単調に低角側にシフトしている。通常，バルク基板上に形成された歪み材料薄膜は，基板の厚さが薄膜に対して十分に厚いので，臨界膜厚以下の薄膜であれば薄膜の面内格子間隔が基板に格子整合し，図4(a)に示すようにヘテロ界面に垂直な方向のみ格子定数の変化が現れ

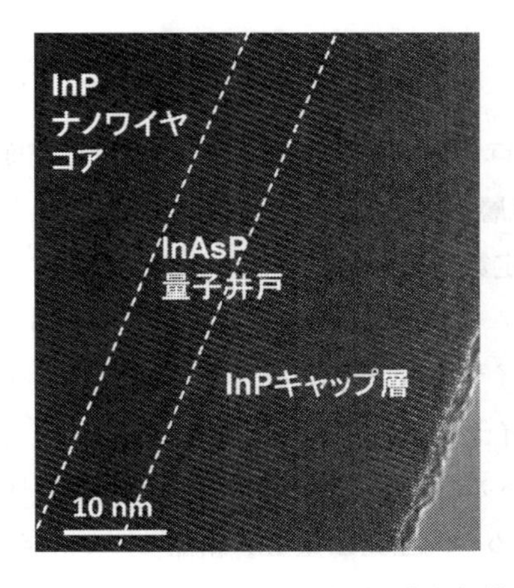

図2　InP/InAsP量子井戸ナノワイヤの高分解能TEM像

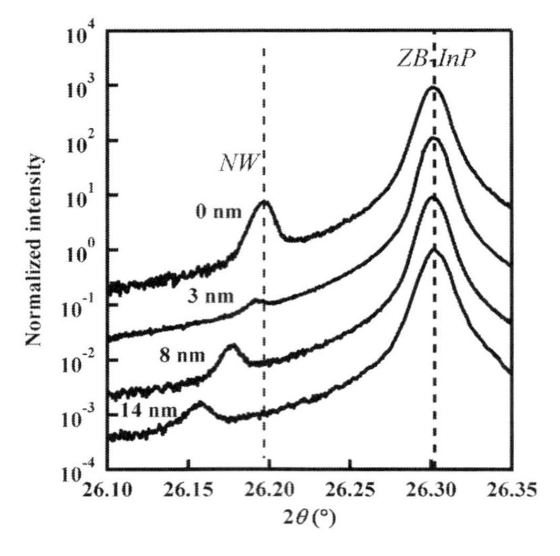

図３　InP/InAsP 量子井戸ナノワイヤの X 線回折スペクトル

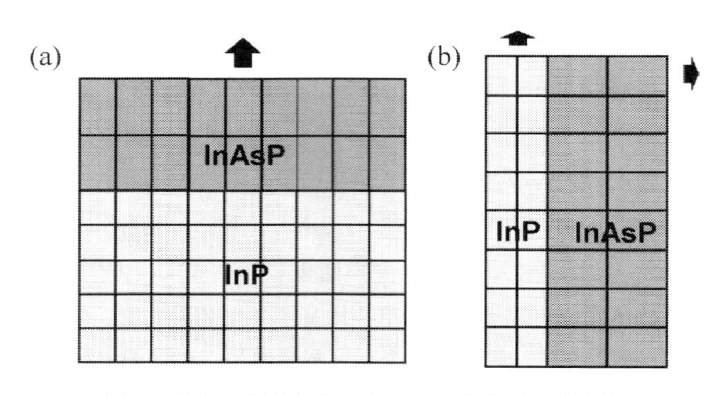

図４　(a) InP 基板に格子整合した InAsP 薄膜，(b)弾性変形した InP/InAsP ナノワイヤ

る。しかし，評価した量子井戸ナノワイヤは，直径が 160nm 程度と小さいために，図 4 (b)に示すように InAsP 歪み量子井戸層とバランスするように InP コアが弾性変形することで，ナノワイヤ全体の平均の軸方向格子定数が増加している。

次に，これらの量子井戸ナノワイヤの光学特性について説明する。InP 基板からの発光を除去するために，量子井戸ナノワイヤを Si 基板に転写し，顕微フォトルミネッセンス（PL）評価系を用いることで単一のナノワイヤの特性を評価した。図 5 (a)に，温度 5K における，InAsP 量子井戸膜厚依存性の PL スペクトルを示す。量子井戸膜厚 0nm のリファレンスの InP ナノワイヤは，ウルツ鉱型結晶であるため，閃亜鉛鉱型 InP 結晶のバンドギャップエネルギー1.42eV よりも約 80meV 高い 1.5eV 付近に発光ピークを示している[14, 15]。また，他の量子井戸ナノワイヤも，

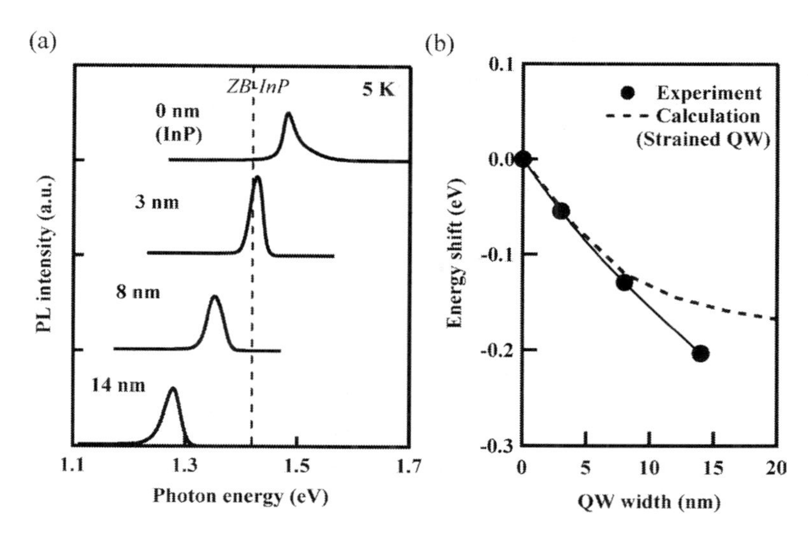

図５　(a)PL スペクトル量子井戸膜厚依存性，(b)ピークエネルギーシフトの量子井戸膜厚依存性

ウルツ鉱型結晶からの発光のみからなる単一ピーク発光を示している。量子井戸ナノワイヤの発光ピークは，量子井戸膜厚増加に伴い，単調なレッドシフトを示している。図５(b)に，径方向量子井戸ナノワイヤの発光エネルギーについて，InP のバンドギャップエネルギーからのエネルギーシフト量としてプロットした結果を示す。また，InAsP 量子井戸層が完全にバルク InP に格子整合するように歪んでいると仮定して計算したエネルギーシフトを点線で示す。実験結果は，量子井戸膜厚の大きな領域で計算値より大きなシフト量を示しており，これは，量子井戸膜厚に依存した量子閉じ込め効果の変化だけでなく，X 線回折で見られた格子変形が寄与していることを示唆している。次に，発光エネルギーピークの温度依存性を図６に示す。点線は，半導体のバンドギャップエネルギーの温度依存性を表す Varshni の経験式を用いてフィッティングしたものである[16]。InAsP 量子井戸ナノワイヤの発光エネルギーは，温度に対してスムーズなエネルギーシフトを示しており，混晶揺らぎなどに起因した局在中心の影響がない特性を示している。

径方向量子井戸ナノワイヤの発光波長は，量子井戸膜厚だけでなく，量子井戸材料のバンドギャップにより制御することができる。WZ-InP ナノワイヤコア側壁に，InAsP 量子井戸膜厚を 2nm 一定にして As 組成を 0.43～0.60 まで変化させた径方向 InP/InAsP/InP 量子井戸を有するナノワイヤを形成し，その光学特性を室温 PL により評価した[17]。As 組成の増大に伴い発光波長は，1129nm から 1315nm へと長波化し，光通信で用いられる 1.3 μm 波長帯で発光するナノワイヤ量子井戸が得られている。この量子井戸ナノワイヤの発光エネルギーの変化を，理論値から推定したバルクの WZ-InAsP のバンドギャップエネルギーの組成依存性と比較した。As 組成 0.43 を基準としたとき，As 組成 0.60 におけるシフト量は，ともに約 160meV と良い一致を示し

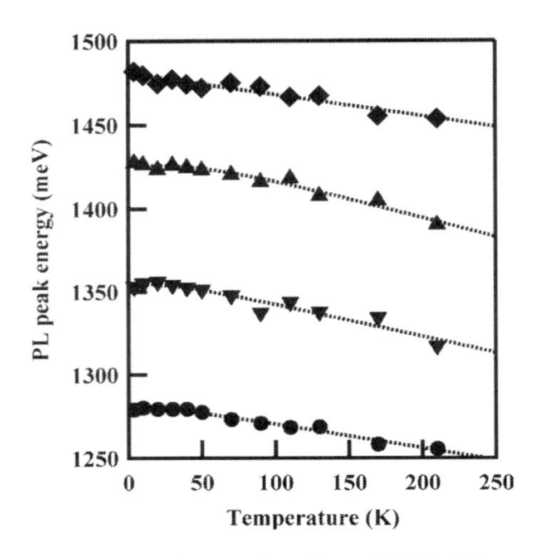

図6　PL ピークエネルギーの温度依存性

た。このことは，WZ 結晶の径方向量子井戸においても，従来の ZB 基板上に形成した薄膜量子井戸と同様に，バンドエンジニアリングが有効であることを示している。

4　径方向量子ドットナノワイヤの物性

量子ドットは，0 次元構造特有の離散的な電子状態が得られることから，量子井戸デバイスにはない特徴を持ったデバイスを実現する構造として期待されている。例えば，光デバイスにおいては，GaAs 基板上に Stranski-Krastanow（S-K）モード成長で形成した InAs 量子ドットにより，温度特性に優れた量子ドットレーザが実現されている[18,19]。このデバイスは多数の量子ドットが必要なため，ナノワイヤへ展開するには，図 1(d)のような径方向量子ドットナノワイヤが候補となる。InP/InAs 系は，格子不整合量が 3.2% の歪み材料系であるため，ZB-InP(001)基板上では，2 次元層換算で 3〜4ML 相当の InAs 層の成長により，S-K 量子ドットが得られる[20,21]。一方，InP ナノワイヤ側壁上では，InAs 成長の形態が異なることが分かった[22]。S ドーピングによって結晶制御した，積層欠陥を含まないウルツ鉱型 InP ナノワイヤ側壁上では，ZB-InP(001)上での臨界膜厚よりも十分に厚い膜厚 16ML においても，InAs 量子井戸層が得られた。しかし，ナノワイヤコア成長中に S ドーピングを中断してナノワイヤ側壁が平滑でない積層欠陥領域を意図的に導入し，InAs 層成長時の 3 次元核形成を促進することによって，径方向 InAs 量子ドットが得られた。ここでは，両者を比較しながら InP/InAs 量子井戸・量子ドットナノワイヤの構造・光学物性について述べる。

図 7(a)に，積層欠陥領域を含まないウルツ鉱型 InP ナノワイヤ側壁上に形成した径方向 InAs 量子井戸，図 7(b)に積層欠陥領域を導入したウルツ鉱型 InP ナノワイヤ側壁上に形成した径方向 InAs 量子ドットの高分解能 TEM 像を示す。InAs の供給量は，2 次元層換算膜厚で 8ML で

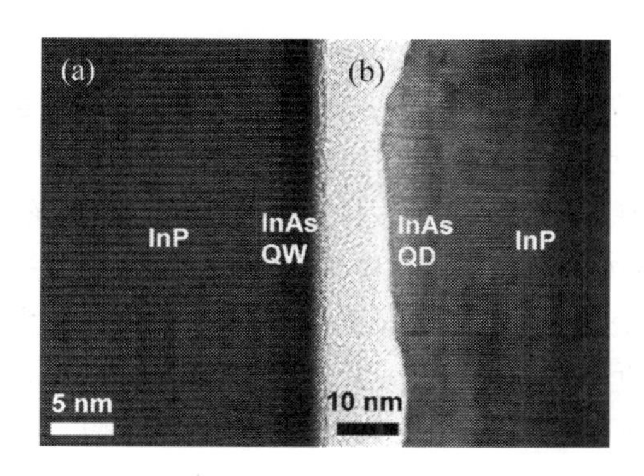

図7　(a)径方向 InAs 量子井戸，(b)径方向 InAs 量子ドットの高分解能 TEM 像

ある。いずれの場合も，InAs 層は，InP ナノワイヤ側壁上にエピタキシャル成長しているため，InAs 量子井戸においては，前節の径方向 InAsP 量子井戸層と同様に積層欠陥のないウルツ鉱型結晶構造，InAs 量子ドットにおいては，InP からの積層欠陥を引き継いだ結晶構造となっている。InAs 量子井戸層においては，表面，InP/InAs 界面ともに，原子層レベルで平坦な層となっている。一方，InAs 量子ドットは，積層欠陥の導入によって InP ナノワイヤ側壁が平坦でないため InP/InAs 界面においても，凹凸が見られる。ナノワイヤ側壁上の典型的な量子ドット形状は，底面サイズが 30-50nm，高さが 5-8nm と平板 InP 基板上の S-K InAs 量子ドットのサイズとそれほど変わらない大きさのものが得られている。また，量子ドットは，ナノワイヤの積層欠陥領域に選択的に形成されており，高品質ウルツ鉱型結晶領域では量子井戸ナノワイヤと同様に平坦な2次元層が形成された構造となっている。この量子ドットナノワイヤは，ナノワイヤ1本あたり，30 個程度の量子ドットを含んでいる。

次に，これらの InP/InAs ナノワイヤの光学特性評価について述べる。単一のナノワイヤの特性を評価するために，径方向 InP/InAsP 量子井戸ナノワイヤの評価と同様に，Si 基板上にナノワイヤを分散した後，温度 5K で PL スペクトルを測定した。また，試料としては，上述の TEM 分析で示した InAs 表面が露出した構造ではなく，InAs 表面での非発光再結合を抑制するために InAs 層成長後に InP キャップ層を施したものを用いた。InP/InAs 量子井戸ナノワイヤについては，InAs 膜厚 8ML の試料に加えて，16ML の試料も評価した。これらの InP/InAs 量子井戸ナノワイヤは，単一の結晶相（WZ）からなる量子井戸構造を反映したシングルピークを示した。また，InAs 膜厚を 8ML から 16ML に増加することによって，発光ピークエネルギーは，量子閉じ込め効果の変化により 0.83eV から 0.77eV へレッドシフトした。スペクトル半値幅は，いずれの試料も 20meV 程度であった。一方，InAs を2次元層換算で 8ML 供給して形成した InP/InAs 量子ドットナノワイヤは，0.78eV 付近を中心としたブロードなピークを示した。同じ InAs 供給量において量子ドットナノワイヤが量子井戸ナノワイヤより低エネルギーの発光を示すのは，量子ドットで最も量子効果を強く受ける高さ方向のサイズが，量子井戸膜厚より大きいためであると考えられる。スペクトル半値幅は，約120meVであり，この半値幅は，一般的なInP(001)基板上の自己形成量子ドット（50–80meV）と比較しても大きい[20]。広いスペクトル幅をもたらす要因として，ウルツ鉱型結晶と閃亜鉛鉱型結晶の共存[23~25]，量子ドットサイズ分布[20, 26, 27]，励起準位の寄与[28, 29]などが考えられるが，PL励起強度依存性を調べたところ，励起準位発光の寄与が抑えられた弱励起の条件においても，広いエネルギー範囲にわたって複数のピークが見えていることから，少なくとも量子ドットサイズ分布は，大きな影響を与えていると考えられる。量子ドットサイズばらつきは，量子ドット核形成のために導入した積層欠陥領域の軸方向膜厚および積層欠陥密度の最適化やInAs成長条件の改善によって可能であると考える。また，この量子ドットナノワイヤにおいて，量子ドット部分と2次元層部分で発光エネルギーに違いが見られるかという興味があるが，カソードルミネッセンス（CL）マッピングを用いて発光エネルギーと発光領域の関係を分析した結果，積層欠陥領域に形成された量子ドット状の構造が，期待通り低発光エネルギーであることが分かった[30]。

5 まとめ

本章では，ナノワイヤ上に形成可能なヘテロ構造の種類について説明し，特にInP/InAs(P)系材料により形成された径方向の量子井戸・量子ドットナノワイヤに関する構造および光学的特性について述べた。径方向量子ドットナノワイヤ研究については，まだ緒についたばかりであり，より高度に制御された結晶の出現によりさらに物性が明らかになってくることが期待される。

文　献

1) M. T. Borgström, *et al.*, *Nano Lett.*, **5**, 1439 (2005).
2) D. Dalacu, *et al.*, *Nano Lett.*, **12**, 5919 (2012).
3) X. Jiang, *et al. Nano Lett.*, **7**, 3214, (2007).
4) K. Tomioka, *et al. Nano Lett.*, **10**, 1639 (2010).
5) P. Caroff, *et al.*, *Nature Nanotechnol.*, **4**, 50 (2009).
6) K. Pemasiri, *et al.*, *Nano Lett.*, **9**, 648 (2009).
7) S. Lehmann, *et al.*, *Nano Res.*, **5**, 470 (2012).
8) A. De and C. E. Pryor, *Phys. Rev. B*, **81**, 155210 (2010).
9) K. Kawaguchi, *et al.*, *the 23rd International Conference on Indium Phosphide and Related Materials, Berlin, Germany, May 22–26* (2011).
10) S. Paiman, *et al.*, *J. Phys. D: Appl. Phys.*, **43**, 445402 (2010).
11) M. H. M. van Weert, *et al.*, *J. Am. Chem. Soc.*, **131**, 4578 (2009).

12) G. L. Tuin, *et al., Nano Res.,* **4**, 159 (2011).
13) D. Kriegner, *et al., Nanotechnol.,* **22**, 425704 (2011).
14) M. Mattila, *et al., Nanotechnol.,* **17**, 1580 (2006).
15) A. Mishra, *et al., Appl. Phys. Lett.,* **91**, 263104 (2007).
16) Y. P. Varshni, *Physica* (*Amsterdam*), **34**, 149 (1967).
17) K. Kawaguchi, *et al., the 24th International Conference on Indium Phosphide and Related Materials, Santa Barbara, CA, USA, August 27–30* (2012).
18) M. Sugawara, *et al., J. Phys. D: Appl. Phys.,* **38**, 2126 (2005).
19) M. Ishida, *et al., Electron. Lett.,* **43**, 219 (2007).
20) N. Carlsson, *et al., J. Cryst. Growth* **191**, 347 (1998).
21) A. Michon *et al., Appl. Phys. Lett.,* **87**, 253114 (2005).
22) K. Kawaguchi, *et al., Appl. Phys. Lett.,* **99**, 131915 (2011).
23) J. Bao, *et al., Nano Lett.* **8**, 836 (2008).
24) D. Spirkoska, *et al., Phys. Rev. B,* **80**, 245325 (2009).
25) N. Akopian, *et al., Nano Lett.,* **10**, 1198 (2010).
26) Y. Fu, *et al., J. Appl. Phys.* **92**, 3089 (2002).
27) S. Raymond, *et al., Semicond. Sci. Technol.,* **18**, 385 (2003).
28) M. Grundmann, *et al., Appl. Phys. Lett.,* **68**, 979 (1996).
29) S. Fafard, *et al., Appl. Phys. Lett.,* **68**, 991 (1996).
30) D. Lindgren *et al., the 15th conference on Modulated Semiconductor Structures, Tallahassee, Florida, July 25–29* (2011).

第4章　ナノワイヤ量子ドットの光学特性

荒川泰彦*1，有田宗貴*2，舘林　潤*3

1　はじめに

電子を三次元的に閉じ込めることのできる量子ドット構造は，荒川・榊による1982年の提案[1)]以来着実にその研究が進展しており，既に100万台が市場に出荷されるなど実用化が本格的に始まっている[2)]。今後，量子ドットレーザは，高い温度安定性を活用して，シリコンフォトニクスの分野で大きく発展するものと期待される。一方，量子情報通信用単一光子発生器や高効率太陽電池などへの量子ドットの応用は，いまだ研究開発の途上の段階にあるといえる[3,4)]。

量子ドットは，通常平坦な基板上にStranski-Krastnanow（S-K）成長モードにより自己形成されるが，近年，量子ドットの高品質化・高機能化および量子ドット応用素子の高性能化を進める上でナノワイヤとの融合が注目を集めるようになってきている。擬一次元的形状を有する半導体ナノワイヤの形成位置制御（選択成長）技術を用いれば，そこに埋め込まれる単一量子ドットの位置制御も同時に可能になる。また，直径の細いナノワイヤはその軸方向に異種材料を積層するだけで量子ドットを作製でき，材料間の格子定数差に起因する歪みの影響も軽減できるため，ドットの高品質化および高密度化に特に有利である。これらは量子ドットのデバイス応用上重要な要素であるが，従来のS-K成長モードによる自己形成量子ドットでは必ずしも実現が容易ではなく，ナノワイヤ量子ドットを特徴づける点としてその研究開発のモティベーションに位置づけられるものである。

これまで，多数の研究機関から様々な材料系においてナノワイヤ量子ドットの作製例が報告されており，関連技術の発展に伴って光学特性の詳細な評価が可能な高品質構造が得られつつある。従来の自己形成量子ドットとの比較という観点から注目すべきナノワイヤ量子ドットの光学特性としては，ナノワイヤの形状に起因するもの（光取り出し・吸収効率の増強など）のほかに，表面が近いことによるもの（表面準位によるスペクトル拡散や空乏層の影響など）や量子ドットそのものの形状に起因するもの（ドット高さによるエネルギー準位のシフトなど）などが挙げられる。このような特性を実験的に評価することは，ナノワイヤ量子ドットを量子情報素子や太陽

＊1　Yasuhiko Arakawa　東京大学　ナノ量子情報エレクトロニクス研究機構　機構長・教授；生産技術研究所　光電子融合研究センター　センター長・教授

＊2　Munetaka Arita　東京大学　ナノ量子情報エレクトロニクス研究機構　特任准教授

＊3　Jun Tatebayashi　東京大学　ナノ量子情報エレクトロニクス研究機構　特任助教

電池に応用するにあたって重要な意義をもつ。

本章では，室温単一光子発生器などへの応用が期待されるGaN/Al(Ga)N系ナノワイヤ量子ドットと，高効率中間準位型太陽電池などへの応用を目指したIn(Ga)As/GaAs系ナノワイヤ量子ドットの結晶成長と光学特性について，主に我々の研究成果をもとに概説する。

2　位置制御された単一GaN/AlGaNナノワイヤ量子ドットの結晶成長と光学特性

青色発光素子や高耐圧電子デバイスの材料であるGaN系III族窒化物半導体は大きな励起子結合エネルギー・励起子振動子強度を有し，室温動作単一光子発生器などの新規なオプトエレクトロニクス素子への応用が期待されている。我々はこれまでに，S-K成長自己形成GaN/AlN量子ドットでの200 Kにおける紫外光単一光子発生を達成するとともに[5]，窒化物半導体ナノワイヤに関しても高品質ナノワイヤ構造を有機金属気相成長（MOCVD）による選択成長を用いて実現するなど[6]，関連する作製技術の開発と光学特性の評価を進めている。窒化物半導体ナノワイヤ量子ドットに関してはこれまでにもいくつか作成例が報告されているが[7,8]，それらは全てプラズマ援用分子線エピタキシー（PA-MBE）を用いて作製されたものであり，量産性など結晶成長法としてのMBEそのものの制約に加えナノワイヤの形成密度も制御できていないなど，必ずしも応用を強く意識した研究ではない。産業応用上重要なMOCVDを用いたナノワイヤ量子ドットの作製手法を開発し，そこで得られる構造の光学特性を含む諸特性を明らかにすることは工学上重要な意義を持つ。本節では最近の成果として，MOCVD選択成長GaN/AlGaNナノワイヤ量子ドットの作製と基本的な光学特性について述べる。

試料は，我々が独自に開発した無触媒MOCVD選択成長法で作製した。金属触媒による汚染がなく高品質なGaNナノワイヤを産業応用上重要なMOCVDで作製できる本手法では，複雑な交互供給レシピによることなく異方性成長を実現するため，材料供給レート，特に窒素原料であるNH_3の流量を低く抑えることが重要である。詳細は文献を参照されたい[6]。ナノワイヤ量子ドットの具体的な作製手順としては，まずMOCVD成長AlN/サファイア（0001）薄膜上に堆積したSiO_2（厚さ25nm）に，電子線リソグラフィとドライエッチングを用いて直径25nmの円形開口を形成した後，再びMOCVDでGaN/AlGaNコア・シェル型ナノワイヤ，GaN量子ドット，AlGaNキャップ層の順にヘテロ構造を成長した。量子ドット層を保護しつつ結晶品質を確保するため，キャップ層は880℃および1130℃の二段階で形成している[9]。図1(a)に作製した構造の走査電子顕微鏡像および略図を示す。典型的な寸法は直径120nm，高さ750nmであり，GaN量子ドットはその頂点に存在する（0001)面（直径約20nm）上に積層される。ここでGaN量子ドットの形成を（0001)面上のみに限定するには堆積膜厚の精密制御とともにシェル層界面のモフォロジーが重要であり，シェル層の$Al_xGa_{1-x}N$（$0 < x < 1$）はそのために有利な平滑界面を得る目的で採用している[9]。

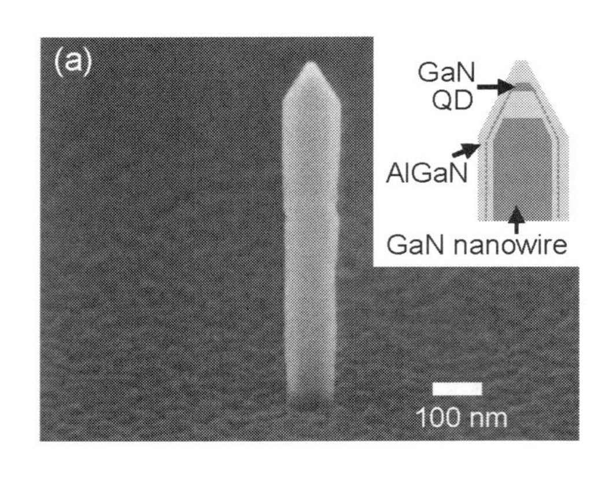

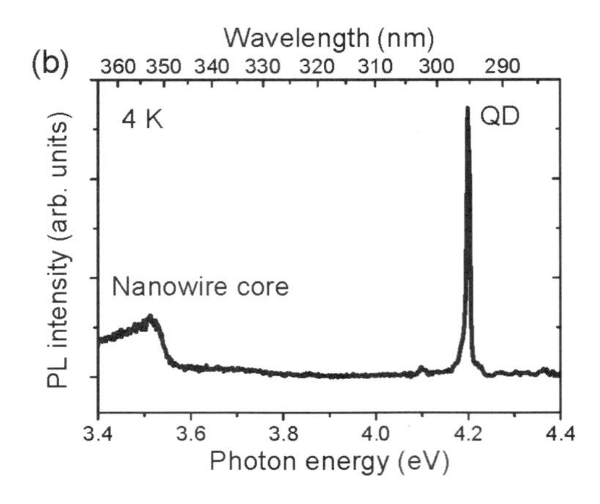

図1　(a) GaN/AlGaN コア・シェル型選択成長ナノワイヤの走査電子顕微鏡写真と構造概略図
(b)単一 GaN/AlGaN ナノワイヤ量子ドットの低温顕微 PL スペクトル

低温顕微フォトルミネッセンス（PL）を用いて，作製した単一 GaN ナノワイヤ量子ドットの光学評価を行った。励起光は CW 周波数逓倍紫外レーザー（波長 266nm）である。図1(b)に示す PL スペクトルの典型例において，発光エネルギー4.2eV 付近の明瞭なピークは単一 GaN ナノワイヤ量子ドットにおける励起子発光である。従来の S-K モード自己形成 GaN 量子ドットでこのように単一量子ドットからの発光を他のノイズから分離して観測するためには，結晶成長後にメサ加工などの追加加工が必須であった。一方，じゅうぶん孤立した位置に選択的に成長された単一ナノワイヤ内部に形成されている量子ドットは追加加工なしで容易にアクセス可能であり，結晶品質維持の観点で優位である。良好な光学特性を有する位置制御単一 GaN 量子ドットの作製に成功した本研究の成果は，そのようなナノワイヤ量子ドットの可能性の一端を実証したものと言える。

GaN ナノワイヤ量子ドットからの発光ピークは主に 4.2～4.4 eV において観測されるが，これは S-K モード自己形成 GaN/AlN 量子ドットの典型的な発光エネルギー（2.8～4.0eV）と比較するとかなり高い。励起光のエネルギー（4.66eV）を考慮しつつ AlGaN 層からの発光は観測されなかったことを踏まえて，量子閉じ込めに対する影響が無視できるほど障壁層 Al 組成が高いとすると，ドットの厚さは約 1nm であると予想できる[10]。透過電子顕微鏡（TEM）による構造解析の結果もこの見積りとよい一致を示している。このドット高さは従来の S-K モード自己形成 GaN/AlN 量子ドットの典型的な値（3～6nm）より小さく，そのことが発光エネルギーの高エネルギー化につながっている。次に，図2(a)に GaN ナノワイヤ量子ドットの発光スペクトルにおける励起光強度依存性を示す[11]。励起パワーの上昇に伴いピーク X の低エネルギー側（4.35eV）で新たなピーク XX が現れる。ピーク XX の積分強度は励起パワーに対してほぼ二乗の依存性を示しており（図2(b)），この発光成分は励起子分子によるものであると考えられる。観測された励起子分子束縛エネルギーは 52meV であり，半導体量子ドットとしては最大値である。この極

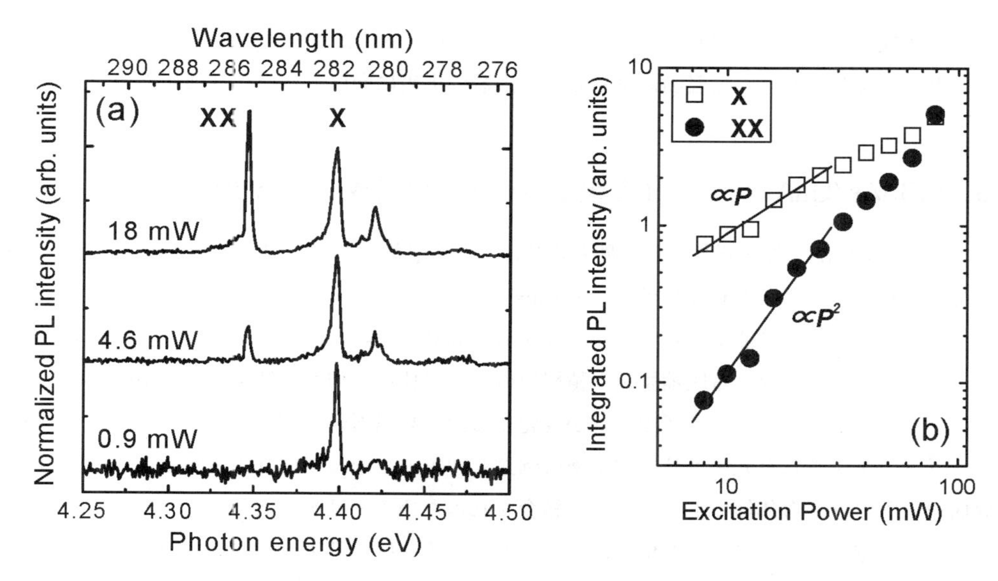

図2　GaN ナノワイヤ量子ドットの顕微 PL (a)スペクトルの励起光強度依存性，(b)積分発光強度の励起光強度依存性

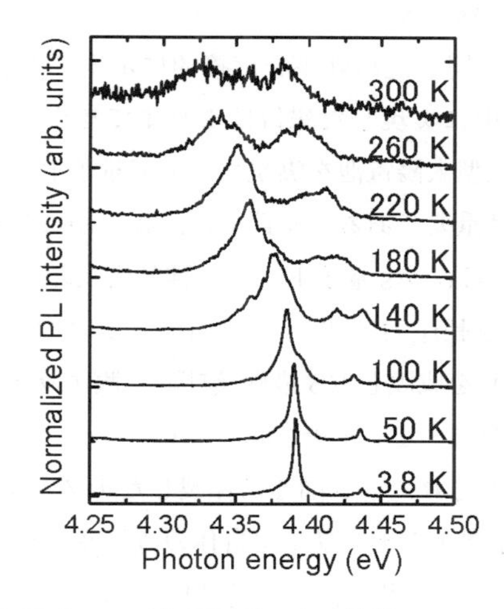

図3　GaN ナノワイヤ量子ドットの顕微 PL スペクトルの温度依存性

めて大きな励起子分子束縛エネルギーも量子ドットの高さが低いことと深く関係しており，強い閉じ込めによるクーロン相互作用の増大と内部電界効果の抑制に起因する。

最後に，単一 GaN ナノワイヤ量子ドット PL スペクトルの温度依存性を図3に示す[11]。温度3.8K における 4.39eV 付近の鋭い発光ピークは温度の上昇に伴いレッドシフトを示し，室温においても 4.33eV 付近で明瞭に観測できる。PL 積分強度の温度依存性から見積もられた活性化エネルギーは約 350meV と非常に大きく，ドットの第一準位と AlGaN 障壁層のエネルギー差に相当するもの推定される。位置制御 GaN ナノワイヤ量子ドット中にキャリアが強く閉じ込められていることを示唆しており，高温動作単一光子発生器の実現に向けて今後の進展が期待できる。

3 InGaAs/GaAs ナノワイヤ量子ドットの結晶成長と光学特性

In（Ga）As/GaAs 系量子ドットは最大約7％の格子定数差を持つ材料系であり，化合物半導体で最も一般的で安価な GaAs 基板上に Stranski-Krastanov（S-K）成長モードにより自然形成的に量子ドットが形成可能である。しかしながら，高効率太陽電池応用に重要な積層化を考えた場合，格子不整合に起因する圧縮歪みが積層数の増大に伴い蓄積する結果，欠陥や転位が発生するだけでなく量子ドットのサイズや形状が変化するため高積層化は容易ではない。加えて，積層量子ドットで生成された光キャリアが電極に到達し起電力となって取り出される前に近傍のヘテロ界面や量子ドット自体等でトラップ・再結合されるためキャリアの取り出し（輸送）効率が下がるとともに電子の擬フェルミ準位の低下が生じ，開放電圧の低下が生じ効率改善のネックになるといった問題がある。

これまで複数の研究グループにより既存の化合物系太陽電池技術と整合性がある GaAs 基板上で GaAs ナノワイヤ中に InGaAs ヘテロ構造を埋め込みその光学特性を評価した報告はあるが[12〜17]，キャリアの3次元量子閉じ込め効果を直接的に示す証拠を明瞭に表すだけでなく積層した量子ドットをナノワイヤ中に実現した報告はこれまで無かった[12,18]。今後ナノワイヤ量子ドットを用いた高効率中間準位型太陽電池を実現する上で量子ドットをナノワイヤ中に埋め込む結晶成長技術を開発することは重要である。本節では，我々がこれまで推し進めてきた選択成長法[19]による GaAs 基板上に In（Ga）As 量子ドットの結晶成長とその光学特性を紹介する。

本研究では減圧 MOCVD（成長圧力 76Torr）を用いてナノワイヤ成長を行っている。GaAs（111）B 基板上に 10nm の SiO_2 を成膜し EB 描画及び酸化膜エッチングにより円状パターン（平均直径 40nm，間隔 1 μm）を形成する。単層 InGaAs/GaAs ナノワイヤ量子ドットの成長条件の詳細は文献12）及び 13）を参照されたい。図4に作製したナノワイヤ量子ドットの SEM 像及び断面 STEM 像を示す[12]。SEM 像からナノワイヤ自体の直径及び高さは約 70nm 及び 1 μm 程度，断面 STEM 像より量子ドットの直径及び高さは約 40 及び 5nm 程度と推定される。量子ドットの大きさと開口部の大きさが同程度であり，量子ドットの横方向のサイズ，ひいては横方向の量子効果は開口部の大きさによって決定されることが言える。図5に $In_{0.3}Ga_{0.7}As$ 層及び InAs 層（厚み 6nm）の 6K における典型的な PL スペクトル（励起波長 532nm）と厚み（成長時間）及び In 組成を変えたときの発光波長の振る舞いを示す[13]。同じ厚みでは InAs 層の方が長波長側で発光しており，InGaAs 層の In 組成増大によるバンドギャップの低減に起因する。またどちらの量子ドットにおいても膜厚が薄くなることにより基板垂直方向の量子効果が増大し，InGaAs 層の発光波長が短波長化しているのが確認される。点線はナノワイヤ量子ドットを円筒と仮定して（図5）$Nextnano^3$ を用い[20,21]有効質量近似により In 組成及び高さを変えたときの基

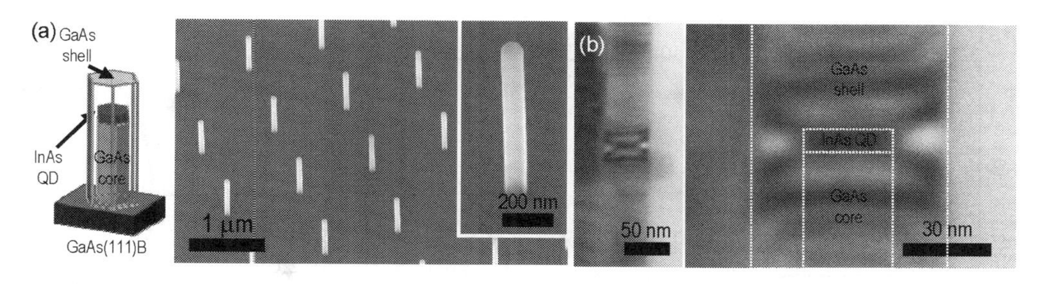

図4　In(Ga)As/GaAs ナノワイヤ量子ドットの(a)概念図及び SEM 像と，(b)断面 STEM像[12)]

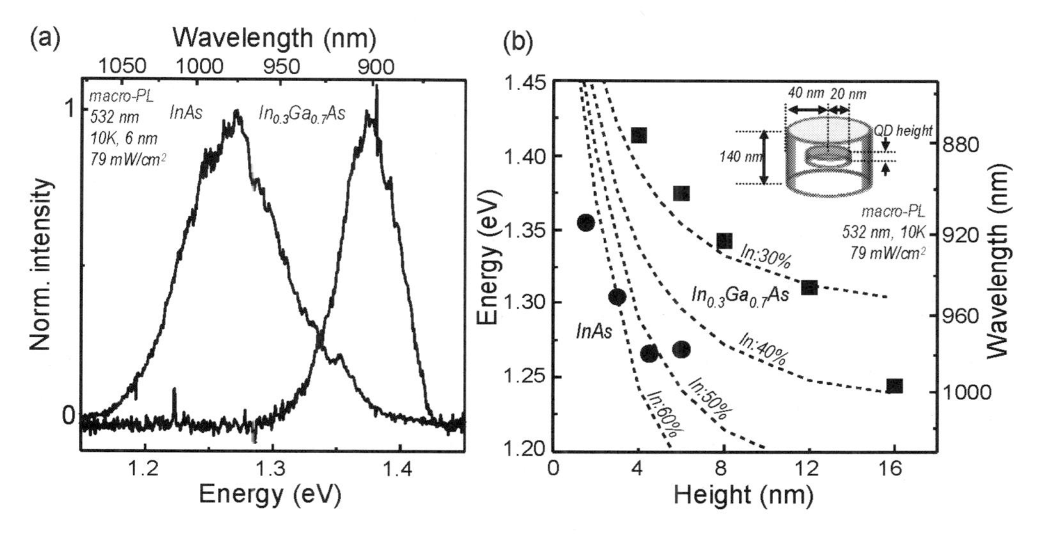

図5　GaAs 上 $In_{0.3}Ga_{0.7}As$ 及び InAs ナノワイヤ量子ドット（単層）の(a)低温 PL スペクトル（6nm），及び(b)ピーク波長の高さ依存性[13)]

底準位の変化を計算した結果である。実験値は $In_{0.3}Ga_{0.7}As$ 量子ドットについては In 組成 ≈ 20–30% 付近で，InAs 量子ドットについては ≈ 40–60% 付近で計算値との一致を示している。高さが大きくなるにつれ，計算結果よりも実験値のほうが長波長側にシフトしている。これは，GaAs の（111）方向が（100）方向と異なり反転対称性を持たないため，ピエゾ電界が誘起されることと[22)]，ナノワイヤ特有の境界条件により横方向への歪の緩和，あるいはヘテロ界面においてミスフィットが導入していることを示唆しているものと考えられるが，詳細は今後更に検討していく必要がある。何れにしても，これらの実験及び計算結果から今回観測された発光が In（Ga）As 層に起因し，ドット高さと発光エネルギーが一意に決まるものであることを裏付けている。

次に，観測された In（Ga）As 層からの発光が量子ドット由来のものであることを証明するため，単一ナノワイヤ量子ドットの顕微分光測定の結果を示す。ドット高さ 4nm の単一 InAs ナノワイヤ量子ドットを Ti：Sapphire レーザ（励起波長 813nm）で励起し，その発光スペクトル

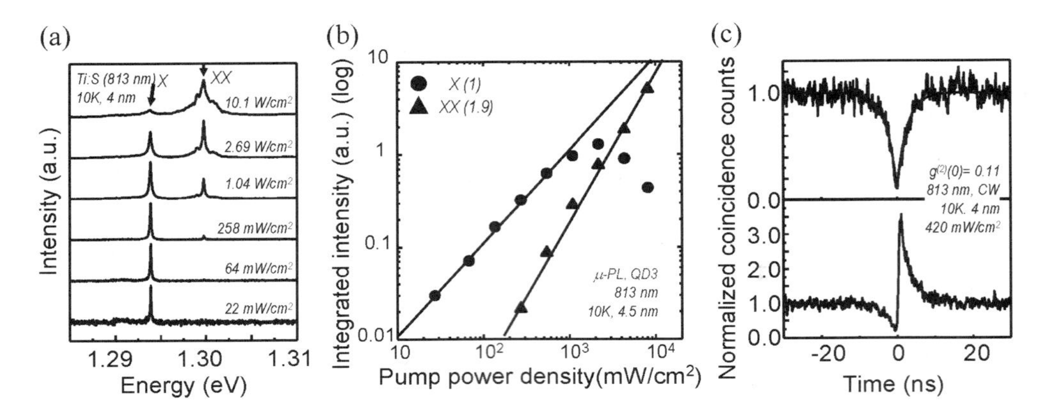

図6　顕微分光法による単一 InAs/GaAs ナノワイヤ量子ドットからの(a) PL スペクトルの励起強度依存性，(b)積分強度の励起光強度依存性及び(c)観測された励起子・励起子分子発光の自己・相互相関測定[12]

の励起光強度依存性を評価するとともに，Hanbury-Brown and Twiss（HBT）型相関測定形を用いて自己・相互相関測定を行うことにより単一光子発生の検証を行った。図6(a)及び(b)に顕微PL 特性の励起光強度依存性を示す。低励起光強度においては量子ドットの励起子（X）に起因する輝線（発光ピーク 1294meV，線幅 173meV）が確認され，その積分強度は励起光強度に比例して大きくなる。励起光強度を上げていくと，励起子ピークの 5.9meV 高エネルギー側に励起子分子（XX）に起因する輝線が確認され，その積分強度は励起光強度の自乗に比例する。観測された励起子発光の自己相関測定及び励起子－励起子分子発光の相互相関測定を行った結果（図6(c)），前者に関しては光子アンチバンチング（$g^{(2)}(0)=0.11$）が，後者については明瞭なカスケード発光過程が観測されている。このことは，今回作製された In(Ga)As/GaAs ナノワイヤ量子ドットがキャリアの3次元的量子閉じ込め効果を有することを示唆している。

4　InGaAs/GaAs ナノワイヤ積層量子ドットの結晶成長と光学特性

本節ではナノワイヤ中で InGaAs 量子ドットを積層した構造の光学特性について紹介する。前節同様減圧 MOCVD 装置を用いてパターン基板上に GaAs コアを成長する。InGaAs/GaAs ナノワイヤ積層量子ドットの成長条件の詳細は，文献 18）を参照されたい。SEM 観察からナノワイヤの直径及び高さは 80nm，5.6 μm（図7(b)），断面 STEM 観察から量子ドットの直径及び高さは 40nm，7nm と推定される（図7(c)）。量子ドット同士の距離は 70nm で十分離れているためドットに閉じ込められているキャリアの波動関数の重なりは殆ど無いものと考えられる。30 層積層したナノワイヤ量子ドットの低温（10K）及び室温 PL 特性を図7(d)及び(e)に示す。低温では 904nm にて単層ドットからの発光（半値幅 38meV）が観測されたのに対し，積層量子ドットにおいては 905nm 付近で発光を観測し（半値幅 42meV），その発光強度は単層ドットと比べ 37

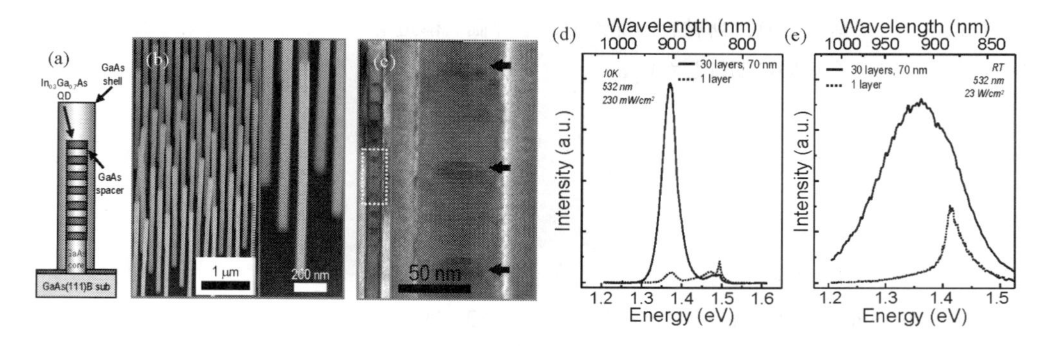

図7　$In_{0.3}Ga_{0.7}As$/GaAs ナノワイヤ積層量子ドットの(a)概念図，(b) SEM 像，及び(c)断面 STEM 像。
(d)(e) $In_{0.3}Ga_{0.7}As$/GaAs ナノワイヤ積層（及び単層）量子ドットの 10K 及び室温 PL 特性[23]

倍強い。積層数に比例して発光強度が増大し半値幅や発光波長に大きな変化がないことから，結晶品質が高く均一性の損なわれていない積層ナノワイヤ量子ドットが実現していることが言える。さらに室温では，単層では GaAs からの発光が支配的であるのに対し，30 層積層したサンプルでは 940nm 付近に積層 $In_{0.3}Ga_{0.7}As$ 量子ドットからと推定される発光が観測されている。これらのことから，ナノフイヤ中に高品質の積層量子ドットが実現できていると考えられる。

5　おわりに

本章では，室温単一光子発生器および超高効率中間準位型太陽電池実現に向け我々が研究開発を進めている，MOCVD 選択成長法による GaN/AlGaN ナノワイヤ量子ドットおよび GaAs 基板上 InGaAs/GaAs ナノワイヤ量子ドットの結晶成長技術及びその光学特性について議論した。ここで紹介したナノワイヤ量子ドットはパターン基板上にヘテロ構造を成長することによりナノワイヤ中に実現される 3 次元閉じ込め構造であり，その発光波長（エネルギー）はドットの組成やヘテロ構造の厚み（ドット高さ）によって決定されるため，これらのパラメータを変えることにより量子ドットの発光波長を制御することが可能である。加えて，GaN/AlGaN ナノワイヤ量子ドットについては極めて大きな励起子分子束縛エネルギー・キャリア閉じ込めポテンシャルを有する高品質位置制御単一量子ドットの形成が，InGaAs/GaAs ナノワイヤ量子ドットについては高品質な量子ドットの積層化をナノワイヤ中で実現することが可能であることを実証した。これらの結果は，今後ナノワイヤ量子ドットを利用した単一光子発生器や太陽電池を設計し最適化していく上で重要となる要素技術の一部を確立したものと位置づけられる。また，本稿では詳しく触れなかったが，GaN/AlGaN ナノワイヤ量子ドットの光学特性については，フォトルミネッセンス励起分光による高度な評価やそれを用いたコヒーレント制御の実験を進めており，将来の高温動作量子コンピュータ演算素子への応用が期待できる結果が得られている[24]。今後，これらナノワイヤ量子ドットの結晶成長技術が，従来の S-K 成長モードを用いた自己形成法と相補的な成長技術として確立され，新材料の探索や光学評価・構造解析等を通じた新原理実証などを切り拓いていくことを大いに期待したい。

文　　献

1) Y. Arakawa and H. Sakaki, *Appl. Phys. Lett.* **40**, 939 (1982).
2) K. Takada, Y. Tanaka, T. Matsumoto, M. Ekawa, H. Z. Song, Y. Nakata, M. Yamaguchi, K. Nishi, T. Yamamoto, M. Sugawara, and Y. Arakawa, *Electron. Lett.* **47**, 206-U704 (2011).
3) T. Miyazawa, S. Okumura, S. Hirose, K. Takemoto, M. Takatsu, T. Usuki, N. Yokoyama, and Y. Arakawa, *Jpn. J. Appl. Phys.* **47**, 2880 (2008).
4) T. Nozawa and Y. Arakawa, *Appl. Phys. Lett.* **98**, 171108 (2011).
5) S. Kako, C. Santori, K. Hoshino, S. Götzinger, Y. Yamamoto, and Y. Arakawa, *Nat. Mater.* **5**, 887 (2006).
6) K. Choi, M. Arita, and Y. Arakawa, *J. Cryst. Growth* **357**, 58 (2012).
7) J. Renard, R. Songmuang, C. Bougerol, B. Daudin, and B. Gayral, *Nano Lett.* **8**, 2092 (2008).
8) R. Bardoux, A. Kaneta, M. Funato, Y. Kawakami, A. Kikuchi, and K. Kishino, *Phys. Rev. B* **79**, 155307 (2009).
9) K. Choi, M. Arita, S. Kako, and Y. Arakawa, *J. Cryst. Growth*, in press. DOI: http://dx.doi.org/10.1016/j.jcrysgro.2012.09.019.
10) J. Renard, R. Songmuang, G. Tourbot, C. Bougerol, B. Daudin, and B. Gayral, *Phys. Rev. B* **80**, 121305 (2009).
11) K. Choi, M. Arita, S. Kako, and Y. Arakawa, in preparation.
12) J. Tatebayashi, Y. Ota, S. Ishida, M. Nishioka, S. Iwamoto and Y. Arakawa, *Appl. Phys. Lett.* **100**, 263101 (2012).
13) J. Tatebayashi, Y. Ota, S. Ishida, M. Nishioka, S. Iwamoto and Y. Arakawa, *Jpn. J. Appl. Phys.* **51**, 11PE13 (2012).
14) N. Panev, A. I. Persson, N. Sköld, and L. Samuelson, *Appl. Phys. Lett.* **83**, 2238 (2003).
15) M. Paladugu, J. Zou, Y.-N. Guo, X. Zhang, Y. Kim, H. J. Joyce, Q. Gao, H. H. Tan and C. Jagadish, *Appl. Phys. Lett.* **93**, 101911 (2008).
16) M. Heiß, A. Gustafsson, S. Conesa-Boj, F. Peiró, J. R. Morante, G. Abstreiter, J. Arbiol, L. Samuelson and A. F. Morral, *Nanotechnology* **20**, 075603 (2009).
17) J. N. Shapiro, A. Lin, P. S. Wong, A. C. Scofield, C. Tu, P. N. Senanayake, G. Mariani, B. L. Liang and D. L. Huffaker, *Appl. Phys. Lett.* **97**, 243102 (2010).
18) J. Tatebayashi, Y. Ota, S. Ishida, M. Nishioka, S. Iwamoto and Y. Arakawa, *J. Cryst. Growth*, in press.
19) J. Motohisa, J. Noborisaka, J. Takeda, M. Inari, and T. Fukui, *J. Cryst. Growth* **272**, 180 (2004).

20) The nextnano^3 software can be obtained from [http://www.wsi.tum.de/nextnano3]and [http://www.nextnano.de].
21) S. Birner, T. Zibold, T. Andlauer, T. Kubis, M. Sabathil, A. Trellakis, and P. Vogl, IEEE Transactions on Electron Devices **54**, 2137 (2007).
22) X. Chen, C. H. Molloy, D. A. Woolf, C. Cooper, D. J. Somerford, P. Blood, K. A. Shore, and J. Sarma: *Appl. Phys. Lett.* **67**, 1393 (1995).
23) 舘林他，第59回応用物理学会関係連合講演会，17p-DP3-22 (2012).
24) M. Holmes 他，第71回応用物理学会学術講演会，12p-H10-17 (2012).

第5章　ZnOナノロッド量子井戸構造を用いたナノフォトニックデバイスの進展

八井　崇*

1　まえがき

情報通信の高速化・大容量化により，演算素子の微細化が急務となっている。現在の演算素子を支えるシリコン電子デバイスにおいても，配線などにおける熱の発生が大きな問題となり，微細化の限界が見え始めている。光デバイスに求められる寸法は10年以内には100nm以下になると予測されており，現状の光デバイスを単純に微細化するだけでは，光の回折限界の壁を乗り越えられない。つまり，単に小寸法化という「量的変革」ではなく，伝搬光を用いたのでは実現しないデバイス機能の開発という「質的変革」が求められている[1)]。

この問題を解決する有効な手段として，近年，量子ドットによって構成され近接場光によって動作するナノフォトニックスイッチ（波長変換素子）が提案されている[2)]。本デバイスでは量子ドット（QD）の共鳴する量子準位間での「近接場光エネルギー移動および散逸」を利用する。近接場光エネルギー移動とは，一方のQDにおいて再結合により消滅した励起子が，他方のQDに吸収される過程ではない。励起子がQDに生成されると，かかるQDの周りには近接場光が発生する。その近接場光は光子と励起子の混ざり合った状態であり，仮想励起子ポラリトンと呼ばれる。この仮想励起子ポラリトンの広がり内に別のQDが存在すると，トンネル効果により励起子が移動する。この，仮想励起子ポラリトンを介した励起子の移動のことを近接場光エネルギー移動と呼ぶ。このように，近接場光エネルギー移動は，発光・吸収過程とは異なり，トンネル効果による移動であるため，高いエネルギー移動効率が実現する。

近接場光エネルギー移動を利用することにより，従来の光デバイスでは実現不可能であった全く新しい機能が実現する。この動作原理を二つのQDを用いて説明する（図1）。寸法比が1：$\sqrt{2}$のQD_SとQD_Lにおいて，QD_Sの励起子の基底準位E_{S1}と，QD_Lの第一励起準位E_{L2}はエネルギー的に共鳴する。なお，E_{L2}は光学禁制準位となるため従来の伝搬光では励起することができない。しかし，2つのQDを寸法サイズであるa程度に近接して配置すると，QD_Sに励起される近接場光（局所場）によって，E_{L2}は励起可能となる。結果として，E_{S1}とE_{L2}間で近接場光エネルギー移動が発生するが，E_{L2}からE_{L1}への高速のサブレベル間緩和（散逸）が発生するために，E_{S1}に励起されたエネルギーは全てE_{L1}に移動し，E_{S1}に逆流することはない，つまり一方向なエネルギー伝送が実現する。

＊　Takashi Yatsui　東京大学大学院　工学系研究科　電気系工学専攻　准教授

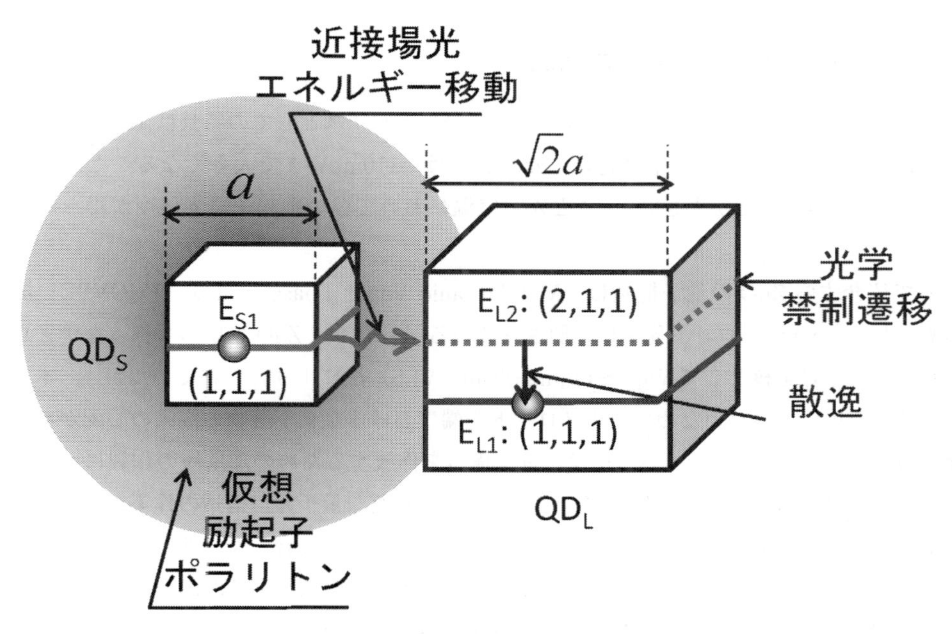

図1　近接場光エネルギー移動と散逸

この系に対して，(a) E_{S1} に対して高い光子エネルギーにより励起した場合，QD_S と QD_L の間隔が充分大きい場合には，それぞれの基底準位からの発光が観測されるが，この間隔が QD_S の寸法と同程度になると，エネルギー的に共鳴する E_{L2} を通して E_{L1} への緩和が発生し，その結果 E_{L1} からの発光しか観測されないことになる（E_{S1} での発光を観測していると非発光であるために“オフ”状態となる）。次に，(b) E_{S1} に対して高い光子エネルギーにより励起しつつ E_{L1} に共鳴する光を入射すると，E_{L1} が占有されることで，E_{L2} から E_{L1} へのサブレベル緩和が抑制されるため，E_{S1} からの発光が観測される（“オン”状態）。ここで，従来光学禁制である E_{L2} は，隣の量子箱における局所的な電場勾配により初めて励起されるものである。つまり，このデバイスは，数 nm の量子箱によって構成されているため，非常に寸法が小さいという利点だけでなく，近接場光によってのみ動作するという特長を有する。ここでは，発光さらには，このデバイスによって消費されるエネルギーはサブレベル間のエネルギー差（E_{L2}-E_{L1}）のみであるために，超低消費電力であるという利点がある。以上の基本原理は，3端子に拡張され，CuCl 量子箱によりスイッチング動作が実験的に確認されている[3)]。

ナノフォトニックデバイスを室温で安定に動作させるために，加工の容易な InAs 系量子ドットなどの開発も行われているが[4)]，本稿では近年，著者らが研究を進めている ZnO を用いた取り組みについて紹介する。

2　ZnO ナノロッド量子井戸構造

電子デバイスとしても良質な特性を示す ZnO[5] の光デバイスとしての特長は(1)励起子結合エネルギーが大きい[6] (60meV。量子構造にした場合には，110meV まで大きくなることが報告されている)，(2)振動子強度が大きい[7]，ことから室温において強い励起子発光強度が得られることである。

本稿で紹介する ZnO の量子構造は，Metalorganic Vapor Phase Epitaxy（MOVPE）法により作製された ZnO ナノロッド先端に作製されている[8,9]。従来，ZnO に限らず様々なナノロッドの作製は金属触媒を核として Vapor-Liquid-Solid（VLS）法により行われていたが[10]，本手法では金属触媒を用いていないために，ナノロッド先端における金属不純物の混入の心配がなく良質な発光特性が得られている[8]。さらには，量子構造を作製するための障壁層の作製にも適しており，ナノロッドの同径方向にも欠陥が全く見られない良質な量子井戸構造の作製が可能となっている本手法により，ナノロッド先端の単一量子井戸構造とした場合でも，井戸幅に依存して強い励起子発光が観測されている[11,12]。この手法では，量子井戸の幅および間隔を原子層レベルでを自在に制御することができるため任意のナノフォトニックデバイス作製が可能となる。

3　近接場エネルギー移動の制御

ZnO ナノロッド量子構造における近接場相互作用を観測するために，2 重量子井戸（DQW_S）の幅を調整し，拡い井戸幅を有する量子井戸（QW_L）の励起子第一励起準位（E_{L2}）と狭い井戸幅を有する量子井戸（QW_S）の励起子基底準位（E_{S1}）が共鳴する寸法で DQW_S を作製した(図 2(a))。これにより，QW_L にポピュレーションを生成させた場合でも，共鳴するエネルギー準位を介してポピュレーションが移動し，この際に失うサブバンド間エネルギーにより，励起が逆流することなく QW_L の基底準位（E_{L1}）からの発光のみ観測されることになると期待される。この際，QW_L の第一励起準位（E_{L2}）は光学禁制であるために，基底準位からの発光しか観測されないと考えられる。

この予測を確認する実験として，まず両者の井戸を励起するために，入力光として He-Cd レーザ（$\lambda=325$nm）による励起を行った。この状態で得られた近接場光スペクトル（図 2(b)の曲線 $NF_{オフ}$）から，362nm 付近に発光のピークを有するスペクトル（E_{L1}）が観測された。QW_S と QW_L の井戸が孤立して存在した場合には，それぞれの基底準位に対応する波長 361nm および 362nm での発光ピークが観測されるが，この場合には，QW_L の基底準位に相当するピークからの発光しか観測することができなかった。これは，先に予測したように，共鳴する励起子準位間でのエネルギー移動を示す結果であるといえる（“オフ”状態に対応)。次に，このエネルギーの流れを止めるために，制御光として E_{L1} を共鳴励起（図 2(b)の曲線 $NF_{コントロール}$ 制御光は Ti：Sapphire レーザの 2 次高調波：波長 362nm・パルス幅 2ps）させた状況下において，He-Cd レー

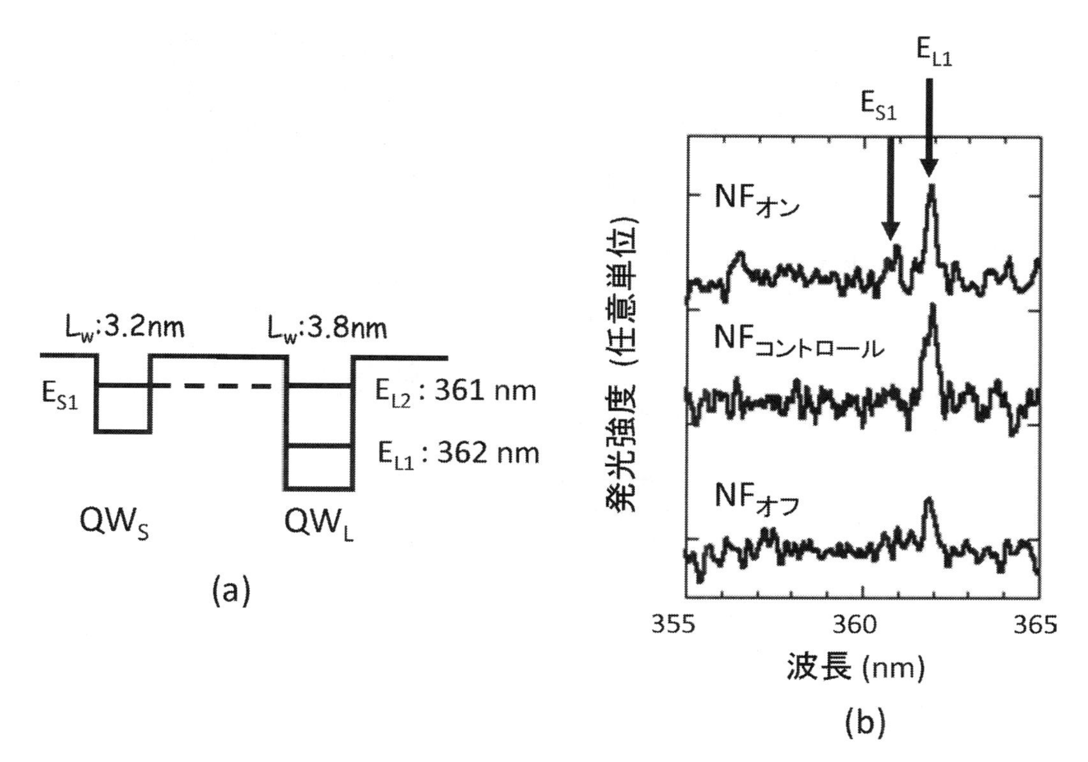

図2　(a)寸法の異なるDQWsの概念図，(b)近接場分光スペクトル
（NF$_{オフ}$：入力光のみ入射，NF$_{コントロール}$：制御光のみ入射，NF$_{オン}$：入力光および制御光入射）

ザ光を照射したスペクトルを図2(b)の曲線NF$_{オン}$に示す。この結果，He-Cdレーザ単独励起では観測されなかったE_{S1}（$\lambda=361$nm）に相当する発光ピーク（出力光）が観測された（“オン”状態に対応）。以上の結果は前述した近接場エネルギー移動制御によるナノフォトニックスイッチの基本的動作原理を実証するものである[13]。

4　近接場光の協調現象の観測

光デバイスの微小化に伴い，出力光強度は必然的に減少してしまう。そこで，複数からなる発光体集団からの協調発光現象（超放射）[14]を利用した，デバイスの探索を行っている。協調発光現象を利用することで，個別のナノ発光体と比較して，強い発光が短時間で得られるため，外部デバイスとのインターフェースとして利用が期待される。超放射発光については，原子系[15]や分子系[16]，さらには数多くの量子ドット集合体[17]において，数多く報告されている。しかしながら，これまでの成果の多くは，超放射を形成する発光体のうちコヒーレントに結合している個数を，密度や系全体の体積として推定しており，正確に見積もることは困難であった。

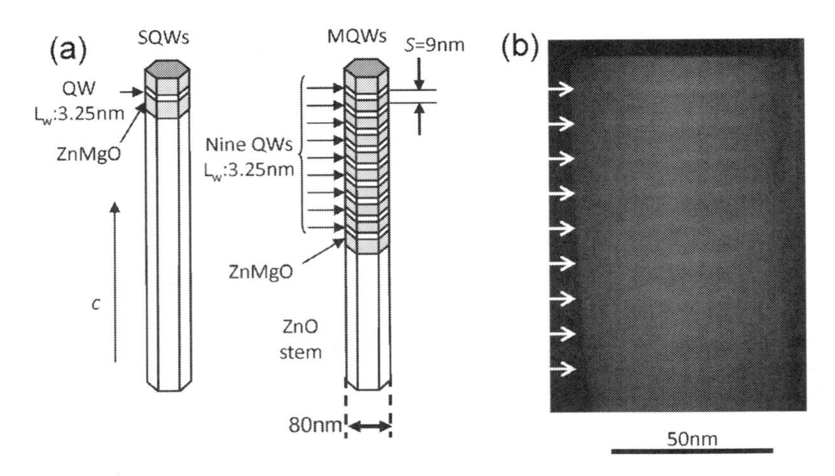

図３　(a) ZnO ナノロッド先端に作製された単一量子井戸構造（SQWs），および多重量子井戸（MQWs），(b) 1 次元配列された ZnO 多重量子井戸の透過型電子顕微鏡像（白矢印の先に示される白い領域が ZnO 量子井戸）

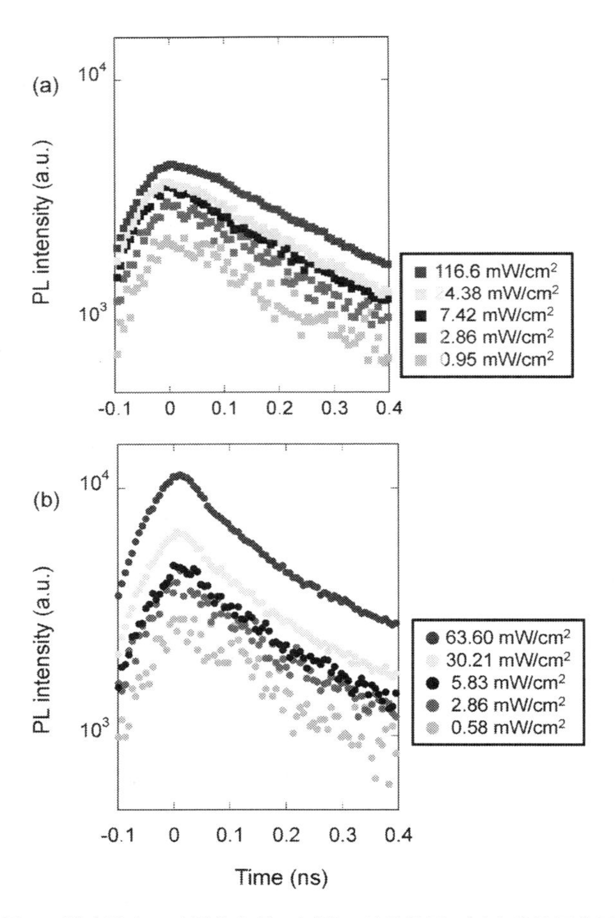

図４　発光強度の時間依存性：(a)単一量子井戸，(b)多重量子井戸

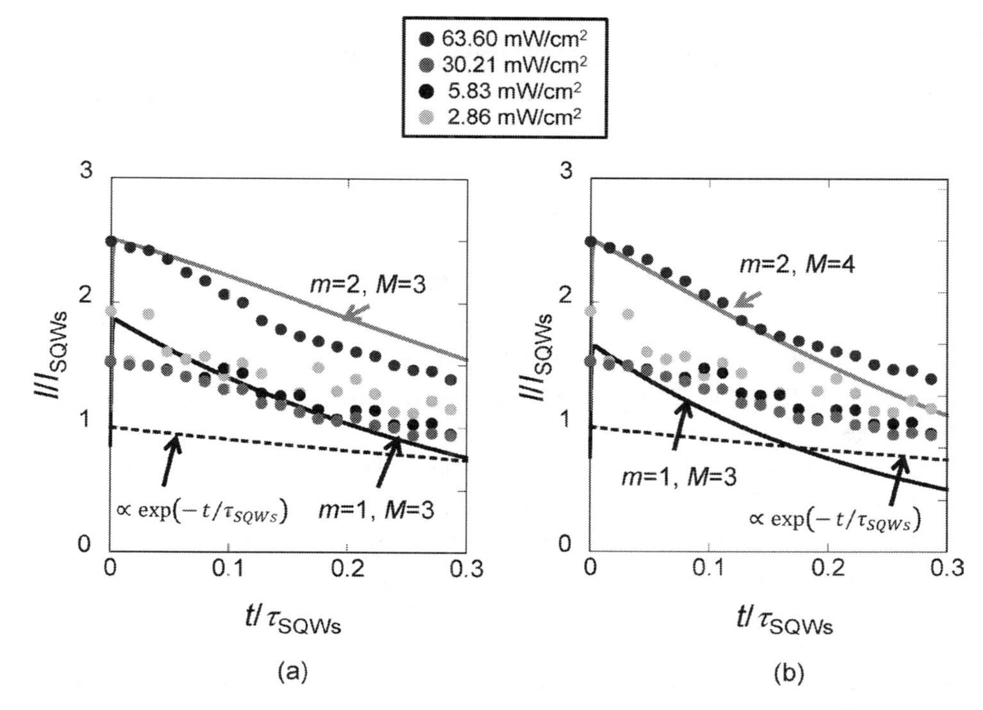

図5　多重量子井戸中の励起井戸数 m およびコヒーレント結合した量子井戸数 M の見積もり
（実線：計算結果，●：実験結果。$\tau_{SQWs}=383\mathrm{ps}$）

そこで，この超放射現象を観測する試料として，一次元状に緻密に配列された多重量子井戸（図3(a)および図3(b)）を作製した。実験では，比較試料として，単一量子井戸構造を作製し，発光寿命の励起強度依存性を測定することで行った（図4(a)および図4(b)）。その結果，超放射発光を可能とする量子井戸の数，つまり，光を介してコヒーレントに結合している量子井戸数 M を，数個の精度で見積もることに成功した（図5）[18]。

5　むすび

本稿ではZnO量子構造を用いたナノフォトニックデバイスへの応用について解説した。本稿で述べたデバイスの特長は，半導体量子構造による「量的」に変革された微小なデバイスということだけではなく，伝搬光を用いたのでは駆動することのできない機能を持つ「質的」に変革されたデバイスということである[1]。今回は1次元構造による単純な構造でのエネルギー移動の観測および制御を行ったが，本構造は，結晶性・寸法の制御性にも非常に優れており，ナノフォトニックスイッチに限らず，さらに複雑で高機能なナノフォトニック機能デバイス（集光器[19]やパルス発生器[20]など）の実現に理想的な系であると考えられる。

謝辞
本稿をまとめるにあたり，有益な議論を頂いた石川陽博士，小林潔教授（山梨大学），川添忠博士，大津元一教授（東京大学），試料を提供頂いた Gyu-Chul Yi 教授（Seoul National University）に感謝します。

文　献

1) 大津元一，小林潔，ナノフォトニクスの基礎，オーム社（2006）
2) M. Ohtsu, T. Kawazoe, T. Yatsui, and M. Naruse, *IEEE J. Sel. Top. Quant. Electr.* **8**, 1404 (2008)
3) T. Kawazoe, K. Kobayashi, S. Sangu, and M. Ohtsu, *Appl. Phys. Lett.*, **82**, 2957 (2003)
4) T. Kawazoe, M. Ohtsu, S. Aso, Y. Sawado, Y. Hosoda, K. Yoshizawa, K. Akahane, N. Yamamoto, and M. Naruse, Applied Physics *B: Lasers and Optics*, **103**, 537 (2011)
5) W. I. Park, J. S. Kim, G.-C. Yi and H.-J. Lee, *Adv. Mater.*, **17**, 1393 (2005)
6) H. D. Sun, T. Makino, Y. Segawa, M. Kawasaki, A. Ohtomo, K. Tamura and H. Koinuma, *J. Appl. Phys.*, **91**, 1993 (2002)
7) D. C. Reynolds, D. C. Look, B. Jogai, C. W. Litton, G. Cantwell, and W. C. Harsch: *Phys. Rev. B*, **60**, 2340 (1999)
8) W. I. Park, D. H. Kim, S.-W. Jung, and G.-C. Yi, *Appl. Phys. Lett.*, **80**, 4232 (2002)
9) W. I. Park, G.-C. Yi, M. Y. Kim, and S. J. Pennycook, *Adv. Mater.*, **15**, 526 (2003)
10) M. H. Huang, S. Mao, H. Feick, H. Yan, Y. Wu, H. Kind, E. Weber, R. Russo, and P. Yang, *Science*, **292**, 1897 (2001)
11) W. I. Park, S. J. An, J. Long, G.-C. Yi, S. Hong, T. Joo, and M. Y. Kim, *J. Phys. Chem. B*, **108**, 15457 (2004)
12) T. Yatsui, M. Ohtsu, S. J. An, J. Yoo and G.-C. Yi, *Appl. Phys. Lett.*, **87**, 033101 (2005)
13) T. Yatsui, S. Sangu, T. Kawazoe, M. Ohtsu, S. J. An, J. Yoo, and G.-C. Yi, *Appl. Phys. Lett.*, **90**, 223110 (2007)
14) R. Dicke, *Physical Review*, **93**, 99 (1954)
15) H. Gibbs, Q. Vrehen, and H. Hikspoors, *Phys. Rev. Lett.*, **39**, 547 (1977)
16) N. Skribanowitz, I. Herman, J. MacGillivray, and M. Feld, *Phys. Rev. Lett.*, **30**, 309 (1973)
17) K. Miyajima, Y. Kagotani, S. Saito, M. Ashida, and T. Itoh, *J. Phys.: Condensed Matter*, **21**, 195802 (2009)
18) T. Yatsui, A. Ishikawa, K. Kobayashi, A. Shojiguchi, S. Sangu, T. Kawazoe, M. Ohtsu, J. Yoo, and G.-C. Yi, *Appl. Phys. Lett.*, **100**, 233118 (2012)
19) T. Kawazoe, K. Kobayashi, and M. Ohtsu, *Appl. Phys. Lett.*, **86**, 103102 (2005)
20) A. Shojiguchi, K. Kobayashi, S. Sangu, K. Kitahara, and M. Ohtsu, *J. Phys. Soc. Jpn.*, **72**, 2984 (2003)

第6章　形成機構計算

秋山　亨*

1　はじめに

近年のコンピュータの数値計算能力の向上と計算物理学的手法の進歩により，第一原理計算と呼ばれる原子番号だけを入力パラメータとする量子力学的計算手法による固体の電子状態が精度良く計算されるようになってきている。さらに，この第一原理計算をはじめとする計算科学的手法によって，結晶成長の場となる「表面および界面構造」の詳細が解明され，「原子の吸着」「吸着原子のマイグレーション」および「二次元核形成」などの結晶成長の素過程も解明でるようになってきており，様々な材料および形態における結晶成長を，計算機上で再現して原子レベルでの形成機構を解明する研究が可能となっている。特に，半導体基板表面から自立的に成長する一次元柱状結晶（ナノワイヤ）に関しては，成長条件によってその結晶構造がバルク状態でのそれとは異なる場合があることから，その形成機構に関する理論的研究が数多くなされている。本章では計算科学的手法に基づくナノワイヤ形成機構に関する理論的研究を紹介する。

2　ナノワイヤの結晶構造

Si，GaAsおよびInP等のⅣ族半導体およびⅢ-Ⅴ族化合物半導体（ただしウルツ鉱（WZ）構造が安定な窒化物半導体を除く）は，バルク状態では図1(a)に示すような立方晶（ダイヤモンドあるいは閃亜鉛鉱（ZB）構造）をとるが，これら半導体で作製されるナノワイヤでは図1(b)に示すような六方晶（六方晶ダイヤモンドあるいはWZ構造）の形成や，あるいは立方晶に六方晶が混入した回転双晶（図1(c)）の出現が，透過型電子顕微鏡（TEM）等によって観察されている。具体的には，半導体基板上に金属微粒子を配置して結晶成長を行う気相-液相-固相（VLS）成長[1)]では，[111] 方向に成長するInAsナノワイヤにおいてZB構造の積層順（...*ABCABC*...積層）の間にWZ構造の積層順（...*ABAB*...積層）をとる領域が混入し[2,3)]，さらにGaP，InP，GaAs，およびInSbナノワイヤにおいても回転双晶[4~9)]が観測されている。また，Ⅱ-Ⅵ族化合物半導体においてもZnSeナノワイヤで回転双晶の発生が報告されている[10)]。一方，酸化膜マスクに開口部を設けた半導体基板を用い開口部に半導体結晶を選択的に成長させる方法（選択成長法）で作製されるナノワイヤにおいても，同様の結晶構造が観測されている[11~14)]。InAsナノワイヤではWZ構造をとる積層が頻繁に混入し，その頻度は4H構造のそれ（...*ABCBABCB*...積

*　Toru Akiyama　三重大学　大学院工学研究科　物理工学専攻　助教

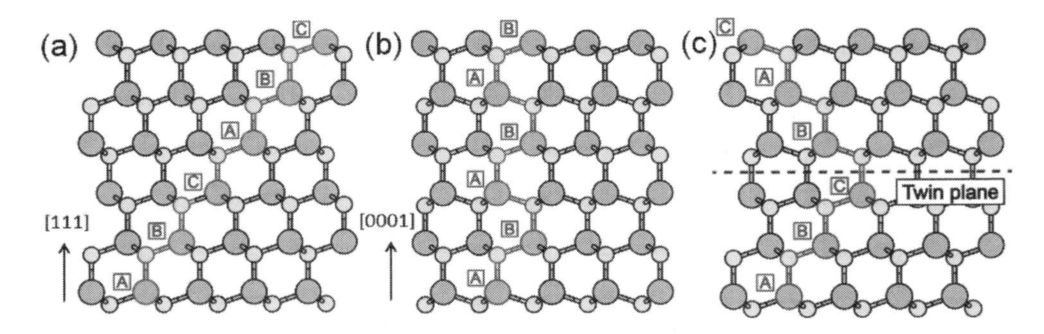

図1　Ⅲ-Ⅴ族化合物半導体の結晶構造の模式図。大丸および小丸はそれぞれⅢ族およびⅤ族原子を表す。(a)閃亜鉛鉱（ZB）構造は［111］方向に沿って *ABCABC*...(b)ウルツ鉱（WZ）構造は［0001］方向に沿って *ABAB*...の積層順となり，半導体ナノワイヤではZB構造とWZ構造が混在する(c)回転双晶が形成される。図中の破線は双晶面（Twin plane）を表している。

層）に近いものとなっていることが報告されており[11]，InPナノワイヤではWZ構造（バルク状態ではZB構造が安定）をとることが報告されている[12]。さらに注目すべきて点として，選択成長法では成長条件（温度および供給Ⅴ/Ⅲ比）に応じて異なる結晶構造を持つInPナノワイヤが形成されることも報告されている[13]。

一方，これらWZ構造を含むナノワイヤの電子構造に注目すると，ZB構造とWZ構造ではバンド構造が異なる[15]ことから，回転双晶が形成されると結晶構造の均一性が乱れてキャリア移動度が低下することが指摘されている[16]。また，意図的に回転双晶を形成させてバンド構造を制御する試み[17,18]も行われている。このように，ナノワイヤにおける結晶構造の制御がバンドエンジニアリングにも関係することから，ナノワイヤの形成機構の解明は重要な研究課題であると考えられている。

3　ナノワイヤにおける閃亜鉛鉱-ウルツ鉱構造相対的安定性

半導体ナノワイヤにおけるZB-WZ構造間の相対的安定性は，それぞれの構造を持つナノワイヤの凝集エネルギーを計算することよって議論できる。ZBおよびWZ構造をとる場合でのナノワイヤの凝集エネルギーをそれぞれ E_{ZB} および E_{WZ} とすると，そのエネルギー差

$$\Delta E = E_{WZ} - E_{ZB}, \tag{1}$$

が正の値をとればZB構造が安定になり，負の値をとればWZ構造が安定になる。図2は，10種類の半導体ナノワイヤに対して経験的原子間ポテンシャル[19,20]を用いて凝集エネルギーを計算し，エネルギー差 ΔE をナノワイヤ径の関数として示したものである[21]。半導体ナノワイヤにおいては，窒化物半導体ナノワイヤおよびZnOナノワイヤにおいて ΔE は常に負の値をとり，

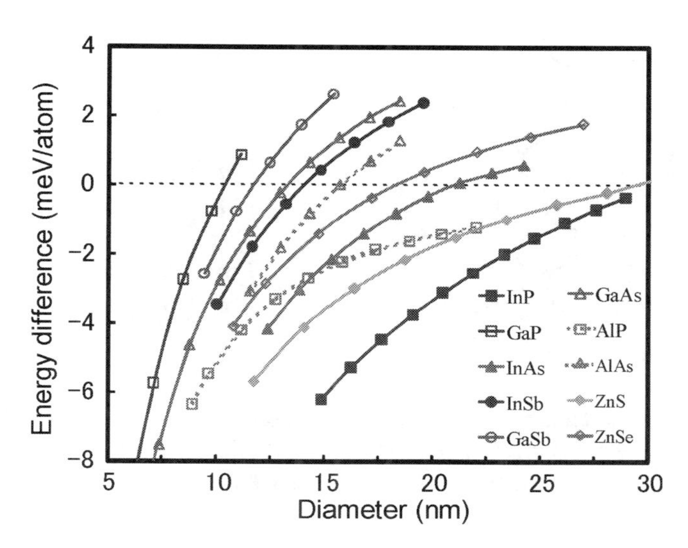

図2　ZB および WZ 構造でのナノワイヤにおける ZB-WZ 構造間の凝集エネルギーの差 ΔE のナノワイヤ径依存性。

これらはサイズに依らずバルク状態と同じ WZ 構造をとる。それ以外の図2に示す10種類の半導体ナノワイヤにおいては，ナノワイヤ径に依存して安定となる構造が変化する。径が小さい場合では ΔE は負の値をとり WZ 構造が安定であるが，径の増大とともに ΔE は増加し，ある径以上では正の値をとり ZB 構造が安定となる。また，ΔE はバルク状態でのエネルギー差を漸近線としてナノワイヤ径に反比例する。これは，ナノワイヤの径の増大に伴い，ナノワイヤ側面において生じる3配位および2配位となる原子の全原子数に占める割合が，径に対して反比例することに因るものである。これらの原子によって，ナノワイヤ側面においてダングリングボンドと呼ばれる未結合のボンドが発生するので，その割合の高い小径のナノワイヤほどエネルギーの損失が大きい。さらに，径が同じ場合では，閃亜鉛鉱構造における3配位および2配位の原子数は，ウルツ鉱構造のそれに比べ多い（図3参照）。したがって，サイズの小さいナノワイヤでは，ZB 構造においてナノワイヤ側面でのエネルギー損失が大きくなり，WZ 構造が ZB 構造に比べて相対的に安定になる。一方，径が大きくなると未結合ボンドの寄与は小さくなり，バルク状態での安定性が反映されて ZB 構造が安定となる。小径のナノワイヤにおいて WZ 構造が安定となる結果は第一原理計算によっても得られており[22~24]，これらの10種類のナノワイヤにおいては，ナノワイヤの直径を制御することによって結晶構造の異なるナノワイヤを作製することが可能であることが示唆される。

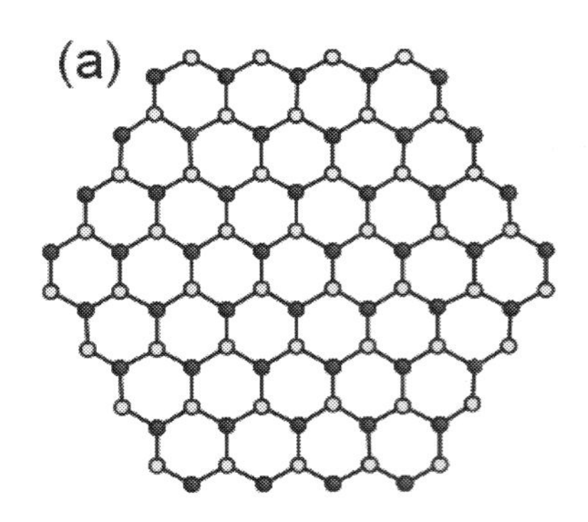

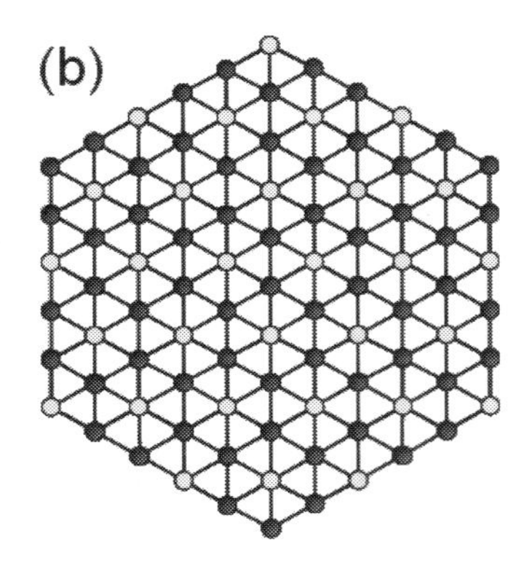

図３　Ⅲ-Ⅴ族化合物半導体における(a) WZ および(b) ZB 構造をとるナノワイヤの断面図。黒丸および白丸はそれぞれⅢ族およびⅤ族原子を示す。この図におけるダングリングボンドの数は，WZ 構造では１分子層あたり 24 個なのに対し，ZB 構造では１分子層あたり 26 個になる。

4　二次元核形成にもとづくナノワイヤ形成機構

前節の凝集エネルギーによる評価は，ナノワイヤ側面の影響が大きいナノワイヤ，すなわち小径のナノワイヤにおいて WZ 構造が安定化することを示している。しかしながら，実際には側面の影響が無視できるような直径が数百 nm のナノワイヤにおいても回転双晶あるいは WZ 構造のナノワイヤが形成している。このような場合でのナノワイヤに対しては，VLS 成長における結晶核を核形成理論に基づいて評価した形成機構が検討されている[17, 25~27]。

VLS 成長におけるナノワイヤでは，その最上層の気相-液相-固相の三相にわたる界面における二次元核形成によってナノワイヤの成長が進行する考え，図４に示すようなナノワイヤ側面に面した半径 r の半円状の二次元核を想定する。このこき，バルク状態での結晶構造と同じ ZB 構造の核形成のギブス自由エネルギー $\Delta G(r)$ は

$$\Delta G(r) = -\frac{\pi}{2} r^2 \Delta \mu + \frac{\pi}{2} r^2 \sigma + r\Gamma, \tag{2}$$

と表される。ここで，$\Delta \mu$ は VLS 成長におけるドロップレット（液相)-二次元核（固相）間での単位面積あたりの化学ポテンシャル差でありドロップレットにおける過飽和状態と対応しており，σ は二次元核-ナノワイヤ最上層間の単位面積あたり界面エネルギー，Γ は二次元核により形成されるステップエネルギーの寄与を示している。このときの臨界核のサイズ（臨界半径）r^* は $\partial G(r)/\partial r=0$ を満たし

$$r^* = \frac{\Gamma}{\pi(\Delta \mu - \sigma)}, \tag{3}$$

となり，$r=r^*$ での自由エネルギーが核形成の活性化エネルギー ΔG^* となり

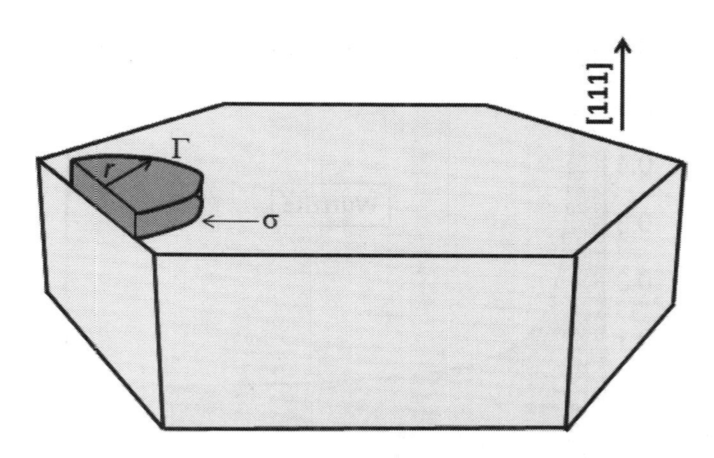

図4　[111] 方向に成長するナノワイヤ成長面における2次元核形成の概念図。それぞれの記号は，ナノワイヤ側面に接した半径 r の半円形の核形成と式(2)に用いられている境界におけるエネルギー σ および Γ を表している。

$$\Delta G^* = \frac{\Gamma^2}{2\pi\,\Delta\mu}, \tag{4}$$

で与えられる。一方，WZ 構造での核形成の活性化エネルギー ΔG^*_{WZ} も同様に導出でき，WZ 構造でのステップエネルギーの寄与 Γ_{WZ} および界面エネルギー σ_{WZ} を用いて

$$\Delta G^*_{WZ} = \frac{\Gamma^2_{WZ}}{2\pi\,(\Delta\mu - \sigma_{WZ})}, \tag{5}$$

となる。WZ 構造が安定となるのは $\Delta G^*_{WZ} < \Delta G^*$ を満たす場合で，その境界は異なる構造間におけるステップエネルギーの差 $\Delta\Gamma = \Gamma - \Gamma_{WZ}$ を用いて

$$\left\{\frac{1}{1-\Delta\Gamma/\Gamma}\right\}^2 = \left\{1 - \frac{\sigma_{WZ}}{\Delta\mu}\right\}^{-1}, \tag{6}$$

で与えられる。この関係式から，WZ 構造における $\Delta\Gamma$ が大きい場合（すなわち WZ 構造のステップが ZB 構造のそれに比べ安定な場合）かつ $\Delta\mu$ が充分に大きな値をとる場合に WZ 構造のナノワイヤが安定となることがわかる。実際に InP ナノワイヤにおいて，式(1)によって得られる ΔE の計算値から（6.8 meV/atom）[17] から σ_{WZ} の値を算出して，式(6)によって与えられる ZB 構造と WZ 構造との境界を $\Delta\mu$ および $\Delta\Gamma/\Gamma$ の関数として示すと図5のようになり，ナノワイヤのサイズには直接関係せずに $\Delta\mu$ の値が大きい場合かつ $\Delta\Gamma/\Gamma > 0$ において WZ 構造が安定となる。二次元核の形状およびステップエネルギーをより詳細なモデルで検討した場合[25〜27]においても同様な結果が得られており，核形成時でのステップの安定性が WZ 構造のナノワイヤ

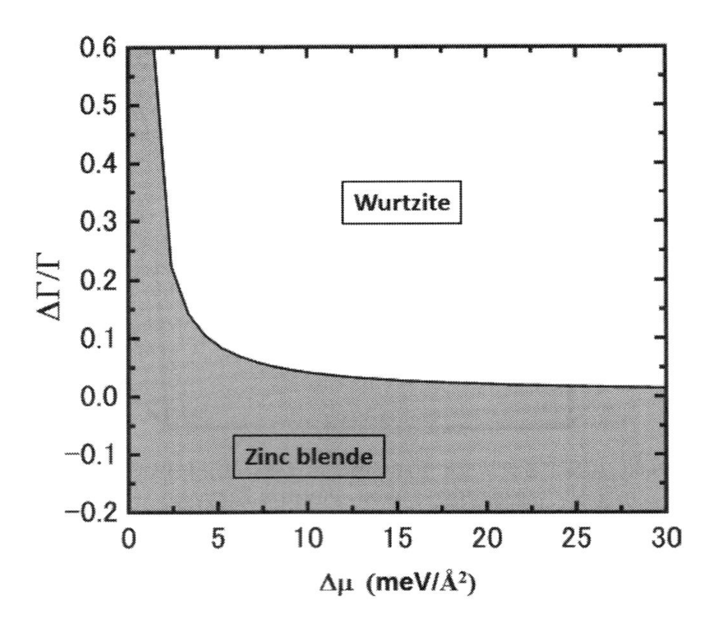

図5　ZB および WZ 構造での核形成でのステップエネルギーの差の相対値 $\Delta\Gamma/\Gamma$ および化学ポテンシャル差 $\Delta\mu$ の関数として示したナノワイヤにおける結晶構造の状態図。灰色および白色の領域でそれぞれ ZB および WZ 構造が安定となる。

形成において重要な役割を果たしていることが示唆されている。

5　エピタキシャル成長条件を考慮したナノワイヤ形成機構

VLS 成長によるナノワイヤ形成では，気相-液相-固相の三相にわたる界面において核形成すると考え，前節のような核形成理論に基づく検討がなされている。一方，選択成長法によるナノワイヤ形成では，気相-固相の二相間において核形成することが考えられ，その形成機構の解明には固体表面における気相からの原子の吸着を検討する必要がある。ただし，その挙動は成長条件（温度および原料供給量）によって劇的に変化し，実際に InP ナノワイヤに関しては，それを反映して温度およびV/Ⅲ比に依存して形成するナノワイヤの結晶構造が大きく異なることが報告されている。このような成長条件に依存したナノワイヤの成長機構は，第一原理計算を用いて検討されている[28, 29]。

図6および7は，成長条件を考慮した第一原理計算によって得られた InP(111)A－(2×2) 再構成表面における In および P 原子の吸着の様子と，そのときの被覆率 θ を示したものである[29]。ここでの成長条件を考慮した第一原理計算では，第一原理計算によって得られる（原子あるいは分子の）吸着エネルギーと気相での化学ポテンシャルとを比較し，成長条件下での吸着・脱離の挙動を温度および圧力の関数として評価している[30, 31]。図6は，広範囲の成長条件下において起

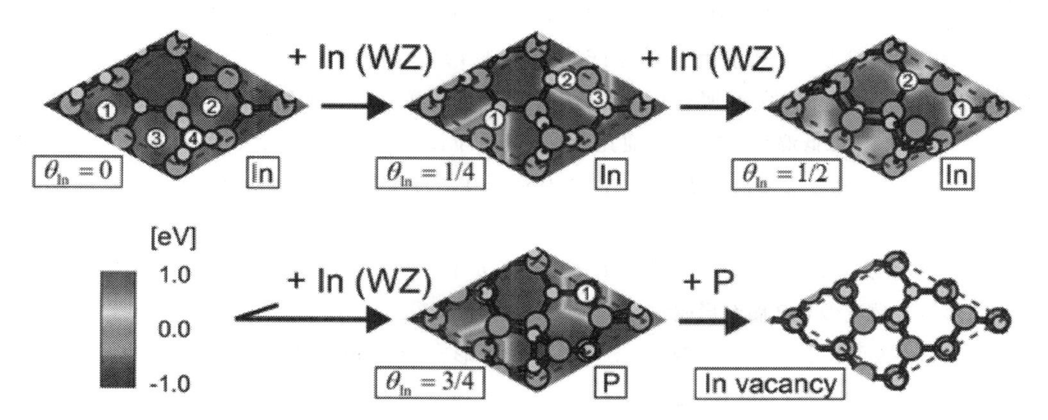

図 6　広範囲の成長条件でおこり得る InP(111)A－(2×2) 再構成表面における成長過程。それぞれの表面における In(P) の被覆率 $\theta_{In}(\theta_P)$ と吸着エネルギーの等高線図，および最安定吸着サイトを番号で表し，最安定吸着サイトに原子が吸着した際の表面構造の変化を示している。In 原子の吸着においては，ZB 構造（*...ABCABC...* の積層順）での格子サイトあるいは WZ 構造（*...ABAB...* の積層順）での格子サイトのどちらに吸着するかも記している。

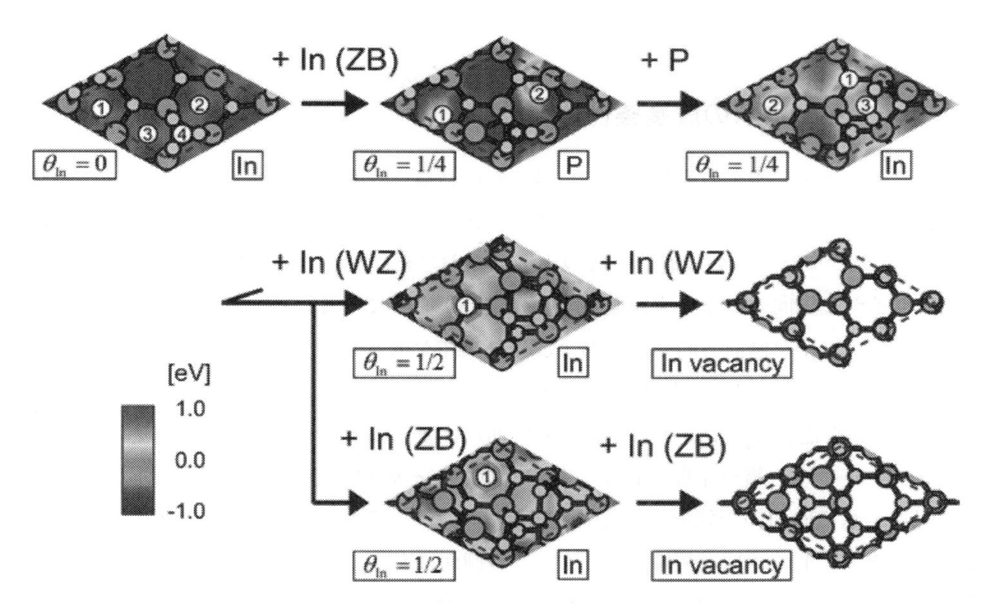

図 7　低温かつ高Ⅴ/Ⅲ比の成長条件でおこり得る InP(111)A－(2×2) 再構成表面における成長過程。それぞれの表面における In(P) の被覆率 $\theta_{In}(\theta_P)$ と吸着エネルギーの等高線図，および最安定吸着サイトを番号で表し，最安定吸着サイトに原子が吸着した際の表面構造の変化を示している In 原子の吸着においては，ZB 構造（*...ABCABC...* の積層順）での格子サイトあるいは WZ 構造（*...ABAB...* の積層順）での格子サイトのどちらに吸着するかも記している。

こるIn原子およびP原子の吸着の様子を示したもので，再構成表面上のWZ構造となる格子サイト（図6の$\theta_{In}=0$における吸着エネルギーの等高線図の④）にIn原子が吸着する。さらに，In原子がWZ構造となる格子サイト（図6の$\theta_{In}=1/4$および$\theta_{In}=1/2$における吸着エネルギーの等高線図の②および①）に吸着し，最後にP原子が吸着して，WZ構造をとるInP層が形成する。一方，図7は低温および高V/Ⅲ比の成長条件下においてのみ起こる吸着の様子で，再構成表面上のZB構造となる格子サイト（図7の$\theta_{In}=0$における吸着エネルギーの等高線図の③）にIn原子が吸着した後にP原子が（図7の$\theta_{In}=1/4$での等高線図の②に）吸着して，さらに同確率でIn原子がZB構造あるいはWZ構造の格子サイトに吸着していくことで，最終的にZBあるいはWZ構造のInP層が形成する。両者の違いは，$\theta_{In}=1/4$におけるP原子の吸着の有無であり，この表面にP原子が吸着するかどうかで，形成するInP層の構造が変化する。すなわちP原子が比較的吸着し易い低温および高V/Ⅲ比においては図7に示す吸着過程によってWZあるいはZB構造のInP層が形成して回転双晶を含むナノワイヤとなり，P原子がこの段階で吸着しないと図6に示す吸着過程によってWZ構造のナノワイヤとなる。これらの計算結果は，高温かつ低V/Ⅲ比ではWZ構造のナノワイヤが形成し，低温かつ高V/Ⅲ比では回転双晶が混入したZB構造のナノワイヤとなる実験結果[13]とも一致しており，成長条件に依存した（特にV族原子の）吸着・脱離の挙動がナノワイヤの成長において重要であることを示している。

6　ナノワイヤ形状の成長条件依存性

これまでは，ナノワイヤの成長方向における形成機構に注目してきたが，ナノワイヤの側面方向に注目すると，成長条件によってナノワイヤは側面方向にも成長することが知られている。さらに，コア-シェル型のヘテロ構造を持つナノワイヤ[32]を作製する際には，シェル部分を成長させるのにワイヤ軸方向のみならず側面方向への成長が必要になる。特に選択成長法では，成長条件によってナノワイヤ側面方向の成長およびナノワイヤ形状が大きく異なることが報告されており[13]，その機構に関しても第一原理計算を用いた検討がなされている[33]。

図8は，WZ構造をとるInPナノワイヤの側面に注目してナノワイヤ側面に対応するInP表面での吸着エネルギーを第一原理計算によって計算してその挙動を評価し，温度およびP_2分子の圧力の関数として側面の形状を予測した状態図である[33]。500-700℃にある（図8(a)の●で示された）境界線より上の領域（領域1）では，どの側面においても原子は吸着せず，これらの表面では成長は起こらずInPナノワイヤは側面方向には成長しない。従ってこの場合は，ナノワイヤの側面として考えられる$\{1\bar{1}00\}$面あるいは$\{11\bar{2}0\}$面のうち，表面エネルギーの低い$\{1\bar{1}00\}$面が出現すると考えられる（図8(b)）。一方，この境界線と480-680℃にある（図8(a)の▲で示された）境界線によって囲まれた領域（領域2）においては，$\{1\bar{1}00\}$面のみに原子が吸着し，成長が進行する。従って，領域2においては成長が進行しない$\{11\bar{2}0\}$面のみが残り，側面方向への成長は止まるものと考えられる（図8(c)）。さらに，480-680℃にある（図8(a)の▲

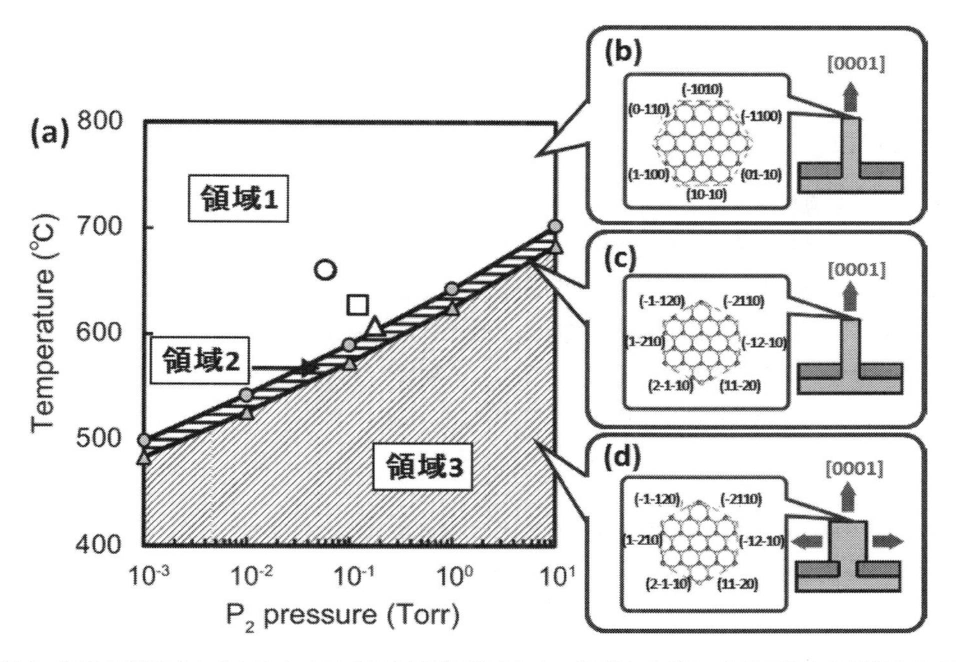

図8　(a) WZ構造をとるInPナノワイヤの側面に注目した，温度およびP_2分子の圧力の関数として示したナノワイヤの形状に関する状態図。●で示された境界線が｛$1\bar{1}00$｝面上におけるP原子の吸着・脱離の境界線を表し，▲で示された境界線が｛$11\bar{2}0$｝面上におけるP原子の吸着・脱離の境界線を表す。図中の○，□，および△はそれぞれ実験[12,13]における成長条件に対応している。(b)，(c)，および(d)はそれぞれ(a)の領域1，2，および3におけるナノワイヤの形状と成長様式を示す。

で示された）境界線より下の領域（領域3）においては，どちらの面においても原子が吸着して側面への成長が進行する。このときのIn原子の吸着エネルギーおよび表面拡散のエネルギー障壁，および吸着頻度からそれぞれの面において原子の吸着から核形成するまでの時間t（複数の原子が局所的に吸着した状態になるまでの時間）をモンテカルロ計算[34]によって見積ると，時間tは常に｛$1\bar{1}00$｝面に比べ｛$11\bar{2}0$｝面のものが長く，その結果｛$1\bar{1}00$｝面における成長がより速いために成長が遅い｛$11\bar{2}0$｝面が側面として現れると考えられる（図8(d)）。これらの計算結果から予測されるナノワイヤの形状は，実験において高温および低V/Ⅲ比（図8(a)の○印）において側面の成長はおこらず｛$1\bar{1}00$｝面で構成される側面を持つナノワイヤが形成し[13]，低温および高V/Ⅲ比（図8(a)の△印）においては側面が成長して｛$11\bar{2}0$｝面で構成される側面を持つナノワイヤが形成し[13]，その間の条件で（図8(a)の□印）側面の成長はおこらず｛$11\bar{2}0$｝面で構成される側面を持つナノワイヤが形成する結果[12]とも対応している。従って，InPナノワイヤにおいて側面方向の成長が進行するかどうかは，成長速度の遅い｛$11\bar{2}0$｝面が成長するかどうかで決まり，この面において吸着しやすいP原子の吸着が側面の成長を律速していると考えられる。

7　まとめ

本章では，半導体材料によって作製されるナノワイヤに対して，計算科学的手法によってその形状および結晶構造を検討した理論的研究を紹介した。計算科学的手法を用いた結晶成長過程の検討は，平坦基板上の薄膜形成や量子ドットを対象として様々な系に対して適用されており，実験結果と直接比較し得る結果が得られている。今後は，計算科学的手法によって実験結果を解釈するだけでなく，新たな成長指針を提供することも期待でき，様々な材料およびより複雑な形状におけるナノワイヤ成長機構の解明および材料設計に活用されていくことが期待される。

謝辞

本稿で触れた研究の一部は，伊藤智徳教授，中村浩次准教授，および山下智樹博士との共同研究によるものである。ここに感謝いたします。

文　　献

1）R. S. Wagner and W. C. Elis, *Appl. Phys. Lett.*, **4**, 89 (1964)
2）M. Koguchi, H. Kakibayashi, M. Yazawa, K. Hiruma, and T. Katsuyama, *Jpn. J. Appl. Phys.*, **31**, 2061 (1992)
3）K. Hiruma, H. Yazawa, T. Katuyama, K. Ogawa, M. Koguchi, and H. Kakibayashi, *J. Appl. Phys.*, **77**, 447 (1995)
4）B. J. Ohlsson, M. T. Björk, M. H. Magnusson, K. Deppert, L. Samuelson, and L. R. Wallenberg, *Appl. Phys. Lett.*, **79**, 3335 (2001)
5）S. Bhunia, T. Kawamura, Y. Watanabe, S. Fujikawa, and K Tokushima, *Appl. Phys. Lett.*, **83**, 3371 (2003)
6）J. Johansson, L. S. Karlsson, C. P. T. Svensson, T. Martensson, B. A. Wacaser, K. Deppert, L. Samuelson, and W. Seifert, *Nature Mater.*, **5**, 574 (2006)
7）D. Spirkoska, J. Arbiol, A. Gustafsson, S. Conesa-Boj, F. Glas, I. Zardo, M. Heigoldt, M. H. Gass, A. L. Bleloch, and S. Estrade, *Phys. Rev. B*, **77**, 155326 (2008)
8）S. Paiman, Q. Gao, H. H. Tan, C. Jagadish, K. Pemasiri, M. Montazeri, H. E. Jackson, L. M. Smith, J. M. Yarrison-Rice, X. Zhang, and J. Zou, *Nanotechnology*, **20**, 225606 (2009)
9）A. T. Vogel, J. de Boor, J. V. Wittemann, S. L. Mensah, P.Werner, and V. Schmidt, *Cryst. Growth Des.*, **11**, 1896 (2011)
10）Q. Li, X. Gong, C. Wang, J. Wang, K. Ip, and S. Hark, *Adv. Mater.*, **16**, 1436 (2004)

11) K. Tomioka, J. Motohisa, S. Hara, and T. Fukui, *Jpn. J. Appl. Phys.*, **46**, L1102 (2007)
12) P. Mohan, J. Motohisa, and T. Fukui, *Nanotechnology*, **16**, 2903 (2005)
13) Y. Kitauchi, Y. Kobayashi, K. Tomioka, S. Hara, K. Hiruma, T. Fukui, and J. Motohisa, *Nano Lett.*, **10**, 1699 (2010)
14) M. Cantoro, G. Brammertz, O. Richard, H. Bender, F. Clemente, M. Leys, S. Degroote, M. Caymax, M. Heyns, and S. De Gendt, *J. Electrochem. Soc.*, **156**, H860 (2009)
15) S. Cahangirov and S. Ciraci, *Phys. Rev. B*, **79**, 165118 (2009)
16) J. Bao, D. C. Bell, F. Capasso, J. B. Wagner, T. Måttensson, J. Trägårdh, and L. Samuelson, *Nano Lett.*, **8**, 836 (2008)
17) R. E. Algra, M. A. Verheijen, M. T. Borgström, L. Feiner, G. Immink, W. J. P. van Enckevort, E. Vlieg, and E. P. A. M. Bakkers, *Nature*, **456**, 369 (2008)
18) P. Caroff, K. A. Dick, J. Johansson, M. E. Messing, K. Deppert, and L. Samuelson, *Nature Nanotech.*, **4**, 50 (2009)
19) T. Ito, *J. Appl. Phys.*, **77**, 4845 (1995)
20) T. Ito, *Jpn. J. Appl. Phys.*, **37**, L1217 (1998)
21) T. Akiyama, K. Sano, K. Nakamura, and T. Ito, *Jpn. J. Appl. Phys.*, **45**, L275 (2006)
22) T. Akiyama, K. Nakamura, and T. Ito, *Phys. Rev. B*, **73**, 235308 (2006)
23) V. G. Dubrovski and N. V. Sibirev, *Phys. Rev. B*, **77**, 35414 (2008)
24) T. Yamashita, T. Akiyama, K. Nakamura, and T. Ito, *Jpn. J. Appl. Phys.*, **49**, 55003 (2010)
25) F. Glas, J. -C. Harmand, and G. Patriarche, *Phys. Rev. Lett.*, **99**, 146101 (2007)
26) F. Glas, *J. Appl. Phys.*, **104**, 93520 (2008)
27) J. Johansson, L. S. Karlsson, K. A. Dick, J. Bolinsson, B. A. Wacaser, K. Deppert, and L. Samuelson, and W. Seifert, *Cryst. Growth Des.*, **9**, 766 (2009)
28) T. Yamashita, T. Akiyama, K. Nakamura, and T. Ito, *Jpn. J. Appl. Phys.*, **50**, 55001 (2011)
29) T. Yamashita, T. Akiyama, K. Nakamura, and T. Ito, submitted
30) Y. Kangawa, T. Ito, A. Taguchi, K. Shiraishi, and T. Ohachi, *Surf. Sci.*, **493**, 178 (2001)
31) Y. Kangawa, T. Ito, Y.S. Hiraoka, A. Taguchi, K. Shiraishi, and T. Ohachi, *Surf. Sci.*, **507-510**, 285 (2002)
32) J. Noborisaka, J. Motohisa, and T. Fukui, *Appl. Phys. Lett.*, **86**, 213102 (2005)
33) T. Yamashita, T. Akiyama, K. Nakamura, and T. Ito, submitted
34) Y. Kangawa, T. Ito, A. Taguchi, K. Shiraishi, T. Irisawa, and T. Ohachi, *Appl. Surf. Sci.*, **190**, 517 (2002)

第7章　熱伝導，熱電性能

広瀬賢二[*1]，小林伸彦[*2]

1　ナノワイヤの熱伝導実験

マクロなバルク構造での熱伝導はフーリエの法則

$$j_{th} = -\kappa \nabla T$$

で良く記述される。ここで，熱流密度j_{th}，熱伝導率 κ，温度勾配∇Tである。熱はキャリア及びフォノンによって運ばれ，$\kappa = \kappa_e + \kappa_{ph}$となる。金属ではキャリアが，半導体や絶縁体ではフォノンが熱伝導に支配的である。キャリアに由来する熱伝導と電気伝導には比例関係があり，これが後に述べる熱電変換の基礎となる。ここではフォノンによる熱伝導について述べる。

物質の構造がナノメートルの大きさにまで減少するとフォノンはその閉じ込め効果により，熱伝導率κ_{ph}が顕著に減少する。例として図1にシリコンナノワイヤ（SiNW）の熱伝導率を示す[1)]。まず，温度上昇に従って熱伝導率が増加するのは熱を運ぶフォノンモード数が温度の増加とともに増加するためである。一方，高温側で減少するのはフォノン・フォノン散乱の増加による。バルク構造で見られる熱伝導のこれらの特徴はナノワイヤの熱伝導でも同様に見られる。

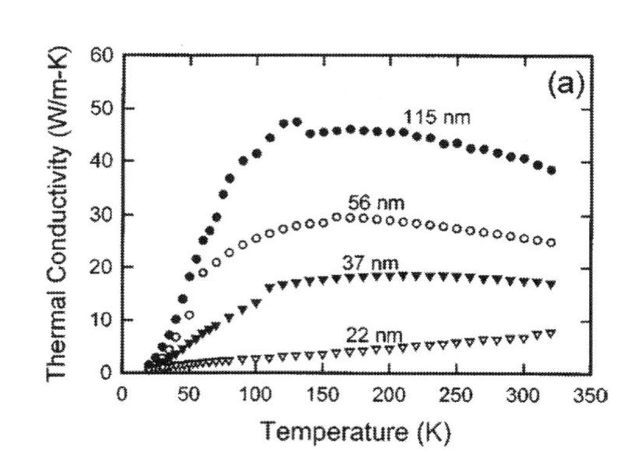

図1　直径の異なるシリコンナノワイヤの熱伝導率の温度依存性の実験結果[1)]。

＊1　Kenji Hirose　日本電気㈱　スマートエネルギー研究所　主任研究員

＊2　Nobuhiko Kobayashi　筑波大学　数理物質系　物理工学域　准教授

しかし，室温でバルク構造のシリコンの熱伝導率が〜150［W/m·K］[2]であるのに対し，SiNWでは直径の減少によって熱伝導率そのものが減少する。例えば直径115［nm］では室温にて50[W/m·K］以下で，すでに半分以下である。直径が37［nm］以下では室温付近でもフォノン・フォノン散乱による熱伝導率の減少が見られない。これは，SiNWのフォノンの平均自由行程が室温で数10［nm］[3,4]はあることに対応している。

2　ナノワイヤの熱伝導計算

熱伝導の計算はフーリエの法則に基づく熱伝導方程式を有限要素法を用いて解析する伝熱工学，半古典的なボルツマン方程式に基づく計算，古典分子動力学（MD）法による計算など様々な計算法で解析される。しかしナノワイヤのような低次元ナノ構造では，これらの解析法の有効性は現在大きな問題になっている。

ここでは原子レベルから量子論に基づいて量子伝導を計算する手法の1つである非平衡グリーン関数法を熱伝導計算に応用する方法論を示し，これをシリコンナノワイヤ（SiNW）とカーボンナノチューブ（CNT）の熱伝導計算に応用した計算例について述べる[5]。

ナノワイヤーのハミルトニアンを，原子iの質量M_i，平衡位置からの変位演算子$u_{i\alpha}(t)$を用いて

$$H=\sum_{\substack{i\in sys\\ \alpha=x,\ y,\ z}}\frac{1}{2M_i}p^2_{i\alpha}(t)+\frac{1}{2}\sum_{\substack{i,\ j\in sys\\ \alpha,\beta=x,\ y,\ z}}u_{i\alpha}(t)K_{i\alpha,j\beta}u_{j\beta}(t)$$

と表し，左・右の温度差を保つ熱溜と着目するフォノンの散乱域に分ける。熱溜から散乱域への熱流j_{ph}は

$$j_{ph}=\int_0^\infty d\omega\frac{\hbar\omega}{2\pi}[n_{BE}(\omega,\ T_L)-n_{BE}(\omega,\ T_R)]\zeta(\omega)$$

と書ける。ここで$K_{i\alpha,j\beta}$はダイナミカル行列である。また$n_{BE}(\omega,\ T_{L(R)})$は左（右）熱溜でのフォノンに対するボーズ・アインシュタイン分布関数

$$n_{BE}(\omega,\ T)=\frac{1}{e^{\hbar\omega/k_BT}-1}$$

であり，温度$T_{L(R)}$の平衡状態における振動数ωのフォノン分布を与える。$\zeta(\omega)$は散乱域におけるフォノンの透過関数で，非平衡グリーン関数法に基づき

$$\zeta(\omega)=Tr[\Gamma_L(\omega)G^r(\omega)\Gamma_R(\omega)G^a(\omega)]$$

と表わされる。ここで$G^{r(a)}(\omega)$は散乱域でのフォノン伝搬を記述する遅延（先進）グリーン関数の行列表示で

$$G^{r/a}(\omega) = [\omega^2 M - K - \Sigma_L^{r/a} - \Sigma_R^{r/a}]^{-1}$$

で与えられる。Mは各原子の質量を表す対角行列，$\Sigma_{L(R)}^{r(a)}(\omega)$ は左（右）熱溜と散乱域との結合を表す遅延（先進）自己エネルギーで，その結合定数 $\Gamma_{L(R)}(\omega)$ は

$$\Gamma_{L(R)}(\omega) = i\ [\Sigma_{L(R)}^{r}(\omega) - \Sigma_{L(R)}^{a}(\omega)]$$

と表わされる。（ここではグリーン関数の行列表記にフォノン・フォノン散乱の自己エネルギーは入れていない。）ダイナミカル行列 $K_{i\alpha,j\beta}$ は力の表式から，

$$K_{i\alpha,j\beta} = \frac{\partial^2 E}{\partial r_{i\alpha}\,\partial r_{j\beta}} = \frac{-[F_{i\alpha}(+\Delta R_{j\beta}) - F_{i\alpha}(-\Delta R_{j\beta})]}{2\Delta R_{j\beta}}$$

により求められる。ここで $r_{i\alpha}$，$\Delta R_{i\alpha}$，$F_{i\alpha}$ は原子 i の座標，変位量，働く力の α 成分である。全エネルギーEや力 $F_{i\alpha}$ は経験的な表式や，より正確には実験に依存しない第一原理計算手法を用いて原子レベルから求めることができる。熱伝導度は無限小の温度差を与えた時に流れる熱流で定義され，

$$G_{ph}(T) = \frac{dJ_{ph}}{dT} = \int_0^\infty \frac{d\omega}{2\pi}\hbar\omega\,\zeta(\omega)\frac{\partial n_{BE}(\omega,\ T)}{\partial T}$$

で与えられる。従って，これらの方法論に基づき個々の原子の詳細な原子構造を考慮した熱伝導計算を行い，熱伝導度を計算から求めることが可能になる。

さて，ナノワイヤの熱伝導の特性を見てみよう。ここではナノワイヤ構造をした典型的な材料として SiNW と CNT を比較する。SiNW はバルク構造のシリコンをナノワイヤ構造に加工したもので，中身が詰まった構造になっている。一方 CNT は2次元グラフェンシートを数ナノの直径に巻いたもので，中身が中空な構造をしている。フォノンの透過関数 $\zeta(\omega)$ は振動数 ω におけるフォノンモード数に欠陥・構造乱れ等とフォノンとの散乱とを加味したものになるので，大きな熱伝導度を得るためにはフォノンモード数を多くし，散乱を減らして $\zeta(\omega)$ を大きくする必要がある。

まず始めに，欠陥・構造乱れ等の影響がない場合の熱伝導を示す。図2は同程度の直径の CNT と SiNW の熱伝導度とフォノン分散関係との計算例を示す。0 K では熱を運ぶ励起フォノンが存在しないため，熱伝導度はゼロである。温度の上昇に従って，励起された高エネルギーのフォノンが熱を伝搬出来るようになり，熱伝導度は上昇して高温で飽和する。ここでフォノンには原子数の制約からデバイ振動数に対応する最大値が存在することに注意しよう。励起可能な最大のフォノン振動数を$\omega^{\max}$，最小のフォノン振動数を $\omega^{\min}$ とすると，$k_B T \gg \hbar\omega^{\max}$ の下で飽和熱伝導度は

$$G_{ph}^{sat}(T) = \frac{k_B}{2\pi}\sum_n \left(\omega_n^{\max} - \omega_n^{\min}\right)$$

と表わされる。ここで n は全てのフォノンモードについての和を意味する。図2より CNT,

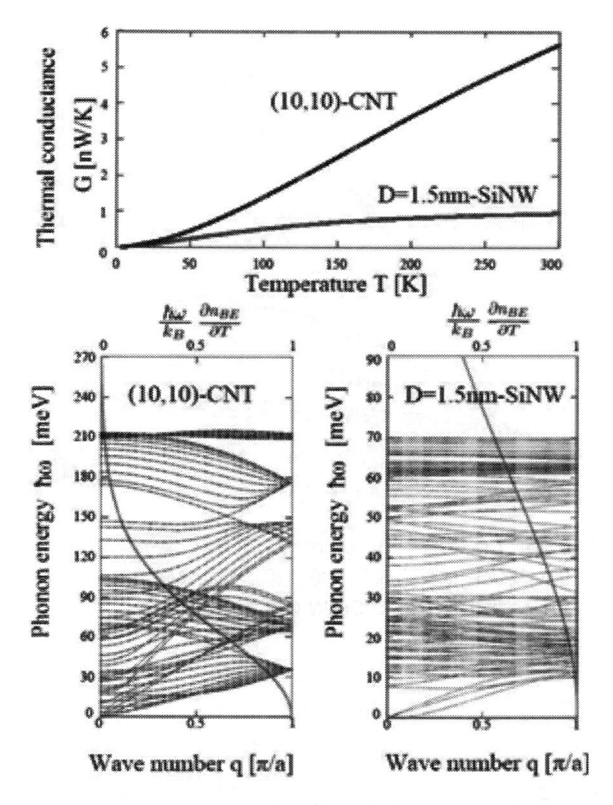

図2　CNT と SiNW の熱伝導度（上図）とフォノン分散関係（下図）。分散関係内に引かれた線は 300 K において熱伝導に寄与するフォノン分布を表す。

SiNW の最大のフォノンエネルギーはそれぞれ 210［meV］と 70［meV］であり，これにより 2100 K と 700 K 付近で熱伝導度は飽和する。このため熱伝導度は CNT の方が高温領域まで上昇して非常に高くなる。

また，図2下図は CNT と SiNW のフォノン分散関係を示している。中に示された線は 300 K におけるボーズ・アインシュタイン分布関数から得られる値 $(\hbar\omega/k_B)(\partial n_{BE}(\omega,\ T)/\partial T)$ で，振動数ωにおける熱伝導度に寄与するフォノン数分布を表している。CNT ではこのフォノン数分布のエネルギー範囲内に数多くのフォノンモードが存在し，各フォノンバンドの分散も大きい。このために，CNT は SiNW と比較して室温において大きな熱伝導度を示すことが分かる。

図2の CNT における熱伝導度の計算値は実験[6)]と極めて良く一致する。従って CNT に関してはこの計算法に基づく熱伝導計算が有効であることが分かる。これは CNT は欠陥・乱れが少ないことに由来する。一方，SiNW は欠陥・構造乱れ等を考慮しないここでの計算は実験[7)]より大きな値を取る。すなわち SiNW においては，欠陥・乱れ等の様々なフォノン散乱による効果

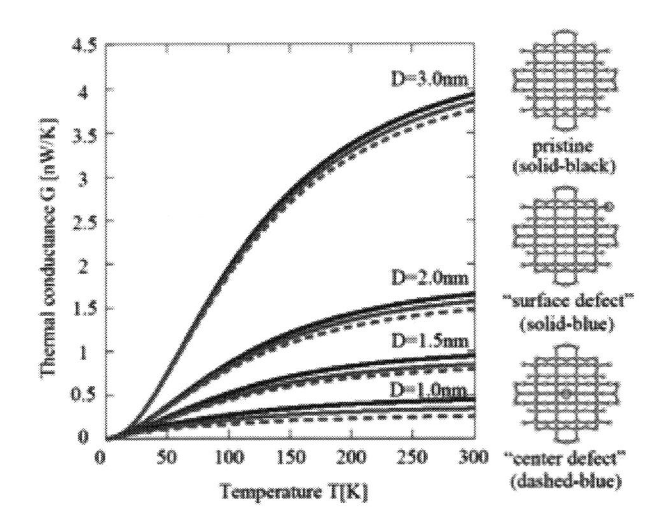

図３　直径 D が 1.0, 1.5, 2.0, 3.0 nm の SiNW の熱伝導度の温度依存性。（左図）黒実線は欠陥無し，薄実線は表面欠陥あり，点線は中心欠陥あり。右図に対応する SiNW の断面を示す。

が熱伝導度に大きな影響を与えていると考えられる。これらに対しては欠陥配置の統計平均計算を行う必要があり，それを加味した計算例を後に示す。

ここでは SiNW の熱伝導度における欠陥の位置依存性について見てみよう。この場合は，フォノンの透過関数 $\zeta(\omega)$ は振動数 ω におけるフォノンモード数に欠陥の位置依存性を加味した値となる。断面の中心原子を取り去った「中心欠陥」と表面原子を取り去った「表面欠陥」のある SiNW の熱伝導度を図３に示す。全ての直径において「中心欠陥」の方が「表面欠陥」よりも熱伝導度を減少させている。このことは原子レベルでみると欠陥の効果は密度だけで議論出来ず，欠陥の位置によってその効果が大きく変わることを示している。これは欠陥の位置によりフォノンへの影響が異なるからである。

3　低温での普遍的な熱伝導の振舞い

ナノワイヤの熱伝導に関して興味深い性質として，極低温における量子化について述べる。2次元方向にナノレベルで閉じ込められ１次元方向の自由度のみを持つ系（例えば量子ポイントコンタクト）では，電気伝導が量子化されてその微分コンダクタンス $G=dI/dV$ が閉じ込めの強さに対して $2e^2/h$ を単位とした階段状の振る舞いをすることが知られている。量子化コンダクタンスと呼ばれるこの現象は電気伝導において１次元の状態密度 $dn/dE \propto 1/v_x$ と１次元の速度 v_x が打ち消しあうために起こるもので，特に低温においてはモード数が明瞭に分離されて観測される現象である。

これは同様にフォノン伝導においても起こる現象である[8)]。2次元方向に閉じ込められ1次元方向の自由度モードのみを持つ細いナノワイヤでは，その熱伝導度 dJ_{ph}/dT は低温においては $\pi^2 k_B^2 T/3h$ を単位としたフォノンモード数が明瞭に分離され，低エネルギーでの音響フォノンモード数に対応する量子化熱伝導が現れることになる。通常バルク構造では低いエネルギー領域に3つの音響フォノンモードがあるのに対し，ナノワイヤ構造では4つのフォノンモード（2つのTAモード，LAモード，およびTWモード）がある。従ってその熱伝導度は

$$G_{ph}(T) = 4\frac{\pi^2}{3}\frac{k_B^2 T}{h}$$

に量子化される。

これは極低温では熱伝導度はワイヤの直径には依存しないことを示している。一方，ナノワイヤの熱伝導度は常温では断面の原子数 N に比例した熱伝導度を示す（図3：ここでは $G_{ph} \propto D^2 \propto N$）。そこで温度変化に伴い熱伝導度が量子化熱コンダクタンスに如何に変遷していくのか，その振る舞いを見るために

$$G_{ph}(T) \propto N^n$$

と置き，SiNW，CNT，DNW（ダイヤモンドナノワイヤ）に対してその指数 n の温度依存性を計算したものが図4である。常温300 Kでほぼ $n=1$ を示す通常の断面積に比例する熱伝導度は，低温に移るにつれて $n=0$ の普遍的（ユニバーサル）な量子化熱伝導へ移り変わる。興味深いこ

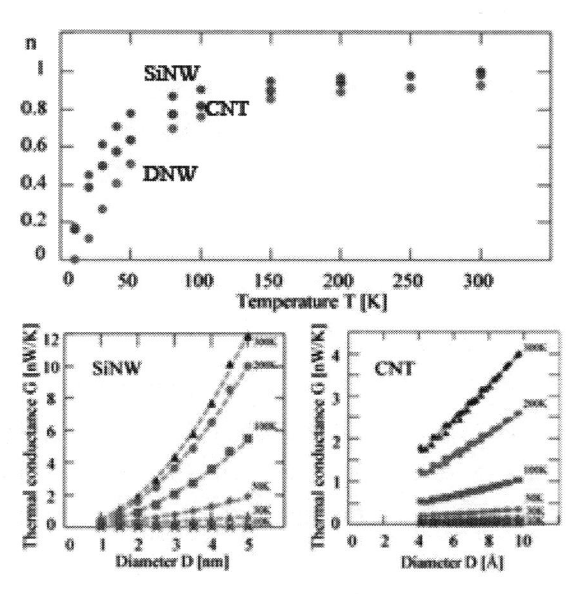

図4　（上図）SiNW，CNT，DNW に対する熱伝導度 $G \propto N^n$ の指数 n。
（下図）SiNW と CNT の熱伝導度の直径依存性。

とに，ナノワイヤの種類に応じてそれぞれ変化する温度領域が異なる。SiNW では 100K ほどから変遷が起こり $n=0$ に近づくが，カーボン材料から形成される CNT や DNW では室温付近からすでに移り変わりが始まることが分かる。

4 熱電エネルギー変換と熱電性能指数

熱電変換とは熱エネルギーを電気エネルギーに変換することでゼーベック効果が基本となる。これは 2 種類の物質を接続させて両端に温度差を生じさせると，温度勾配に逆行するように熱電電場が発生する現象である。以下，その熱電変換の基本を記述する[9]。

4.1 熱電性能の物性・理論

開放系で 2 つの電極に異なる温度 $T_{H/C}$ を与えた場合，電極間に温度勾配により熱電電場が誘起され，電荷キャリアは高い温度領域から低い温度領域に拡散して接続部で分離する。この際に熱起電力 V が発生する。これをゼーベック効果という。ゼーベック係数 S は誘起熱起電力 ΔV の温度差 ΔT に対する比例係数として定義され，

$$\Delta V=\int_{\ell_C}^{\ell_H} E\cdot d\ell = S(T_H-T_C)=S\Delta T$$

となる。ゼーベック係数（熱起電力や熱電能とも呼ばれる）S は熱流と電流の結合の強さを示す係数であり，通常キャリアが正（ホール）か負（電子）かによって正負どちらの値も取る。温度差による熱流によって生じる起電力の大きさに関する係数がゼーベック係数で通常の物質材料では［$\mu V/K$］オーダーである。

熱電変換とはゼーベック効果を用いて温度差から電位・電流を取り出すことで，熱エネルギーを電気エネルギーに変換する。その変換効率は無次元量の熱電性能指数

$$ZT=\frac{S^2\sigma T}{\kappa}$$

を用いて

$$\eta=\frac{T_H-T_C}{T_H}\frac{\sqrt{1+ZT_m}-1}{\sqrt{1+ZT_m}+T_C/T_H}$$

と表わされる。T_m は平均温度で，$ZT_m\to\infty$ において変換効率はカルノー効率 $(T_H-T_C)/T_H$ となる。大きい性能指数 ZT を得るためには高い電気伝導率，大きいゼーベック係数（熱起電力），それに温度差を保つ（熱電変換されない熱流を下げる）ための低い熱伝導率が必要であり，そのための物質材料や構造の探索が高効率な熱電変換デバイスの構築に重要である。通常 $ZT>1$ が実用化への目安となっている。

熱電性能指数 ZT に関して σ はキャリアの電気伝導率，$F=S^2\sigma$ はパワー因子（取り出せる電気エネルギー）と呼ばれている。また熱伝導率 $\kappa=\kappa_e+\kappa_{ph}$ は前述したように 2 項の和で，κ_e は

キャリアの運ぶ熱伝導率，κ_{ph} はフォノンの運ぶ熱伝導率である。キャリアが運ぶ熱伝導率 κ_e はキャリアの電気伝導率 σ と温度に比例し（ヴィーデマン・フランツ則），

$$L=\frac{\kappa_e}{\sigma T}=\frac{\pi^2}{3}\left(\frac{k_B}{e}\right)^2=2.44\times10^{-8}(\mathrm{V}^2/\mathrm{K}^2)$$

の関係がある。定数 L はローレンツ数である。このためキャリアの運ぶ高い電気伝導は同時に高い熱伝導を生む。従って，フォノンによる熱伝導を如何に下げるかが高効率の熱電変換のためには重要となる。

微視的観点からは，熱・電気エネルギー変換はキャリアの運ぶ電気伝導 j と熱伝導 j_q の非対角成分の交差相関により生じるもので，

$$j=L_{11}E+L_{12}(-\Delta T/T)$$
$$j_q=L_{21}E+L_{22}(-\Delta T/T)$$

と表わすことができる。ゼーベック係数 S，電気伝導率 σ，熱伝導率 κ_e は定義に従い，

$$\sigma=L_{11},\quad S=(1/T)(L_{12}/L_{11}),\quad \Pi=L_{21}/L_{11}=ST$$
$$\kappa_e=(L_{11}L_{22}-L_{12}L_{21})/TL_{11}$$

となる。ここで Π はペルチェ係数，また $L_{21}=L_{12}$ の関係（Onsager の相反定理）が成り立っている。従ってキャリアによる電気伝導 j と熱伝導 j_q，それにフォノンによる熱伝導 j_{ph} を計算することより性能指数 ZT と熱電変換効率 η を求めることができる。注意したいのは，先に述べたように電気伝導と熱伝導はバルク構造やナノ構造など様々な構造や物質材料に対して古典的，半古典的，量子的など様々な計算手法によって求められる。しかし，上記の熱電交差相関を表す関係式は一般的であるということである。ここで様々な材料に対する熱電性能の特性を述べる。

まず金属系の場合，ゼーベック係数と電気伝導率はフェルミエネルギー ε_F 近傍の状態より決まり，フェルミ分布関数を ε_F 近傍で展開することにより

$$S=\frac{\pi^2}{3}\left(\frac{k_B}{e}\right)\left(\frac{\partial\ln\sigma(\varepsilon)}{\partial\varepsilon}\right)_{\varepsilon=\varepsilon_F},\quad \sigma(\varepsilon)=\frac{e^2}{3}v_F^2N(\varepsilon)\tau$$

と表わされる。ここで電気伝導率はおよそ状態密度のフェルミエネルギー ε_F における係数に比例している。金属系ではヴィーデマン・フランツ則が良く成り立つことが知られている。すなわち熱伝導はほぼキャリアによって担われておりフォノンによる熱伝導率は小さく無視できる（$\kappa_{ph}\ll\kappa_e$）。この場合，簡単な見積もり（$\varepsilon_F=1$［eV］，$k_BT=25$［meV］）から

$$\left(\frac{\partial\ln\sigma(\varepsilon)}{\partial\varepsilon}\right)_{\varepsilon=\varepsilon_F}=\frac{3}{2\varepsilon_F},\quad S\approx\frac{\pi^2}{2}\left(\frac{k_B}{e}\right)\frac{1}{\varepsilon_F}\approx1\times10^{-5}\mathrm{V/K}$$

$$ZT\approx\frac{S^2}{L}\sim10^{-3}\ll1$$

となり性能指数 ZT は非常に小さいことが分かる。

一方絶縁体では，キャリアがほとんど存在しないためキャリア伝導 σ はほとんどない。熱伝導はフォノンによって担われ，性能指数 ZT も非常に小さくなる。

性能指数 ZT を最も高くすることが可能なのは半導体である。通常，ドーピングにより電子が移動するｎ型とホールが移動するｐ型のキャリアを作り，それを並列に並べることで熱電素子とし，モジュール化することで熱エネルギーを電気エネルギーに効率的に変換するデバイスを構築する。半導体ではドーピングにより誘起するキャリアは少ないため，熱伝導はほとんどフォノン熱伝導による（$\kappa_{ph} \gg \kappa_e$）。従って熱起電力の大きな材料を用いて，電子・ホールキャリアによる電気伝導度を大きくし，一方フォノン熱伝導をいかに小さくできるかが，高効率の熱電変換デバイス構築の鍵となる。すなわちキャリアに対しては伝導性の良い結晶構造を，フォノンに対しては伝導性の悪い非晶質という，相反する構造を求めることになる。

バルク構造の半導体では，不純物と音響フォノンによるキャリア散乱を考慮した半古典的なボルツマン方程式に基づいた電気伝導計算から，ゼーベック係数とキャリアの電気伝導率は

$$S=\left(\frac{k_B}{e}\right)\left(\frac{(r+5/2)F_{r+3/2}(\varepsilon)}{(r+3/2)F_{r+1/2}(\varepsilon)}-\varepsilon\right)_{\varepsilon=\xi_F}$$

$$\sigma(\varepsilon)=\frac{4e^2}{3\sqrt{\pi}\,m^*}\left(r+\frac{3}{2}\right)F_{r+1/2}(\varepsilon)N(\varepsilon)\,\tau_0$$

と表わせる。ここで緩和時間を $\tau=\tau_0\xi^r$ とし（r は散乱パラメータ），$F_r(\varepsilon)$ はフェルミ分布関数の積分

$$F_r(\varepsilon)=\int_0^\infty \frac{\varepsilon^r}{(e^{\varepsilon-\xi_F}+1)}\,d\varepsilon,$$

また化学ポテンシャル（擬フェルミエネルギー）ξ_F はキャリア数 n に対して

$$n=\frac{2}{\sqrt{\pi}}\left[F_{1/2}(\varepsilon)N(\varepsilon)\right]_{\varepsilon=\xi_F}$$

の関係から決まる。この表式はフェルミ分布関数を仮定した場合に成り立つ関係式であるが，半導体ではドーピングによるキャリアは希薄なためキャリア密度に対してボルツマン分布関数を仮定すると，

$$S=\left(\frac{k_B}{e}\right)\left(r+\frac{5}{2}-\xi_F\right),\quad \sigma=\frac{4e^2}{3\sqrt{\pi}\,m^*}\Gamma\left(r+\frac{5}{2}\right)n\,\tau_0$$

と簡略化される。$\Gamma(x)$ はガンマ関数である。これらの関係式を用いると熱電性能の見積もりが可能になる。

4.2 ナノワイヤの熱電性能増大の可能性

バルクから低次元ナノ構造に加工することで熱電性能 ZT が大幅に向上する可能性は1990年代に提唱されている[10]。ここでその理論の概略を述べる。ポイントは１次元半導体ナノワイヤでは，キャリア伝導は１次元系の状態密度が van Hove 特異点により増大すること，またフォノン

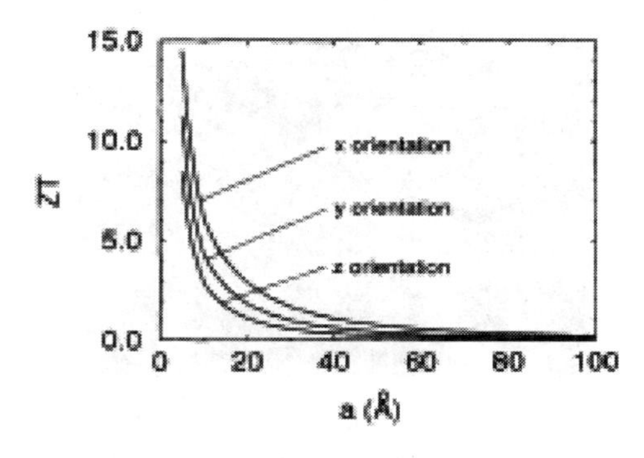

図5　ナノワイヤの熱電性能 ZT の直径依存性。ナノワイヤの直径が小さくなるにつれ熱電性能は増大する。特に ZT はフォノン平均自由行程 ℓ 以下になると表面散乱により急増する[10]。

熱伝導は3次元方向に伝搬するがフォノンの平均自由行程よりナノワイヤの直径が小さくなると抑制されて相対的にキャリア伝導とフォノン熱伝導の比が大きくなること，これらの結果として性能指数 ZT が増大するという点である。

性能指数 ZT のキャリア依存性を前述の半古典的なボルツマン方程式を用いて求めると（$r=-1$），

$$ZT(\xi)=\frac{(3F_{1/2}/F_{-1/2}-\xi/k_BT)^2/2\times F_{-1/2}}{5F_{3/2}/2-9F_{1/2}^2/2F_{-1/2}+1/B(\xi)}$$

となる。ここでフォノンによる熱伝導率 κ_{ph} は $B(\xi)$ に入る。そこで選択ドーピングにより κ_{ph} に対して最大の ZT を取るよう化学ポテンシャル ξ を調整する。

電気伝導はキャリア散乱を考慮しなければ移動度は変化しないが，フォノン熱伝導率は3次元方向へ伝搬するので表面で大きく散乱される場合がある。フォノン伝導率は $\kappa_{ph}=(1/3)C_v v\ell$ と表わされるので（C_v は比熱），フォノン散乱の平均自由行程 ℓ よりもナノワイヤの閉じ込めが強くなると3次元方向に流れず表面で散乱される。重金属の Bi_2Te_3 では $\ell=10$Å と見積もれ，直径がこれ以下になるとフォノン熱伝導率が大きく低下して熱電性能 ZT が急速に増大する（図5）。

熱伝導が平均自由行程で抑制される根拠が不十分な点など問題はあるが，熱伝導率が低次元ナノ構造で低下し熱電性能 ZT が増加することを指摘した点で，この研究は先駆的でその後の発展の原動力となった。

4.3　シリコンナノワイヤの熱電性能実験

この節では，最近のシリコンナノワイヤ（SiNW）で測られた熱伝導や熱電性能に関して述べる[11,12]。

ナノ領域での電気伝導測定は量子化コンダクタンスの発見を始めとして極めて精度良く行われている一方，熱伝導の測定は困難であるためナノワイヤ構造での熱電性能 ZT の増大が予測され

図6　シリコンナノワイヤのキャリア伝導と熱伝導の測定実験のSEM像。中央に置かれたものがシリコンナノワイヤ，両脇の熱ヒーターで暖められたワイヤの熱伝導を中央4本の端子にて，キャリアによる電気伝導を端2本の端子にて測定する[11]。

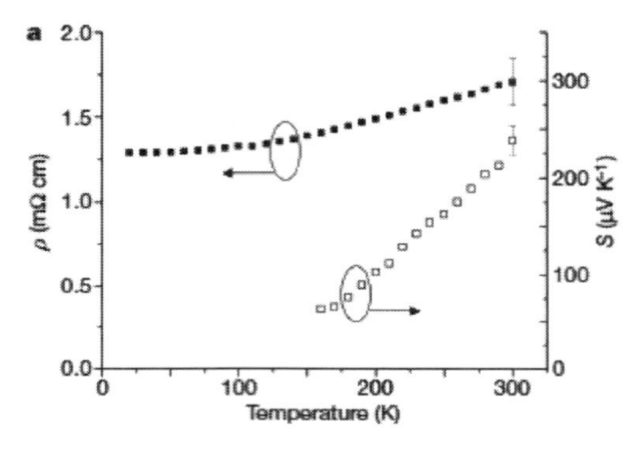

図7　直径50nmのシリコンナノワイヤのキャリア伝導特性。抵抗率 ρ（左側）とゼーベック係数（熱起電力，熱電能）S（右側）の温度依存性[12]。

ているにもかかわらず，その正確な測定は行われていなかった。最近，エネルギー創成の観点から高効率な熱電変換デバイスの構築に注目が集まる中，ナノ領域での精度の良い熱伝導測定が行われ始めている。図6はSiNWの電気・熱伝導計測実験のSEM像である[11]。これらの実験によると直径を変えて熱伝導を測定したところ，SiNW直径を50［nm］まで小さくすると熱伝導率は急激に減少し，バルクの1/100にまで減少することが示された。これは図1の後に行われた実験値である[12]。

図7は直径50［nm］のSiNWの電気伝導特性である。抵抗率 ρ（電気伝導率の逆数）は温度変化が少ないのに対し，ゼーベック係数（熱起電力）は温度を上げると著しく増大している。これは半導体のキャリアが温度と共に増大することを示している。

図8は直径50［nm］のSiNWの電気伝導・熱伝導特性をバルクのシリコンと比較したものである。熱伝導率（左側）に関しては，温度を下げるとバルクvs.ナノワイヤの比は急激に増大す

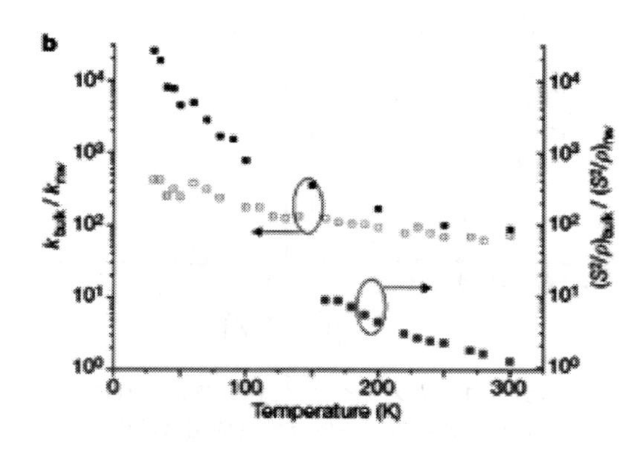

図8　直径50nmのシリコンナノワイヤの熱伝導特性（左側）とパワー因子（右側）の温度依存性をバルクシリコンと比較したもの[12]。

る。真性バルクシリコン（黒塗り）との比は低温25 Kで25,000倍にも達する。ドープしたバルクシリコンとの比でも低温30 Kで425倍に達する。ナノワイヤ構造にすることでバルクの場合と比較して著しく熱伝導が下がることを示している。更に重要なことは，常温300 Kにおいてもこの比はどちらの場合も100倍近くあることである。すなわち，常温でも熱伝導率はバルクの1/100にまで減少する。一方，パワー因子は常温においてバルクとナノワイヤとの違いはほぼなくなっている。

ここで実験値より熱電性能 ZT を見積もってみよう。常温300 Kでゼーベック係数が $S=240$［μV/K］，抵抗率 $\rho=1.7$［mΩ·cm］，熱伝導率 $\kappa=1.6$［W/m·K］と測定されている。バルク値 $\kappa\sim150$［W/m·K］の約1/100である。従って性能指数 ZT は，

$$ZT=\frac{S^2T}{\rho\kappa}=\frac{240^2\times300}{1.7\times1.6}\left[\frac{\mu\mathrm{V}}{\mathrm{K}}\right]^2[\mathrm{K}]\left[\frac{1}{\mathrm{m\Omega\cdot cm}}\right]\left[\frac{\mathrm{m\cdot K}}{\mathrm{W}}\right]=0.65$$

となる。ここでは熱伝導の低下が大変重要な役割を果たしている。この実験結果は直径50［nm］のナノワイヤで熱電性能 ZT はかなり大きな値が得られること，すなわち従来用いられてきた Bi_2Te_3 などレアメタルを用いた材料ではなく，最もありふれた低コスト材料のシリコンを用いて，想定より大きな直径で常温にて高効率熱電変換の可能性が示されたことになる。

現在様々な環境に優しい低コスト材料を用いた1次元ナノワイヤ構造において，高効率な熱電変換デバイスを目指して性能指数 ZT を測定し，それを基にしてデバイス設計を目指す研究が進められている。

4.4　シリコンナノワイヤの熱電性能計算

最後にナノワイヤにおいて，原子スケールからキャリアの電気伝導・熱伝導とフォノンの熱伝導の計算を基に熱電性能 ZT を求める研究例を見てみる。前述したように，熱伝導計算には半古

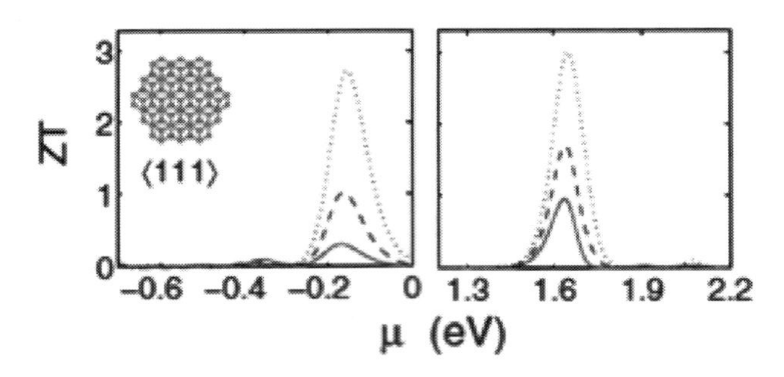

図9　300 K でのシリコンナノワイヤ〈111〉方向の性能指数 ZT の価電子帯・伝導帯でのエネルギー依存性（挿図は断面図）。実線は長さ当たりの欠陥数が N_{vac}＝10，破線は 100，点線は 1000 の場合[13]。

典のボルツマン方程式を用いる方法や分子動力学法を用いる方法など様々な計算手法があるが，低次元ナノ構造での熱伝導計算の有効性に関しては問題になっている。ここでは前節に述べた原子レベルから量子論に基づいて量子伝導を計算する手法の１つである非平衡グリーン関数法をキャリアの電気伝導・熱伝導とフォノンの熱伝導に用いて行った熱電性能の計算結果について述べる。

図 9 は SiNW〈111〉方向の常温 300 K での熱電性能指数 ZT の計算例である[13]。すでに見たように，SiNW においては，欠陥・乱れ等の様々なフォノン散乱による効果が熱伝導度に大きな影響を与えている。特に表面での欠陥・構造乱れが注目されている。ここでは欠陥配置に関して統計平均計算を行っている。左側はキャリアがホールの場合，右側は電子の場合である。シリコンバンドは価電子帯と伝導帯で有効質量などその特性は大きく違うため，ホール伝導と電子伝導の差により性能指数 ZT は異なってくる。長さ当たりの欠陥の数 N_{vac} を増やすにつれ熱伝導が低下し，性能指数は増大する。特にバンド端付近～－0.1eV，～1.6eV では $N_{vac}=1000$ に対して $ZT\approx3$ 程度まで上昇する。

5　まとめ

この章では，ナノワイヤの熱伝導と熱電性能に関して最近の実験結果と計算結果を述べてきた。熱伝導に関しては，ナノワイヤの直径が小さくなるにつれて熱伝導率が大きく低下すること，その解析には従来の半古典的なボルツマン方程式に基づく計算や分子動力学計算の有効性が問題となっていること，ここでは原子レベルから量子論に基づいて量子伝導を計算する手法の１つである非平衡グリーン関数法に基づく計算手法を SiNW，CNT，DNW の熱伝導計算へ応用した例について述べてきた。SiNW での熱伝導の大きな減少とその機構，特に欠陥・構造乱れとの関係の詳細な検討は重要な問題である。また極低温で現れる普遍的な熱伝導度の振る舞いとその温度依存性を示した。

更に，熱エネルギーから電気エネルギーに変換する熱電変換デバイスに関して，ナノワイヤ構造を用いることでその熱電性能が増大することに関して述べてきた。ナノワイヤでは熱伝導が大きく低下して熱電性能指数 ZT が増大する可能性については1990年代に理論的に指摘されていたが，SiNWの実験で実際に ZT の増大が顕著に確認されたのは最近のことである。これにより，従来の熱電素子で用いられてきたレアメタルなど高コスト材料に代わり，身近なシリコン材料をナノワイヤ構造に加工することで常温にて熱電性能が実用化の近くまで上昇することが示された。様々なナノワイヤの熱伝導と熱電性能の研究は現在，実験・理論ともに活発に行われている。

文　　献

1）D. Li, Y. Wu, P. Kim, L. Shi, P. Yang, and A. Majumdar, Appl. Phys. Lett. **83** 2934 (2003).

2）S. M. Sze, "Semiconductor device" Physics and Technology, 2nd Edition, (1985).

3）G. Burns, "Solid State Physics", Academic Press (1985).

4）N. Mingo and L. Yang, Phys. Rev. B **68** 245406 (2003),

5）K. Yamamoto, H. Ishii, N. Kobayashi, and K. Hirose, Appl. Phys. Express **4** 085001 (2011).

6）C. Yu, L. Shi, Z. Yao, D. Li, and A. Majumdar, Nano. Lett. **5** 9 (2005).

7）R. Chen, A. Houchbaum, P. Marphy, J. Moore, P. Yang, and A. Majumdar, Phys. Rev. Lett. **101** 105501 (2008).

8）L. G. C. Rego and G. Kirczenow, Phys. Rev. B **59** 13080 (1999).

9）H. J. Goldsmid, "Introduction to Thermoelectrcity", Springer-Verlag (2009).

10）L. D. Hicks and M. S. Dresselhaus：Phys. Rev. B **47**, 16631 (1993).

11）A. I. Boukai, Y. Bunimovich, J. T. Kheli, J. -K. Yu, W. A. GoddaradIII, and J. R. Heath：Nature **451** 168 (2008).

12）A. I. Hochbaum. R. Chen, R. D. Delgado, W. Liang, E. C. Garnett, M. Najarian, A. Majumdar, and P. Yang: Nature **451** 163 (2008).

13）T. Marukussen, A.-P. Jauho, and M. Brandbyge：Phys. Rev. B **79**, 035415 (2009).

【第Ⅲ編　デバイス】

第1章　GaNナノコラム発光デバイス

岸野克巳*

1　はじめに

GaNナノコラムは，柱状の一次元ナノ結晶で[1~3]，InGaN量子井戸（QW）構造をコラム内に作りこむことで，可視域で発光するナノデバイスとなる[4~7]。コラム径が300nm程度以下では無転位結晶になりやすく，ナノ構造による高い光取り出し効率と歪緩和効果と相俟って，緑～赤色域発光デバイスの高効率化に寄与し得る。本章では，GaNナノコラム発光デバイスの研究状況を簡単にまとめる。

2　GaN系発光デバイスの直面する課題

$In_xGa_{1-x}N$はInNとGaNの混晶であって，そのバンドギャップ波長は，In組成比xの増加とともにGaN（x＝0）の紫外域（波長365nm）からInN（x＝1）の赤外域（1.9μm）まで連続的に変化し，そのあいだの組成域が可視域の発光デバイスの発光層に用いられる。図1はInGaN系発光ダイオード（LED）の外部量子効率（発光効率）の発光波長依存性である。青から緑，赤色域へと長波長化とともに，発光効率は急速に低下し，赤色域は暗く，ほとんど光らない[8]。そこで，LEDディスプレイなどでは，青色と緑色域にはInGaN系LEDを使うが，赤色域には別の材料のAlInGaP系LEDが利用される。しかし，赤，青色域に比べて，緑色域LEDの発光効率は低く，「グリーンギャップ」として問題になっている。さらに，InGaP系赤色LEDは，InGaN系に比べて温度消光特性が悪く，温度上昇によって発光輝度がより速く低下するため，赤色域も温度消光特性のよいInGaN系LEDを用いたい。このように三原色（赤，緑，青：RGB）発光を基礎とするフルカラー産業では，緑色と赤色域のInGaN系LEDの高輝度化が強く求められる。

InGaN系発光デバイスでは，超薄膜（2～3nm）のInGaN井戸層をGaN障壁層で挟んだQW構造を発光層に用いている。InGaNは，InとGaの原子半径が大きく異なるため，In組成比xが0.5に近づくほど非混和性が大きくなり，空間的なIn組成揺らぎが増加する。In組成揺らぎが少ないときには，キャリアはIn組成の大きい領域に局在化され，貫通転位から隔離され，組成揺らぎが発光効率を高めることに寄与する。しかしながら，In組成揺らぎがさらに大きくなると，局部的な結晶ひずみが大きくなり，弾性限界を越えて，InGaN/GaNヘテロ界面から新た

＊　Katsumi Kishino　上智大学　理工学部　教授

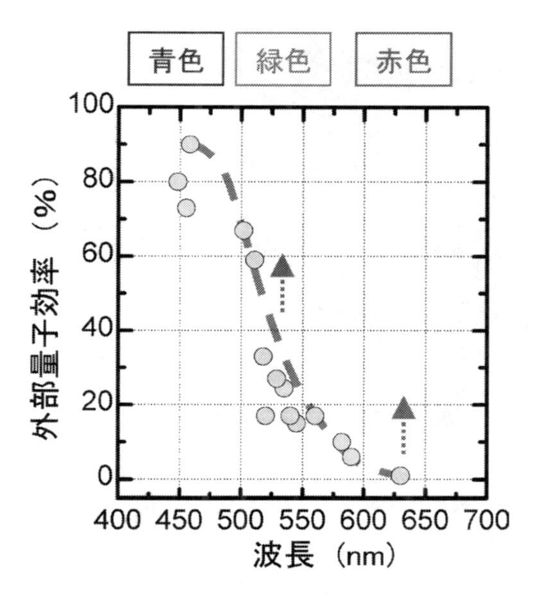

図1　InGaN 系発光ダイオード（LED）の外部量子効率（発光効率）の発光波長依存性
緑色域と赤色域の高効率化が求められる。

な貫通転位が発生し，非発光成分を増加させる。一方，c 面の InGaN/GaN QW 構造では，InGaN と GaN 間の格子歪によってピエゾ電界が発生し，量子井戸のポテンシャルが傾き，電子とホールの波動関数を逆方向に偏移させ，発光再結合確率を低下させる。図1の InGaN 系 LED の発光効率の急激な低下は，これらの InGaN 系の材料特性に深く根ざしており，平坦膜 InGaN 構造を用いる限り，現時点では，必ずしもこれを解決する道筋は明らかにされていない。これに対して GaN ナノコラムで発現されるナノ結晶効果は，この課題の解決に寄与し得ると期待される。

3　ナノコラムとナノ結晶効果

サファイア基板上に GaN 結晶を成長させながら，平坦膜 GaN に比べて成長条件を高温かつ窒素過剰にしたところ，図2のような柱状ナノ結晶が自己形成されることを 1997 年頃に発見し，ナノコラムと名付けた[1,2]。コラム径 D は，通常，10～300nm で，無転位性の高品質結晶が得られ，基板から応力を受けない自立性ナノ結晶となる[9]。平坦膜 GaN では基板結晶から応力が働き，たとえば Si 基板上の GaN 膜などでは引っ張り応力が作用し，厚膜の GaN では弾性限界を越え，結晶クラックが入る。ナノコラムは Si 基板上でも高品質 GaN ナノ結晶が自己形成される。これを用いてコラム内に InGaN 系 QW を内在化させ，紫外域[6]から青色～赤色の可視域全域[4,5]のナノコラム LED を実現した。

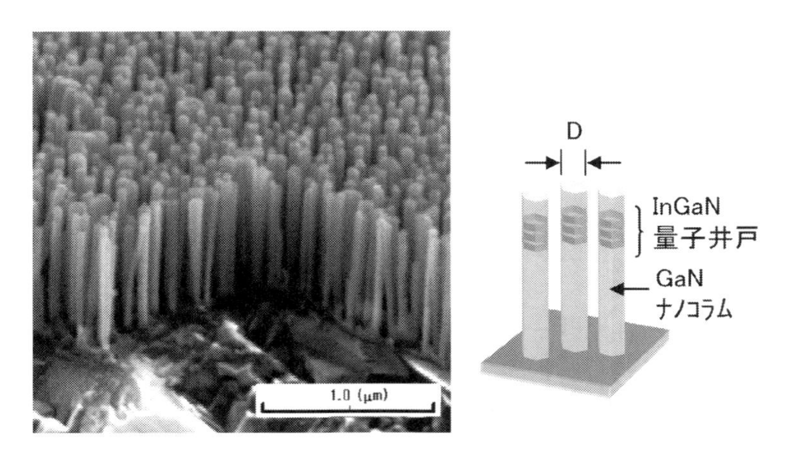

図２　サファイア基板上に自己形成されたGaNナノコラム
RFプラズマ分子線エピタキシー（RF-MBE）を用いて高温・窒素過剰条件でGaNを成長すると，柱状のGaNナノ結晶が自己形成的に成長した[1)]。

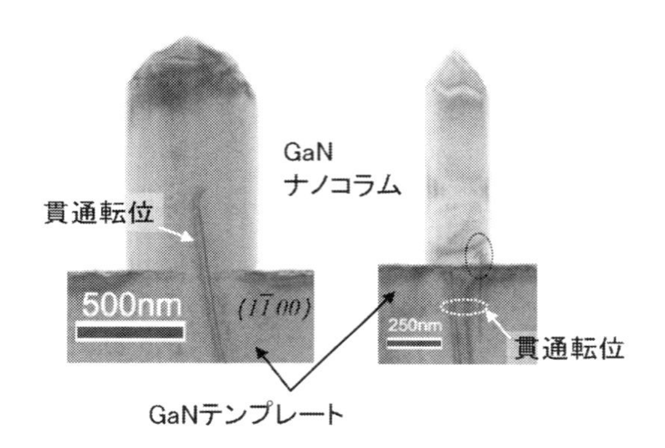

図３　GaNテンプレート上に成長したGaNナノコラムの透過型顕微鏡（TEM）像
GaNテンプレートは，MOCVDでサファイア基板上に成長した層厚3.5μmのGaN平坦膜で，内部には多数の貫通転位が存在する。ナノコラムとテンプレート界面では新たな貫通転位は発生しないが，テンプレート内の貫通転位が表面で終端しているところにGaNナノコラムを成長させると，太いナノコラムでは貫通転位がコラム内を伝播する。

ナノ結晶は結晶内部からの光取り出し効率が高く，マクロ欠陥（貫通転位）を含まない。さらに，コラム側面は応力的に自由端で，コラム径を細くしてゆくと（D≲130nm），QWの歪緩和効果が顕著になり，高効率発光に寄与する[10,11)]。図３はGaNテンプレート上に成長したGaNナノコラムの透過型顕微鏡（TEM）像の一例である。GaNテンプレート内には多くの貫通転位が存在する。太いナノコラムでは（D＝570nm），GaNテンプレート内の貫通転位がナノコラムを貫いて伝播するが，コラム径300nm程度以下の細いナノコラムでは（たとえばD＝277nm），転位はナノコラム下部で止まるか，伝播してもすぐに曲がってコラム側面に抜け，ナノコラム内を伝播できない。そのため，細いナノコラムは無転位結晶となる。またナノコラム内にInGaNを

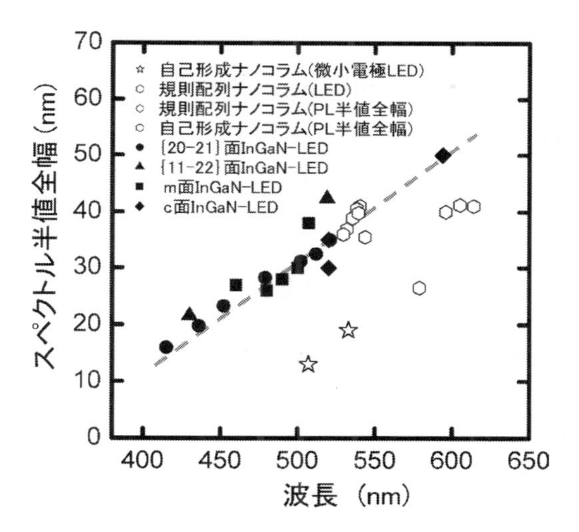

図4　InGaN 系ナノコラムの発光スペクトル半値全幅（FWHM）の波長依存性
比較のため，通常の InGaN 系平坦膜（{20-21} 面，{11-22} 面，m 面，c 面}の FWHM 文献値を，中実シンボル（●，▲，■，◆）でプロットした。

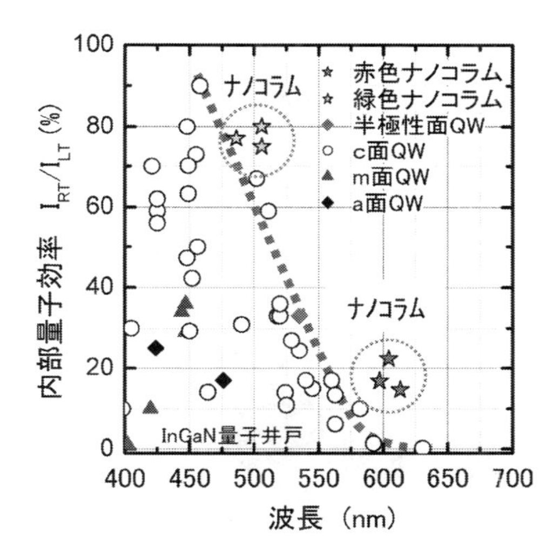

図5　InGaN 系 QW の内部量子効率の波長依存性
ナノコラムの IQE 測定値と平坦膜 InGaN 系 QW の IQE 文献値を比較して示した。

作ると，InGaN がナノ領域に閉じ込められ，結晶界面の存在が非混和性に影響を与え，組成揺らぎ抑制効果の発現が期待される。図4はナノコラムの発光スペクトル半値全幅（FWHM）の波長依存性で，比較のため通常の InGaN 系平坦膜の半値全幅もプロットした。ナノコラムでは，平坦膜に比べて著しく狭い FWHM が観測されることがあり[12, 13]，今後の検証が必要であるが，ナノコラムによる In 組成揺らぎ抑制効果を示唆している。

ナノコラムで発現されるこれらのナノ結晶効果は，GaN 系発光デバイスの高効率化に寄与し得る。ここではInGaN系ナノコラムのフォトルミネッセンス（PL）スペクトルの温度変化を測定し，低温と室温の強度比から内部量子効率（IQE）を算定した。図5にナノコラムのIQEと文献上で報告された平坦膜InGaN系QWのIQEを比較してプロットした。破線は文献値の最高値を結んだ曲線である。ナノコラムのIQEは，緑色域でも赤色域でも高い値を示した[12]。

4　規則配列ナノコラムとナノコラムLED

自己形成ナノコラムでは，成長表面に自然に形成される結晶核が起点となってナノコラム成長が進む。そのためコラム径とコラム位置がランダムに揺らぎ，高性能な発光デバイスを再現性よく作製するための基礎材料には使い難い。そこで我々はナノコラムの選択成長法を開拓し[14]，図6(a)のように基板表面に形成したTiマスクパターンによって，コラム径と周期を制御しながら，図6(b)のような規則配列ナノコラムを成長した[15,16]。RFプラズマ分子線エピタキシーを用いて成長を行い，成長温度と窒素供給量の最適化によって，六角形の断面形状をもつGaNナノコラムが高精度に配列された規則配列ナノコラムを得た。図7はその走査型電子顕微鏡（SEM）写真の一例である。コラム径は170nm，コラム周期は300nm，コラム径の面内揺らぎは1～2%であった。

規則配列ナノコラムを基礎に，図8(a)に示すようなナノコラムLEDを作製した。n型GaNナノコラムを成長温度～900℃で成長させ，成長温度を～650℃に下げて3ペアのInGaN/GaN多重量子井戸（MQW）構造をナノコラム内に作りこみ，続いてほぼ同じ温度でp型GaNクラッド層を成長させ，このLED結晶上にp型透明電極とn型電極を形成した。p型クラッド層の成長

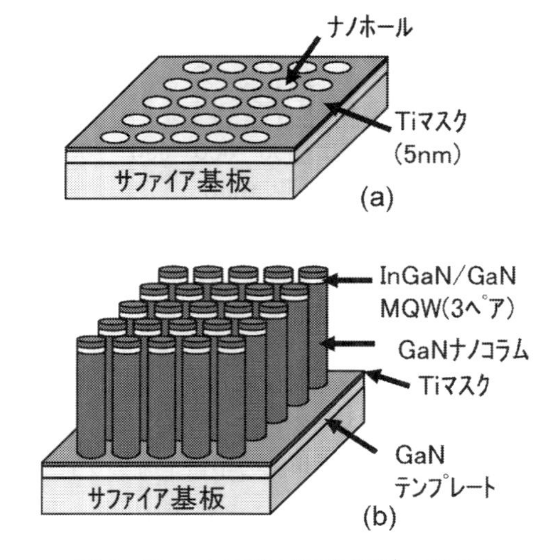

図6　Tiマスク選択成長法[14～16]の説明図
(a) Tiマスクパターン，(b)規則配列ナノコラムの成長

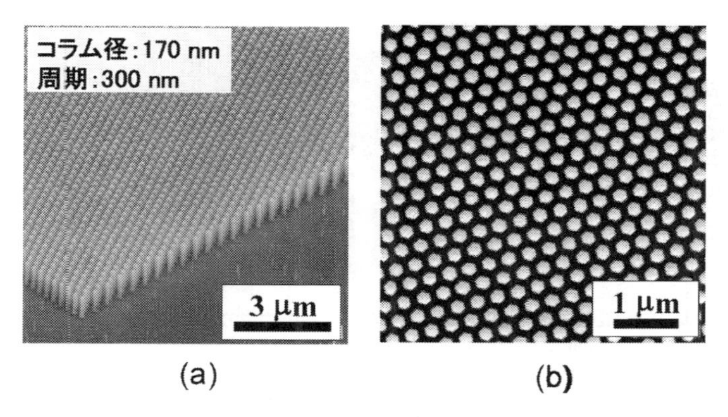

図7　Ti マスク選択成長法で成長した規則配列ナノコラムの走査型電子顕微鏡写真

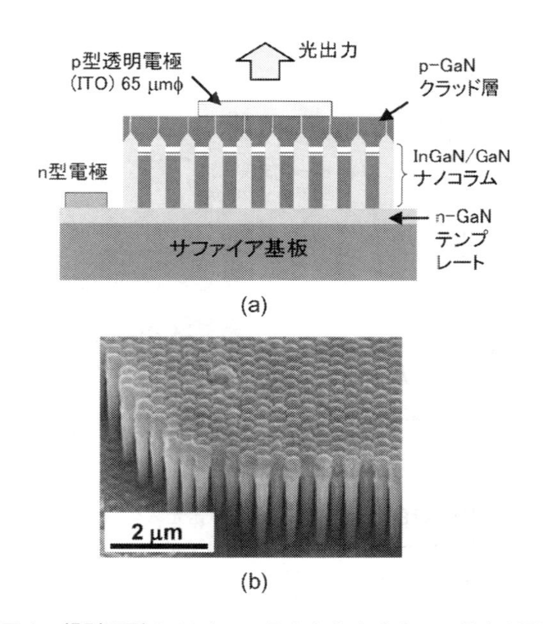

図8　規則配列 GaN ナノコラムからなるナノコラム LED
(a)断面構造の模式図，(b)ナノコラム LED の鳥瞰 SEM 写真

では，低温成長と Mg ドーピング効果によって横方向成長が促進され，コラム径が増加し，表面ではコラムは数十 nm 程度のコラム間隙まで接近する。そのため，図 8(b)には示すように，ITO 透明電極（厚さ：0.3 μm）の成膜過程でコラム間が接続され，独立したナノコラムに均一に電流が注入される構造となる。図 9(a)に発光スペクトル，(b)には電流対電圧特性の一例を示している。緑色域発光が得られ，立ち上がり電圧は 3V 程度であった。ピーク波長は 530nm であり，FWHM は注入電流密度 200A/cm^2 で 37nm となり，InGaN 系緑色 LED の報告値の中でも最も狭い値であった。最近，赤色ナノコラム LED の試作にも成功し[17]，図 10 に発光スペクトルの一

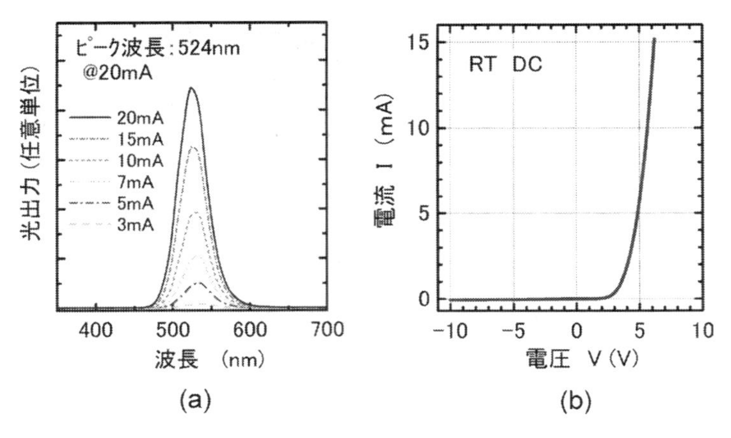

図９ 緑色ナノコラム LED の発光特性
(a)発光スペクトル，(b)電流対電圧特性

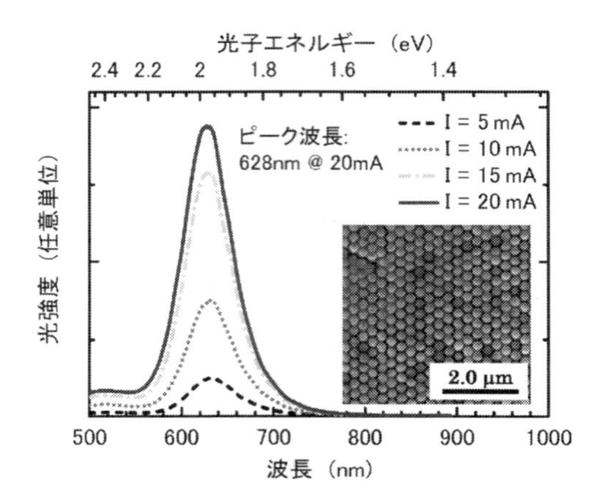

図 10 赤色ナノコラム LED の発光スペクトル[17]
挿入図は赤色発光の規則配列 InGaN 系ナノコラム結晶
（コラム周期：300nm）の表面 SEM 写真である。

例を示した。ピーク波長は 628nm で，注入電流を 5 から 20mA まで（注入電流密度では 65 から 255A/cm^2）変化させたときのピーク波長のブルーシフトは 5nm と小さい。これはナノコラムによる内部電界抑制効果を示唆している。

5 発光色制御と集積型 LED

図 11(a)は，コラム径の異なるナノコラムを，互いに接近させながら，同一基板上に成長させ，コラム上部に InGaN/GaN MQW 構造を内在化させた規則配列ナノコラムである。これらのナノコラム結晶の PL 発光スペクトルを図 11(b)に示した。コラム径 137nm の発光ピーク波長は

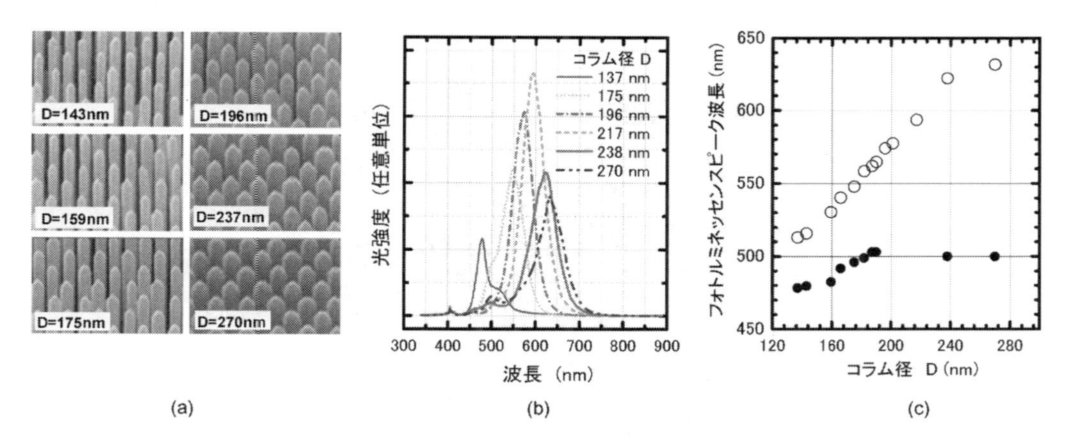

図 11　(a)同一基板上の規則配列 InGaN 系ナノコラム，(b)フォトルミネッセンス（PL）発光スペクトル，(c)PL 発光ピーク波長のコラム径依存性[18]

異なるコラム径をもつ規則配列ナノコラム（コラム領域：$20 \times 20\,\mu m^2$）を同一の GaN テンプレート基板上に隣接させて成長し，PL 特性を評価した。

480nm で青色発光であったが，コラム径を大きくすると長波長側にシフトし，コラム径 175nm では緑色域の 550nm，コラム径 270nm では波長 625nm の赤色発光となった[18]。よくみると発光スペクトルは二つのピーク値を有する。これは，六角錐構造をもつコラムトップの側面と稜付近に成長した InGaN の In 組成比が異なり，稜付近に比べて側面上で In 組成比が大きくなるからと理解されている[18]。図 11(c)に長波長側ピーク波長（白抜き丸），短波長側ピーク波長（中実丸）のコラム径依存性を示した。長波長側ピーク波長がコラム径とともに単調にシフトすることが分る。

コラム径による発光色制御メカニズムを簡単に説明しよう[18]。分子線エピタキシーでは，Ga と In ビームは，成長表面に均一に供給され，コラムのトップと側面，さらに Ti マスク表面に入射する。コラム側面では In が離脱しやすいので，入射した In は表面にとどまらないが，Ga 原子は離脱し難いのでコラム側面を上部まで拡散してコラムトップに供給される。コラムトップに成長する InGaN の In 組成は，トップに直接に入射する In と Ga 量とコラム側面から拡散する Ga 量によって決定される。コラム径が増加すると，林立した周囲のナノコラムによるビーム遮蔽効果が顕著になり，コラム側面に入射する Ga 量が減少し Ga 拡散量が減少する。これはコラムトップの InGaN の In 組成比を増加させ，発光波長は長波長側にシフトさせる。

この発光色制御を活用すると，同じ基板上に赤，緑，青色ナノコラム LED が一体的に集積化された三原色集積型 LED が実現される可能性がある。最近，図 12 のように同じ基板上に異なるコラム径からなる 4 種類の規則配列ナノコラム構造を作製し，InGaN/GaN MQW 構造を内在化し，その上に p 型 GaN クラッド層を成長して，ナノコラム LED（LED 1-4）を作製した。LED 1 から 4 のコラム径の設計値は，それぞれ 150，190，230，270nm で，コラム周期は 400nm とした。LED 1 から 3 は，室温直流電流注入下で動作し，図 13 に注入電流 10mA におけ

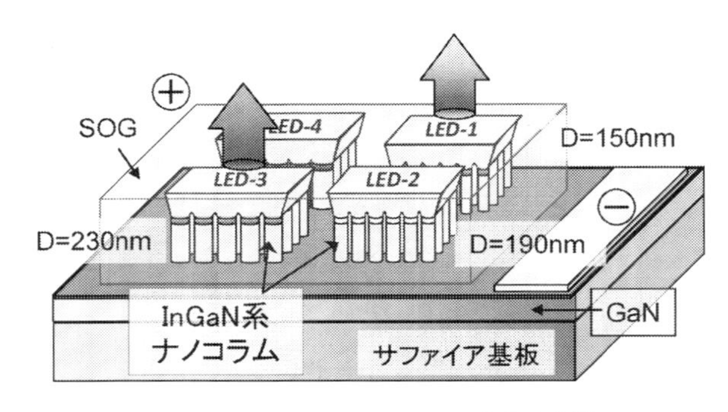

図12　ナノコラムLEDの一体集積化[19]
同一基板上に異なったコラム径をもつ4種類の規則配列ナノコラムLED結晶（LED 1-4）を一回の結晶成長で作製し，LEDプロセスを行なったところ，LED 1は緑色，LED 3は橙色で発光した。

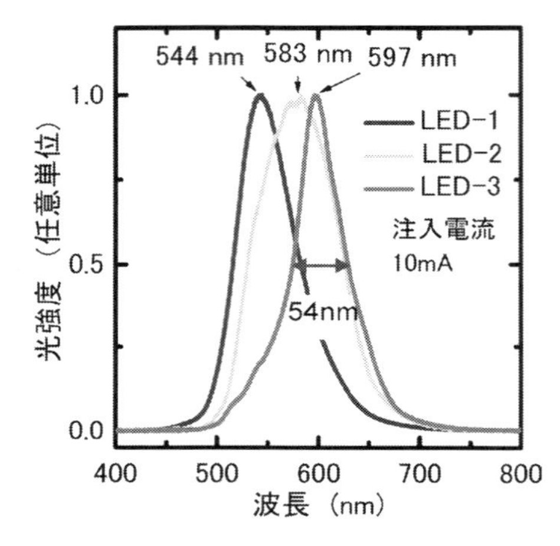

図13　集積型ナノコラムLEDの発光スペクトル[19]
注入電流は10mAで，橙色発光では54nmの狭いFWHMが得られた。

る発光スペクトルを示した。発光ピーク波長はそれぞれ544，583，597nmで，この結果から緑色と橙色LEDの一体集積化に世界で初めて成功した[19]。

6　まとめ

ナノコラムによれば貫通転位フリーの高品質なGaN結晶が得られ，この柱状ナノ結晶内にInGaN/GaN量子井戸を内在化させることで，窒化物半導体が直面している材料的課題を克服できる可能性が高い。ここではGaNナノコラムの高精度規則配列化に成功し，ナノコラム径を変化させることで，InGaN発光層の発光色が，可視全域で変化することを明らかにした。この新技術を用いて最近，緑色と橙色ナノコラム LED の一体集積化を実証した。次の展開は，結晶成長とデバイス作製法の最適化を進めて，新次元の三原色集積型ナノコラム LED の基盤技術を確立することである。

文　　献

1) M. Yoshizawa, A. Kikuchi, M. Mori, N. Fujita, and K. Kishino：*Jpn. J.Appl. Phys.* **36** (1997) L459.
2) M. Yoshizawa, A. Kikuchi, N. Fujita, K. Kushi, H. Sasamoto, and K. Kishino：*J. Cryst. Growth* **189/190** (1998) 138.
3) E. Calleia, M. A. Sanchez-Garcia, F. J. Sanchez, F. Calle, F. B. Naranjo,and E. Munoz: *Phys. Rev. B* **62** (2000) 16826.
4) A. Kikuchi, M. Kawai, M. Tada, and K. Kishino：*Jpn. J. Appl. Phys.* **43** (2004) L1524.
5) K. Kishino, A. Kikuchi, H. Sekiguchi, and S. Ishizawa：*Proc. SPIE* **6473** (2007) 64730T.
6) H. Sekiguchi, K. Kishino, and A. Kikuchi：*Electron. Lett.* **44** (2008) 151.
7) K. Kishino, J. Kamimura, and K. Kamiyama：*Appl. Phys. Express* **5** (2012) 031001.
8) T. Mukai, M. Yamada, and S. Nakamura：*Jpn. J. Appl. Phys.* **38** (1999) 3976.
9) H. Sekiguchi, T. Nakazato, A. Kikuchi, and K. Kishino：*J. Cryst. Growth* **300** (2007) 259.
10) Y. Kawakami, A. Kaneta, L. Su, Y. Zhu, K. Okamoto, M. Funato, A. Kikuchi and K. Kishino, *J. Appl. Phys.* **107** (2010) 023522.
11) V. Ramesh, A. Kikuchi, K. Kishino, M. Funato, and Y. Kawakami：*J.Appl. Phys.* **107** (2010) 114303.
12) K. Kishino, V. Ramesh, K. Yamano, and S. Ishizawa：Int. Workshop Nitride Semiconductors, PL-1, 2012.
13) K. Kato, H. Sekiguchi, K. Kishino and A. Kikuchi：Int. Symp. Compound Semiconductors, S2. 8, 2009.
14) K. Kishino, T. Hoshino, S. Ishizawa, and A. Kikuchi：*Electron. Lett.* **44** (2008) 819.
15) H. Sekiguchi, K. Kishino, and A. Kikuchi：*Appl. Phys. Express* **1** (2008) 124002.
16) K. Kishino, H. Sekiguchi, and A. Kikuchi：*J. Cryst. Growth* **311** (2009) 2063.
17) V. Ramesh, Y. Igawa, and K. Kishino, Special issue Int. Workshop Nitride Semiconductors 2012, *Jpn. J. Appl. Phys.* (accepted).
18) H. Sekiguchi, K. Kishino, and A. Kikuchi：*Appl. Phys. Lett.* **96** (2010) 231104.
19) K. Kishino, K. Nagashima, and K. Yamano：*Appl. Phys. Express* **6** (2013) 012101.

第2章　回路応用

和保孝夫*

1　はじめに

ナノワイヤやカーボンナノチューブ（CNT）をチャネルに用いたMOSFETは，従来型素子と比較して短チャネル効果を効果的に抑止することができる。また，ナノワイヤを成長基板から任意の基板に転送（transfer）することで，基板材料の制約を受けずに素子材料を選ぶことができる。そのため，従来にない高性能化，高機能化を目指した数々の興味深い回路が検討されてきた。ここではデジタル回路およびアナログ回路に分けてナノワイヤ素子の応用例について代表的なものを紹介する。また，回路構成に必要なナノワイヤの転送技術についても簡単に述べる。ここで紹介できない話題については，レビュー記事（文献1～7））を参照して頂きたい。

2　デジタル回路

インバータ（NOT回路）は最も基本的なデジタル回路であり，奇数個をリング上につなげたリング発振器はその遅延時間評価に広く用いられている。図1はp型Siナノワイヤをガラス基板上に転送して作製したリング発振器の例を示す[8]。その発振波形から，インバータ1段あたりの遅延時間は14nsと見積もれる。最先端LSI技術と比較すれば素子寸法は大きく，動作電圧も43Vと高い。しかし，注目すべきは，ナノワイヤをチャネルに用いたMOSFET回路がガラス基板上に作製されていることである。成長基板から切り離したナノワイヤを含んだ液体を，ガラス基板とそれに密着させた特殊な鋳型との間隙に流し，向きが揃ったナノワイヤを堆積させた。このようなナノワイヤ転送技術を利用すれば，原理的には，基板の結晶構造や格子定数とは無関係に素子構成材料が選択できる。そのため，従来から知られている薄膜トランジスタ（TFT）に代わる技術として注目されている。実際，従来のTFTでチャネル材料に用いられる非晶質Siや有機半導体材料と比較して，単結晶Siナノワイヤの移動度は高く，10倍以上の高速動作が得られた。低消費電力ディスプレイや低価格RFタグなどへの応用が期待されている。

Siより移動度の高い材料をチャネルに用いれば回路性能向上が見込める。例えばnチャネルではInAs，pチャネルではGeを用いることが提案されているが，ヘテロエピ成長に伴う結晶品質低下への対策が必要である。これに対して，InAsおよびSiGeナノワイヤを用いた例が報告されている[9]。コンタクトプリンティング法によりこれらのナノワイヤを成長基板からSi基板上に

＊　Takao Waho　上智大学　理工学部　情報理工学科　教授

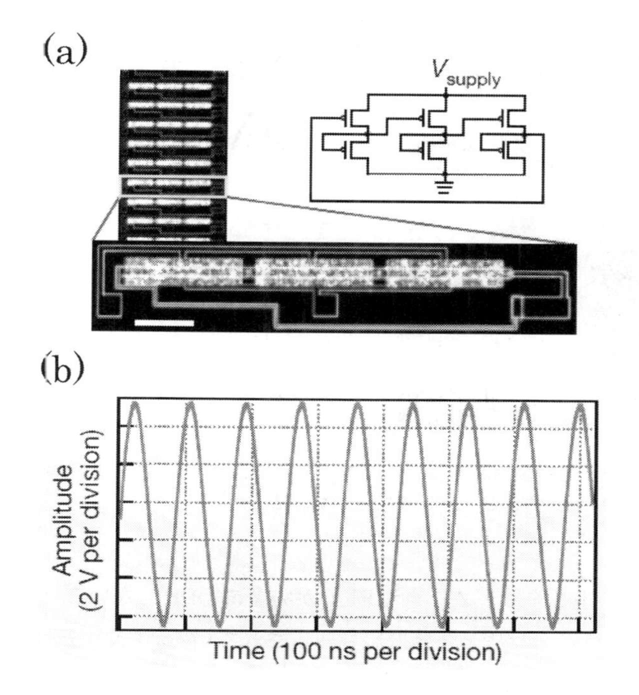

図1　p型SiナノワイヤFETを用いたリング発振器の(a)顕微鏡写真（スケールバーは100um），回路図と(b) 11.7MHzの発振波形[8]。

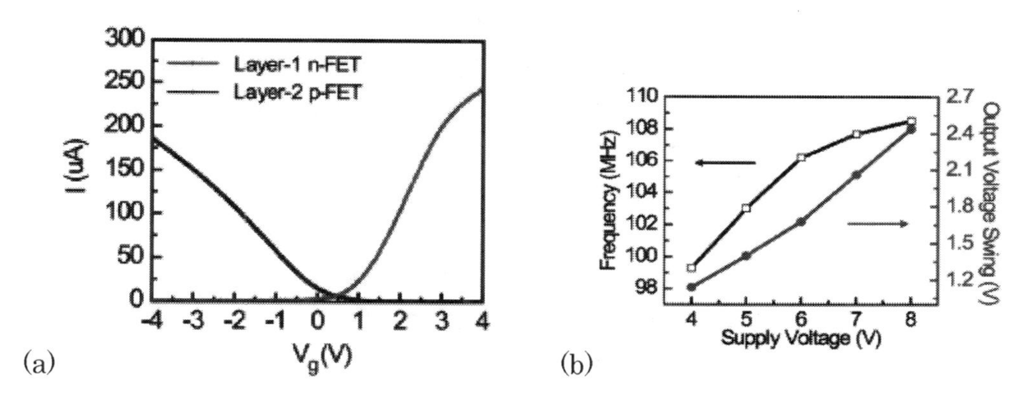

図2　(a) InAsナノワイヤとSiGeナノワイヤをそれぞれn/pチャネルに用いたMISFETのドレイン電流のゲート電圧依存性と(b)インバータ3段で構成したリング発振器の発振周波数と発振振幅の電源電圧依存性[9]。

転送した。Si基板上にはレジストで予め溝を設け，成長基板を密着後，僅かに平行に移動させることで溝部分にナノワイヤを残す手法である。V_{DS}=1Vにおけるゲート特性，および，インバータ3段から構成したリング発振器の発振特性を図2に示す。電源電圧の増加に伴い発振周波数が高くなり，1段あたりの遅延時間として1.54nsとなることが確認された。一方で，出力振幅

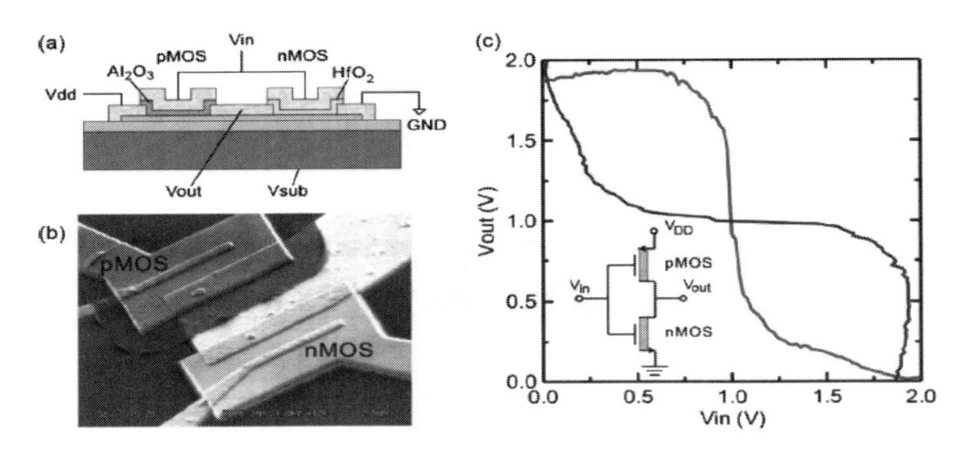

図3 (a)ゲート絶縁膜材料を変えて作製したCMOS型インバータの構造の模式図，(b)SEM像，および，(c)伝達特性。V_{DD} は2V[11]。

は電源電圧よりかなり小さく，ナノワイヤFETが完全にOFFしないことを示唆している。

CNTを用いたインバータとリング発振器も報告されている。CNTを用いたMISFETでは一般に両極性伝導を示すが，仕事関数の異なる金属，例えばpチャネル用にPd，nチャネル用にAl，をゲートに用いることでCMOS回路に似た動作を実現し，電源電圧0.92Vで1段あたりの遅延時間1.9nsを得ている[10]。しかし両極性伝導は残っていてOFF状態のリーク電流やノイズマージンの問題がある。これに対して，pチャネルにHfO_2，nチャネルにAl_2O_3を利用し，Si絶縁膜界面の電荷を制御することでその問題を解決し，CMOS型インバータの動作に成功した例が報告されている[11]。図3にその結果を示す。電子ビーム露光を用いて1本のCNTに電極を形成し，n/pチャネルMISFETからなるインバータを作製した。

CNTを用いた順序回路も試作されている。図4はpチャネル素子を用いて作製したDラッチの例で，正常なラッチ動作が確認されている[12]。配向性を持つCNTをクォーツ基板上に成長させ，その後Si基板上に転送した。CNTでは金属相との分離技術の確立が課題となるが，この例では予め一定の電圧を印加することで焼き切って除去している。また，十分な電流駆動能力を得るためにはCNTの密度を250本/um程度に高める必要があるとの指摘もあり，信頼性改善[13]も含めて今後の課題となっている。さらに，最近導入されたFINFETなど，最先端CMOSデジタル回路とのベンチマーク比較[1]を徹底的に行い，ナノワイヤ・デジタル回路の優位性を実証していく必要がある。

金属相CNTを配線に利用する試みも報告されている。Closeらは0.25um CMOS技術で作製したリング発振器の配線の一部をCNTで置き換え，参照用Al配線との比較実験を行った結果，CNT配線の遅延時間がサブnsであったことを報告している[14]。CNTの堆積には誘電泳動現象（dielectrophoresis（DEP））を利用し，位置と方位を制御した。また，配線ビアを金属相CNTで埋めることも検討されている[15]。

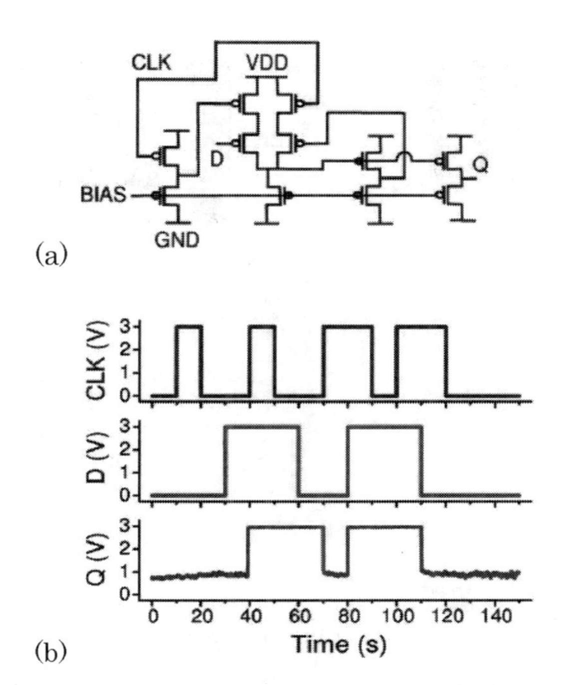

図4　(a)Dラッチの回路図と(b)動作波形。V_{bias} は 5V，V_{DD} は 3V[12]。

3　アナログ回路

CMOSデジタル回路をナノワイヤ素子で置き換えるのではなく，それらを組み合わせて機能補完を狙うアナログ回路応用も盛んに研究されている。先駆的な検討例としては，Rhナノワイヤを上述のDEPでCMOS基板上に堆積させ，抵抗ブリッジと2段CMOS差動アンプとの接続を試みた例がある[16]。抵抗値が高く動作確認には至らなかったものの，DEPを利用してナノワイヤを従来型CMOSプラットフォームに組み込む考え方は，以下で紹介する最近の回路検討に利用されている。同様の例としては，金属相CNTの抵抗変化を二重積分型A/D変換器でデジタル化するナノワイヤCMOS融合型回路を設計し，ガスセンサや流量センサとしての応用を目指した例が報告されている[17]。

実際にナノワイヤとSi nMOSFETを同一基板上に集積化し，電気的な動作確認を行った例を図5に示す。集積化にはDEPを利用し，CMOS基板上にCNTをチャネルとする能動負荷CNT（M2をバックゲート）と駆動用nMOSFETからなるアンプを作製した。図5に示すように12dBバンド幅として2.2MHzを得た[18]。DEPの歩留まりは91%であり，今後の改善が望まれる。

ナノワイヤは表面積体積比が大きいため，CMOS回路とオンチップで組み合わせることで，ナノワイヤ表面への化学物質吸着による伝導率変化を高感度で検知できる可能性がある。さらにナノワイヤ表面に受容体を固定することで感度増加が見込める。図6には，DEPを用いてCNTをCMOS回路基板上に堆積させ，メタノールやイソプロパノールなどのガス吸着による抵抗変

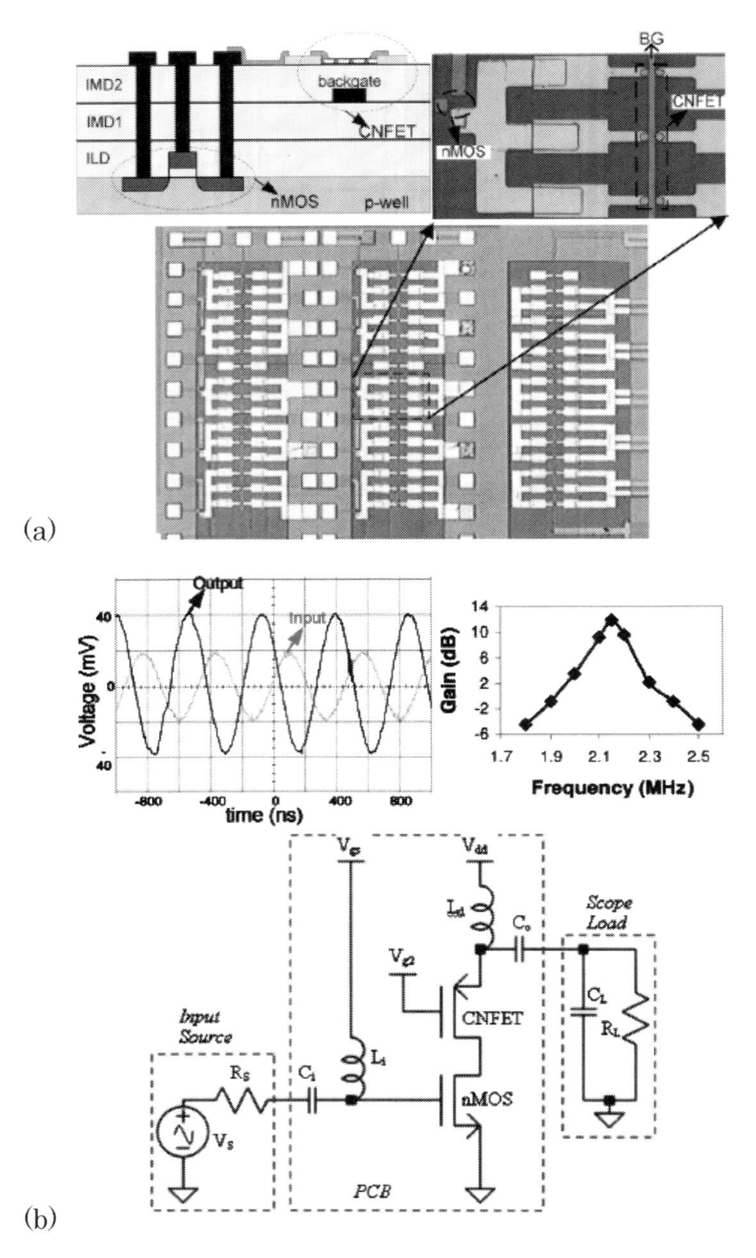

図5　(a) CMOS 基板上に DEP で堆積させた CNT と(b) nMOS-CNFET を組み合わせた増幅器の AC 特性[18]。

化をオペアンプで検知した例を示す。ss-DNA を付着させた CNT が，付着前の CNT と比較して大きな抵抗変化を示すことから，DNA シーケンスを適切に選ぶことで高感度化が可能であることが確認された[19]。その他，類似の報告もあり[20,21]，高感度・低消費電力の生体／化学センサへの応用が期待されている。

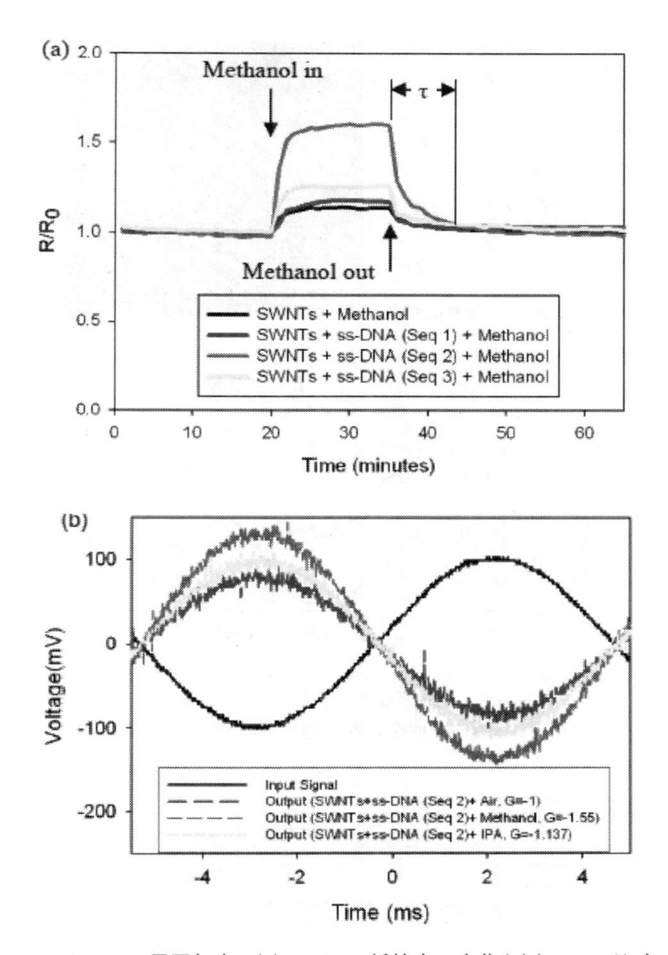

図6　メタノール雰囲気中の(a) SWCNT 抵抗率の変化と(b)フィードバック経路に SWCNT を挿入した CMOS オペアンプの AC 波形[19]。

一方，高い電子移動度を有する化合物半導体 NW を用いて超高速 FET を実現し，従来型素子と集積化させる例も報告されている。Blekker らは DEP を利用して Si 基板上に InAs ナノワイヤを堆積して，2 個の MISFET からなるインバータを作製した。さらに，同様の技術で InP 基板上に InAs ナノワイヤを堆積し，InP 系 HFET と組み合わせたトラック／ホールド（T/H）を作製し，図7に示すように 100 MHz 動作を確認した[22, 23]。T/H 回路は，アナログ信号をデジタル値に変換する A/D 変換器や，その逆の D/A 変換器で使用される重要な要素回路である。最先端の並列 CMOS システムで超高速信号処理が可能になったが，超高速アナログ信号を直接サンプリングできるフロントエンドが必要であり，T/H 回路への期待は高い。今後，InAs の高電子移動度を活かした一層の高速化が望まれる。

ナノワイヤを用いた TFT の考え方を更に発展させ，無線受信機に応用する検討も試みられて

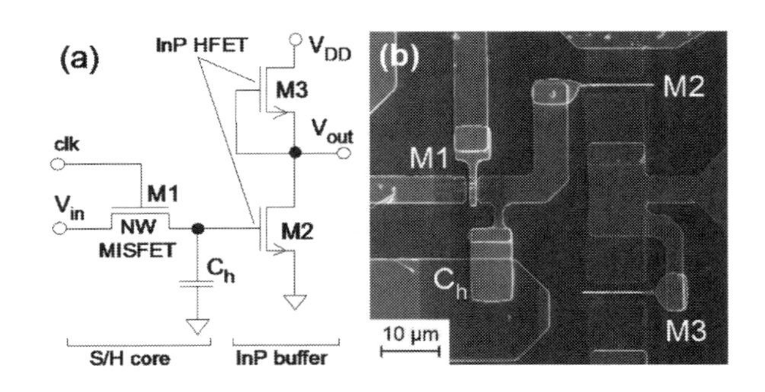

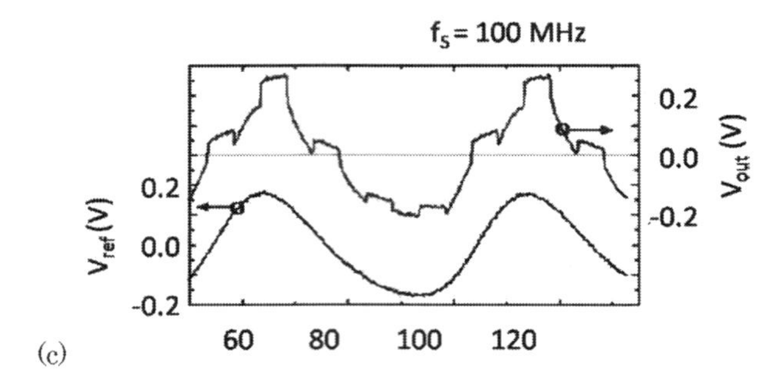

図7　InP 基板上に作製した T/H 回路
(a)回路図，(b)作製した回路の顕微鏡写真，および(c)出力波形[23]。

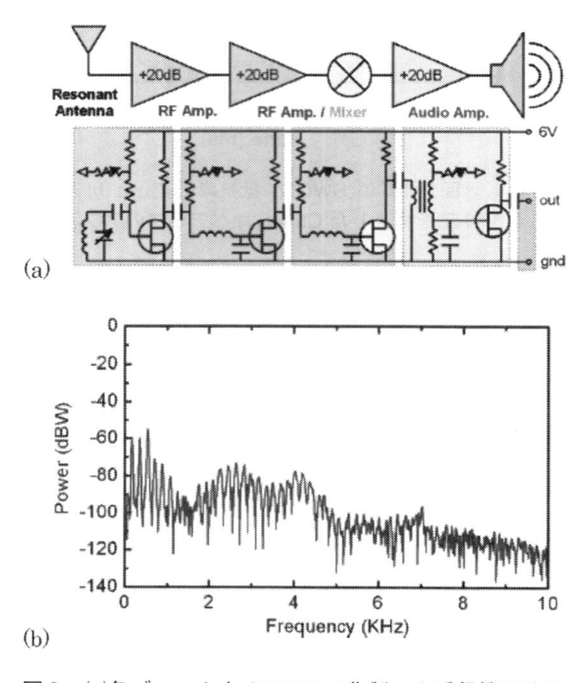

図8　(a)各ブロックを CNFET で作製した受信機回路図と(b)商用放送を受信したときの出力スペクトル[24]。

いる。その一例を図8に示す。クォーツ基板上に堆積させたCNTを用いて，能動フィルタ，RFアンプ，ミキサ，オーディオ帯アンプを作製し，さらに，それらを接続した受信機で商用放送が実際に受信できることが報告されている[24]。また，CNTの非線形IV特性を利用した検波回路も試作されている[25]。これらの回路は任意の基板上にインクジェット方式で作製できる可能性があり，RFIDを始めフレキシブル／ウェアラブル・エレクトロニクスへの新しい展開も期待される[26]。

4　ナノワイヤの配置制御技術

これまで説明した回路を実現するためには，ガラス基板やSi基板上の決められた位置に決められた方位で，成長基板からナノワイヤを転送（transfer）する技術が不可欠である。そのための代表的な方法を図9に示す。図9(a)(b)では比較的多数のナノワイヤを転送する方法で，不要部分はレジストを用いてリフトオフする。図9(c)は誘電泳動（DEP）を利用して，電極周辺の不均一電界によってナノワイヤを引きつけるもので，1本のナノワイヤを歩留まり98%以上で堆

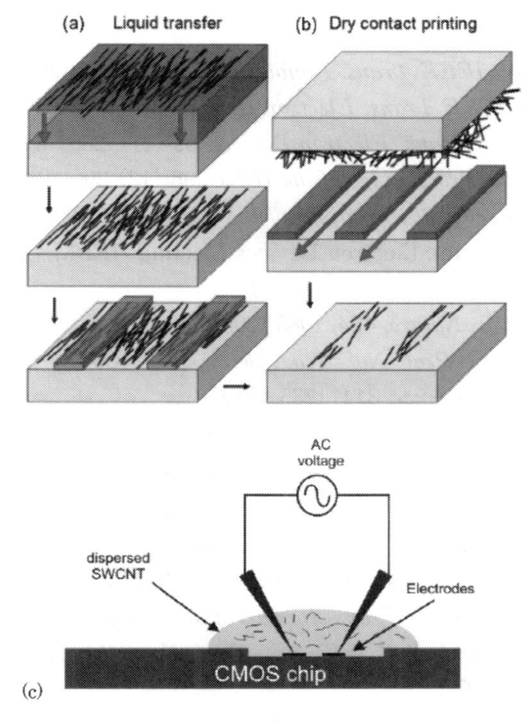

図9　ナノワイヤの転送方法
(a)ウェットプロセス，(b)ドライプロセス，および(c)誘電泳動現象を利用したプロセス。

積できる方法も提案されている[27]。CMOSの配線電極をそのまま利用できるためCMOSプロセスとの整合性も良い。

5 むすび

「それをCMOSで実現できるか？」に対してNOと断言できるような，ナノワイヤ素子の回路応用を考える必要がある。そのためには，基板とは無関係に素子材料が選べる，と言う特徴を最大限に活用することが重要であると考える。デジタル回路への応用を考えるとしても，Si基板上だけではなく，ガラスやプラスチック上でのデジタルシステム構築を追究することが重要と思われる。また，センサや超高速T/Hなど，CMOSでは実現できない機能や性能を実現し，CMOS基板と組み合わせていく必要がある。将来的には，発光／受光機能を持つpnコアシェルナノワイヤとCMOSとの組み合わせも高いポテンシャルを持つ研究ターゲットとなるであろう。

文　　献

1) Robert Chau, *et al.*, *IEEE Trans. Nanotechnol.*, **4** (2), 153 (2005)
2) Xiangfeng Duan, *IEEE Trans. Electron Devices*, **55** (11), 3056 (2008)
3) Wei Lu, *et al.*, *IEEE Trans. Electron Devices*, **55** (11), 2859 (2008)
4) D. S. Ricketts, *et al.*, *Proceedings of the IEEE*, **98** (12) 2061 (2010)
5) L. -E. Wernersson, *et al.*, *Proceedings of the IEEE*, **98** (12) 2047 (2010)
6) H. -S. P. Wong, *et al.*, Int. Electron Devices Meeting (IEDM), p. 23.1.1 (2011)
7) 和保孝夫，応用物理，81 (12) 1015 (2012)
8) R. S. Friedman, *et al.*, *Nature*, **434**, 1085 (2005)
9) Sung Woo Nam, *et al.*, *Proc. Nat. Acad. Sci.* (USA), **106** (50) p.21035 (2009)
10) Zhihong Chen, *et al.*, *Science*, **311**, 1735 (2006)
11) Naoki Moriyama, *et al.*, *Appl. Phys. Express* **3**, 105102 (2010)
12) N. Patil, *et al.*, *IEEE Trans. Nanotech.*, **10** (4), 744 (2011)
13) Hai Wei, *et al.*, 2011 IEEE Int. Electron Devices Meeting (IEDM), p. 23.2.1 (2011)
14) Gael F. Close, *et al.*, *IEEE Trans. Electron Devices*, **56** (1), 43 (2009)
15) Y. Awano, *et al.*, *Proceedings of the IEEE*, **98** (12) 2015 (2010)
16) A. Narayanan, *et al.*, *IEEE Trans. Nanotechnol.*, **5** (2), 101 (2006)
17) Chun Tak Chow, *et al.*, 2nd IEEE Int. Conf. Nano/Micro Engineered and Molecular Systems, p. 1209 (2007).
18) Deji Akinwande, *et al.*, *IEEE Trans. Nanotechnol.*, **7** (5), 636 (2008)
19) C. -L. Chen, *et al.*, 2010 IEEE Sensors, p. 2616 (2010)
20) Maximiliano S. Perez, *et al.*, 2010 IEEE Sensors, 10, p. 385 (2010)

21) S. Sonkusale, M. Dokmeci, 2011 48th ACM/EDAC/IEEE Design Automation Conference (DAC), p. 723 (2011)
22) Werner Prost, *et al.*, Ext. Abstracts .2010 In. Conf. Solid State Devices and Materials (SSDM), p. 1257 (2010)
23) K. Blekker, *et al.*, IEICE Trans. Electron., E95-C (8), 1369 (2012)
24) C. Kocabas, *et al.*, Proc. Nat. Acad. Sci. (USA), 105, p. 1405 (2008)
25) Chris Rutherglen and Peter Burke, *Nano Lett.* **7** (11), 3296 (2007)
26) Nima Rouhi, *et al.*, *IEEE Microwave Mag.*, p. 72, December 2010
27) E. M. Freer, *et al.*, *Nature Nanotech.* **5**, 625 (2010)

第3章　ナノワイヤのトランジスタ応用

冨岡克広*

1　はじめに

ナノワイヤは，数nmから数100nmの直径を有した針状・細線結晶構造である。近年の気相-液相-固相（Vapor-Liquid-Solid：VLS）機構を利用した成長法の普及により，ナノワイヤを大量かつ安価に作製できるようになり（Ⅰ編第1，2，4，5章），選択成長法の活用で，任意のサイズのナノワイヤを位置制御し形成することも可能になってきた（Ⅰ編第3，6章）。材料系としては，SiナノワイヤをⅣ族系ナノワイヤの研究が最も多く，次いでZnO，Ⅲ-Ⅴ族化合物半導体の順に多く，ナノワイヤ構造固有の現象や，幾何的特徴を利用した様々なデバイス応用例が報告されている。本章では，はじめにナノワイヤのトランジスタ応用の技術動向について述べ，次いでナノワイヤトランジスタ応用の進展として，化合物半導体ナノワイヤの縦型トランジスタ応用について紹介する。

2　ナノワイヤトランジスタの技術動向

ナノワイヤ電界効果トランジスタ（Field-effect transistor：FET）に関する研究報告例は，2012年度9月現在でおよそ331編報告されている。ナノワイヤ構造の作製手法として，エッチング技術でナノワイヤ構造を形成するトップダウン的手法と，結晶成長技術でナノワイヤ構造を形成するボトムアップ的手法があるが，ここでは，主にボトムアップ的手法により作製したナノワイヤについて述べる。材料別に大まかにナノワイヤのFET関連文献を分類すると，Si，Ge，Ⅲ-Ⅴ族化合物半導体，窒化物半導体，ZnO，Ⅱ-Ⅵ族化合物半導体，酸化物，SiC，Se，Bなど分類することができる。研究報告数は，Siナノワイヤが多く，次いで，ZnO，Ⅲ-Ⅴ族化合物半導体ナノワイヤの順で多い。これらの報告例は大まかにFET構造とFET応用で分類することができる。ナノワイヤFET構造は，図1のように，VLS法や選択成長法で作製したナノワイヤをホストとなる基板に散布し，横倒ししたナノワイヤで三端子構造を形成したFET（ナノワイヤ横型FET）と，垂直自立したナノワイヤに対して3次元的に立体ゲート構造を形成したFET（ナノワイヤ縦型FET）である。

＊　Katsuhiro Tomioka　北海道大学　大学院情報科学研究科；量子集積エレクトロニクス研究センター，㈱科学技術振興機構　さきがけ専任研究者

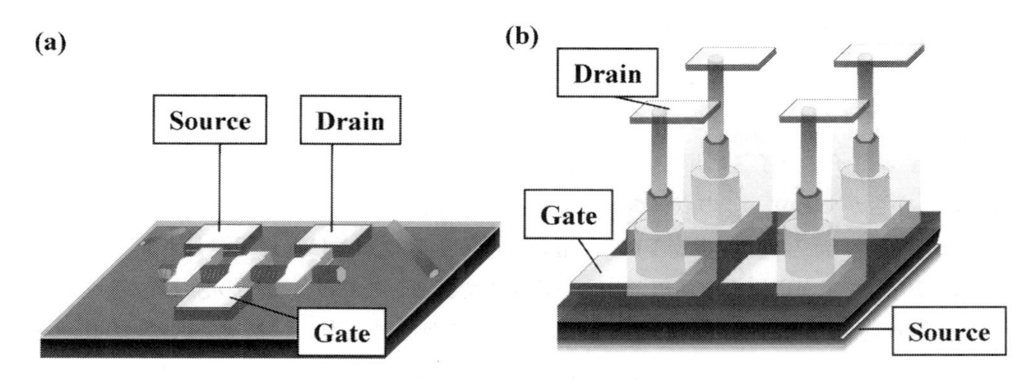

図1　ナノワイヤトランジスタ構造，(a)ナノワイヤ横型 FET，(b)ナノワイヤ縦型 FET

(1)　ナノワイヤ横型 FET

ナノワイヤ横型 FET は，リソグラフィ技術で比較的容易に三端子構造を作製することができるため，ナノワイヤ研究初期から報告例がある。ナノワイヤ横型 FET の応用は，トランジスタの性能向上が目的というよりも，ナノワイヤの特性評価の一環として素子構造が作製されることが多く，ナノワイヤの幾何的な特徴を利用した機能性デバイスの応用例が多い。

応用面では，ロジック回路応用，センサー応用があり，ZnO ナノワイヤや酸化物ナノワイヤではセンサー応用が多い傾向にある。ロジック回路応用は，2001 年度に Cui や Huang らが Si ナノワイヤを多数本配置した，NAND，NOR 回路などの基本的な論理回路[1,2]を報告している。研究初期は，ナノワイヤ同士を十字に配置し，一方をチャネル，他方をゲート電極として FET 素子構成をしていた。のちに，一本の Si ナノワイヤに n 型，p 型 FET を作製する技術も検討され[3]，近年では，これらを組み合わせたプログラマブル回路の構成も報告されている[4]。ZnO や In_2O_3 などの酸化物系ナノワイヤを用いたロジック回路応用も見られる。これらは，有機発光ダイオードの駆動電流源やフレキシブル基板上における回路構成を目的としている[5]。また，ZnO ナノワイヤでは，インバータ回路の構成も検討され，一本のナノワイヤでインバータ動作を実現した報告例もある[6]。

センシング応用では，ナノワイヤ構造の表面積の広さを利用し，ナノワイヤ表面の修飾状態で FET の伝達特性を可変させたガス[7]，pH[8]や，分子・バイオセンサー[8,9]，神経細胞の電位伝達モニターやニューロンの信号記録など[12~14]が報告されている。ガス検知応用は，2004 年の Fan らの ZnO ナノワイヤを用いた O_2 ガスセンシング応用が最初の報告例[7]になり，次いで，Kang らによる GaP ナノワイヤを用いたガスセンサー応用が報告されている[15]。酸化物ナノワイヤは，ナノワイヤ表面の修飾状態で FET の伝達特性が大きく変わることから，ガスセンシング応用に関する報告例が多く，湿度センサーなどの応用例も報告されている[16]。バイオセンシング技術では，2003 年 Cui らによって，直径 5nm の Si ナノワイヤについて，分子終端による FET 伝達特性の変化が報告されてから[9]，Si ナノワイヤ FET アレイを用いたニューロン信号の測定・検知[11]が報告され，近年では，Siナノワイヤとナノプローブ技術を組み合わせた神経細胞およびニューロンの電位・信号センシング技術やメモリ信号技術が検討されている[14]。

次に，電子デバイス応用の観点からナノワイヤ横型FETの技術動向をみることにする。ナノワイヤFETの電子デバイス応用で最も重要な点は，現行のSi-CMOS技術をナノワイヤで置き換えられるか否かであり，この点について，ナノワイヤ横型FETに利点を見出すことは困難である。なぜなら，ナノワイヤ横型FETに用いられるナノワイヤは，最短で長さサブμmオーダーの細線構造を平面座標上で使用されているからである。これは，現行のSi-CMOS微細化傾向（2012年時点で，ゲート長は22nmである。）と整合性を持たない。μmオーダーの長さを有したナノワイヤの中にn型FET，p型FETを作製する手法も考えられるが，占有面積の観点から微細化傾向に適さないと言わざるを得ない。しかしながら，ナノワイヤ横型FET研究の中には，電子デバイス応用上，重要な技術進展が数多くある。

ナノワイヤ横型FETのうち，p型FETは，Siナノワイヤで2003年にp型FET動作が報告されている[17]。n型FETについては，2004年Gengfengらによって，Pドーピングした Siナノワイヤで報告され[18]，単一のナノワイヤにn型FETとp型FETを作製する技術[3,19]や二つのFET構造を作製する技術[20]も検討されている。Siナノワイヤ横型FETの最初の実証例は2001年のCuiらによる報告例であり，Geナノワイヤについては2003年Wangらによって，p型FET動作が最初に報告されている[21]。Ⅲ-Ⅴ族化合物半導体ナノワイヤでは，2002年Duanらによって InPナノワイヤクロスバーによる試作[22]が初めて報告され，2004年，GaP，InAsナノワイヤを用いた横型FET応用が報告されている[15,23]。窒化物半導体ナノワイヤについては，VLS法で作製したGaNナノワイヤによるバックゲート型FETが2002年Huangらによって最初に報告されている[24]。

ナノワイヤ横型FETで特徴的な技術進展は，シリサイド工程の導入によるジャンクションレスFETの作製である。シリサイド工程は，Si-CMOS技術において重要な工程であるが，ナノワイヤ構造におけるシリサイド工程の重要性は，ソース・ドレイン端をシリサイドにすることで，チャネルだけが半導体ナノワイヤで構成されたジャンクションレス型トランジスタ構造[25]を構成することができる点と，ソース・ドレイン端への不純物注入が不要であるため，微細化における不純物ゆらぎを回避することができ，素子性能のばらつきを抑えられる点にある。ジャンクションレストランジスタ構造の典型的な動作実証は，2010年にColingeらによって提案されているが，これにさきがけて，ナノワイヤFETでは同様な構造が2000年初期から試作されている。ナノワイヤ横型FET作製工程では，Siナノワイヤについて，2004年Wuらがナノワイヤの両端にNi金属を堆積しアニールし，固相拡散機構によってNiSiシリサイド電極を形成し，ジャンクションレス型ナノワイヤ横型FETを作製している[26]。Geナノワイヤについては2008年Liowらによって導入されている[27]。Geナノワイヤの場合もNiの固相拡散によってNiGe合金を形成しソース・ドレイン端としている[27,28]。Ⅲ-Ⅴ族ナノワイヤでは，InAsナノワイヤについて，Ni/InAs合金による固相拡散技術が検討されている[29]。

(2) ナノワイヤ縦型FET

縦型ナノワイヤFET応用は，スイッチングデバイス用途が主であり，Si金属-酸化物-半導体（Metal-oxide-semiconductor：MOS）FETの代替デバイス，次世代MOSFETとして注目されている。現在，Si-MOSFETの微細化・高密度集積化により，超々大規模集積回路（Ultra-large scale Integrated Circuits：ULSI）におけるチップ当たりの電力消費量の急増が深刻な問題となり，個々のトランジスタ性能の維持しながら低電力化を実現できる代替チャネル材料・デバイス構造・スイッチング機構の探索とその集積技術の確立が急務となっている[29~31]。Si相補型金属-酸化膜-半導体（Complementary Metal-Oxide-Semiconductor：CMOS）技術では，微細化によるサブスレッショルドリーク電流の増大やショートチャネル効果を抑制するため，22nmノードからフィン型ゲート構造が採用され始めている。縦型トランジスタはサラウンディングゲートトランジスタ（Surrounding-gate transistor：SGT）とも称され，ゲートの電場がチャネルの全方位にわたって印加されるため，フィン型ゲート構造のような他の立体ゲート構造と比較すると，さらなるショートチャネル効果の抑制，サブスレッショルドリーク電流の低減，低電力スイッチ駆動が期待されるとともに，平面型MOSFETと比べチップ当たりの占有面積を小さくできる特徴を有している[32]。

縦型トランジスタの報告例は，垂直自立の細線構造に対して，3次元的な作製工程を施すことが困難であることから，研究報告例は横型ナノワイヤFETと比べると少ない傾向にある。垂直自立の細線構造の側壁に対してゲート電極を包埋するSGTは，1989年，枡岡らによって提案されていたが[32]，ナノ細線構造の作製技術が未熟であったため，2000年代初期からナノワイヤを用いたSGTについて報告されるようになった。ナノワイヤを用いた縦型トランジスタ応用は，CuSCN細線による作製が2003年に報告され[33]，次いでZnOナノワイヤによるサラウンディングゲートトランジスタ[34]，2006年にSiナノワイヤ[35]，InAsナノワイヤを用いた縦型トランジスタ[36]が報告されるようになった。

Ⅲ-Ⅴ族化合物半導体のうちInGaAsやInAsは，電子の有効質量が小さく，電子移動度が大きいことから，歪Siチャネルを超える高移動度チャネル材料として期待され，近年では，Si基板上に集積したInGaAs FinFETも作製されている[37]。将来のSi-CMOS技術は，Ⅲ-Ⅴ族化合物半導体チャネルを用いたSGT構造へと移行すると考えられるが，Si上のⅢ-Ⅴ族化合物半導体チャネルからなるSGTの作製報告例は少なく，従来のⅢ-Ⅴ MOSFETと比較すると，トランジスタ特性に著しい性能向上は見られていない。これは，Si上のⅢ-Ⅴ族半導体ヘテロエピタキシャル成長技術や，三次元立体プロセス技術について，多くの課題があるためである。Siプラットフォーム上でⅢ-Ⅴ族化合物半導体からなるSGTを異種集積するためには，Si基板上の任意の位置に一次元ナノ細線構造を作製する要素技術が必要であったが，選択成長技術を応用することで，Si上においても化合物半導体ナノ細線構造を任意の位置に集積できるようになってきた。表1に，ナノワイヤFETの性能指標を示す。これまでの報告例のうち，横型ナノワイヤFETと縦型ナノワイヤFETに関する性能指標や構造が顕著な報告を選別しまとめた。また，図2は，

表1　ナノワイヤトランジスタの典型的な報告例と性能比較

Material	Sub.	structure	d_{NW} (nm)	L_G (μm)	I_{DS} (mA/μm) @V_{DS}= 1.00V	I_{DS} (mA/μm) @V_{DS}= 0.50V	I_{OFF} (nA/μm)	I_{ON}/I_{OFF}	SS (mV/dec)	Ref.
InGaAs CMS	Si	Vertical	160 (Core)	0.2	1.3	0.45	10^{-3}	10^8	75	45
InAs	Si	Vertical	100	0.3	0.083	0.025	3.3	10^4	320	44
Si (top-down)	-	Lateral	5	0.20	1.7	0.06	0.2	10^7	63	43
InAs	Si	Vertical	60	0.05	0.006	0.002	4	10^3	300	42
Si	Si	Vertical	4	0.5	10^{-5}	-	0.02	10^5	120	35
InAs	InAs	Vertical	40	0.05	0.07	0.05	0.4	10^3	75	41
InAs	InAs	Vertical	80	1.0	-	0.008	5	10^3	100	36
ZnO	SiC	Vertical	35	0.2	0.001	-	0.05	10^4	130	34
GaN/AlN/AlGaN CMS	-	Lateral	100 (Core)	1.00	0.03	0.01	10^{-4}	10^7	68	50
Ge/Si	-	Lateral	18 (core)	0.19	0.53	0.32	5.26	10^4	100	40
InAs	-	Lateral	50	2	0.03	0.01	-	-	-	39
InAs/InP CS	-	Lateral	20 (Core)	0.17	-	3.2	0.29	10^3	260	38

Structure の Vertical, Lateral はそれぞれナノワイヤ縦型 FET, ナノワイヤ横型 FET 構造を示している。

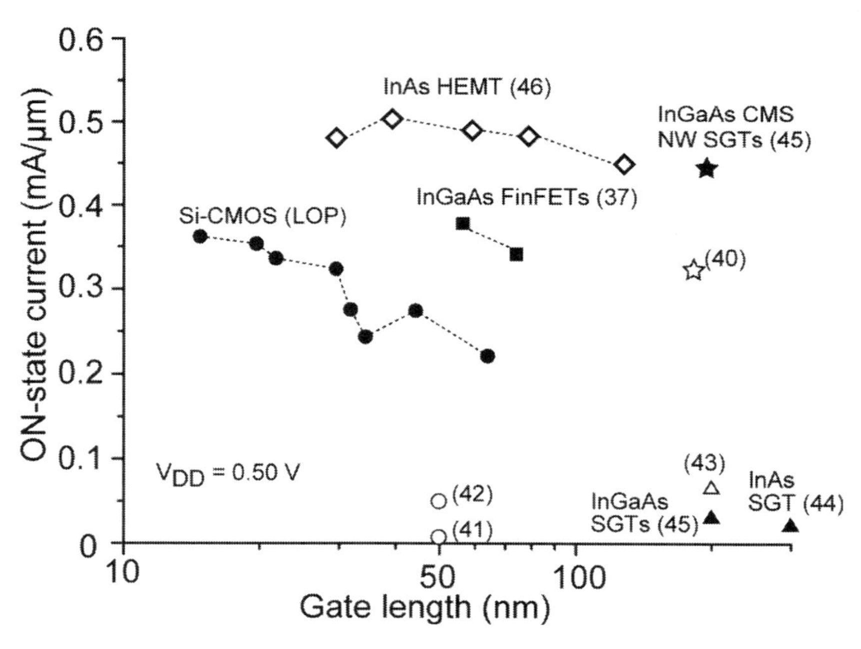

図2　Si-CMOS の微細化におけるオン電流とゲート長の推移と典型的なナノワイヤトランジスタ性能の比較。それぞれの報告例の電流値は，$V_{DD}=V_G=VDS$ とし，ナノワイヤのゲート外周長で規格化している。各番号は文献番号である。

近年の半導体技術ロードマップ委員会（International Technology Roadmap for Semiconductors：ITRS）で示されているSi-MOSFETの性能指標とその推移と，ナノワイヤ縦型トランジスタの性能比較である。平面型トランジスタの座標で比較すると，縦型トランジスタでは，ナノワイヤ直径がゲート幅に相当する。ここではゲート電極の厚みをゲート長とした。

表1から，Si-FinFETの性能を上回るトランジスタ性能の報告例があることがわかる。FETのスイッチ性能の一つにサブスレッショルド係数があり，電流値を一桁増やすのに必要なゲート電圧を示すスイッチング性能指標である。この値が小さいほどスイッチング性能が良く，低電圧駆動が期待できることを示している。Si-MOSFETのサブスレッショルド係数はおよそ60－100mV/decになる。一方，Ⅲ-Ⅴ族化合物半導体は，ゲート酸化膜との界面に界面欠陥準位が形成されるため，Si-MOSFETのような良好な半導体・ゲート酸化膜界面が得られない問題があったが，近年では，Si-MOSFETと同等のサブスレッショルド係数をもつSGT作製例も報告されている。これは，原子層堆積（Atomic Layer Deposition：ALD）技術の進展により，Ⅲ-Ⅴ MOS界面の特性が向上したことが大きい。現状で，Ⅲ-Ⅴ族化合物半導体ナノワイヤにおいても，Si-MOSFETと同等のサブスレッショルド係数を示す報告もある。

図2は，駆動電圧0.5Vにおける各種トランジスタのオン電流とゲート長の関係を示している。ITRSで指標とされているSi-MOSFETのオン電流は，高性能駆動（High Performance：HP），低電圧駆動（Low Operating Power：LOP），低待機電力（Low Stanby Power：LSTP）に分類されており，HPは主にサーバなどに要する性能，LOPは汎用電子機器や携帯電子端末などに要する性能である。ここでは，LOPの性能指標を記している。このほかに，近年の高性能Ⅲ-Ⅴチャネルとして，InAs高移動度トランジスタ（High-Electron Mobility Transistor：HEMT）[46]とSi上のInGaAs FinFET[37]の性能を加えた。図2から，ナノワイヤ縦型トランジスタの報告例の多くは，0.1mA/μmに満たない例が多く，駆動電流の点で課題が多いことが分かる。特に，縦型トランジスタ作製工程などのプロセス起因の寄生抵抗を抑制することが課題である。また，寄生抵抗の抑制に加えて，HEMT構造の導入など高電流駆動へ向けた付加技術の確立も重要となる。図2において，オン電流がSi-CMOSの微細化傾向を上回る性能を示すナノワイヤは，いずれもコア・シェル構造が採用されている。これは，半導体ナノワイヤの表面パッシベーション効果と二次元電子ガスの形成など機能性を付加し，キャリア移動の高速化を図っている。筆者らは，Si基板上に異種集積したInGaAsナノワイヤについて，コア・マルチシェル構造からなるHEMT層をナノワイヤの側壁に形成することで，駆動電圧0.5Vで高いオン電流を実現している。これは，HEMT層の形成に加えて，マルチシェル層によって，InGaAsナノワイヤ表面をパッシベーションしていることが高い駆動電流に寄与したと考えられる。しかしながら，ゲート長が200nm前後でゲート長やゲート幅のスケーリングに課題が残っている。

縦型トランジスタの電子デバイス応用は，図2に示すように，現行のSi-MOSFETのゲート長14nm以下のスケールで，如何にSi-MOSFETの駆動電流・スイッチング性能を上回るかが今後重要になる。次の章では，Si上のInGaAs垂直自立型ナノワイヤ（nanowires：NWs）アレイの選択成長技術を紹介し，筆者らの縦型トランジスタ構造の作製技術と，InGaAs/InP/InAlAs/InGaAs コアマルチシェル（core-multishell：CMS）構造による，表面パッシベーションと変調ドープ構造の形成を用いたトランジスタ特性の性能向上技術について説明する。

3 Si 基板上のⅢ-Ⅴナノワイヤ選択成長

筆者らは，Ⅲ-Ⅴ族化合物半導体ナノワイヤの作製技術に有機金属気相選択成長（selective-area metal organic vapor phase epitaxy：SA-MOVPE）法を用い，Ⅲ-Ⅴ族半導体ナノワイヤの形成について垂直ファセット成長機構を利用している（Ⅰ編第6章)。半導体ナノワイヤ形成における SA-MOVPE 法の一つ目の特徴は，位置制御が可能になるだけでなく，成長温度や供給原料分圧などの成長条件を調整することで，ナノワイヤの成長方向を動径方向と垂直方向に制御できる点にある。この特徴は，ほぼすべてのⅢ-Ⅴ族化合物半導体の選択成長において確認され，自在にコア・シェル構造を作製することができる。コア・シェル構造とは，ナノワイヤを芯（コア）とし，その側壁に異種半導体を成膜させた構造である。コアに対して，一層製膜させた構造をコア・シェル（core-shell：CS），多層成膜させた構造をコア・マルチシェル（core-multishell：CMS）構造とよぶ。半導体ナノワイヤは二次元平面よりも広い表面積をもつため，平面構造と比べると表面準位の影響を大きく受け，光デバイスや電子デバイスの劣化要因になる。例えば，GaAs ナノワイヤのキャリア再結合過程において，表面準位は非放射性再結合過程をとり，著しい発光効率の低下を招くが，GaAs ナノワイヤの側面に AlGaAs シェル層を被覆することで，この表面準位の影響を大幅に低減することができる[47]。

二つ目の特徴は，表面処理技術を工夫することで，Si 基板上のような格子不整合系においても，垂直配向したⅢ-Ⅴ族化合物半導体ナノワイヤを集積できる点にある[47, 48]。図3に Si 基板上の InGaAs ナノワイヤ成長結果を示す。InGaAs ナノワイヤは一般に〈111〉B 方向に成長するため，(111)B 表面上で垂直方向に配向したナノワイヤ構造が得られる。一方，Si(111)面上では，化合物半導体の極性に対して，4つの等価な[111]B 方向が存在する。これにより，InGaAs ナノワイヤは，Si(111)面に垂直な〈111〉方向と，基板表面から 19.6°傾いた3つの等価な〈111〉方向に成長する。半導体ナノワイヤの幾何的な利点を応用し，縦型トランジスタ構造に応用するためには，成長基板表面から斜めに成長した構造は利用できない。そのため，この斜め方向のナノワイヤ成長を完全に抑制する必要があった。この課題に対して，筆者らは InGaAs 成長前の Si(111)表面原子配列を As 原子で置換し，(111)B 面と等価な表面原子配列にすることで，Si 上の InGaAs 垂直ナノワイヤの位置制御を実現した。図3はその作製結果である。図から，Si 基板上において，垂直配向した InGaAs ナノワイヤが均一に成長していることがわかる。ナノワイヤの形状は，直径 90nm，高さ 760nm で，{1-10} 垂直ファセットと (111)B 面に囲まれた六角柱構造を有していることがわかる。成長方向は〈111〉B 方向で，チャネル輸送は，{1-10} 面上で〈111〉B 方向に生じる。図3(b)は，電子線入射方向を〈1-10〉方向とした時の透過電子顕微鏡

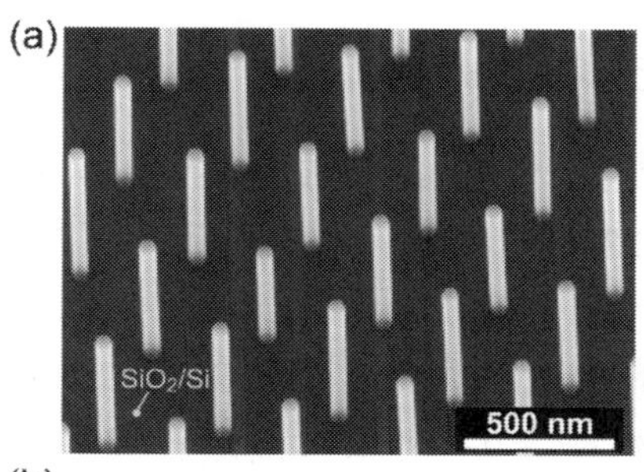

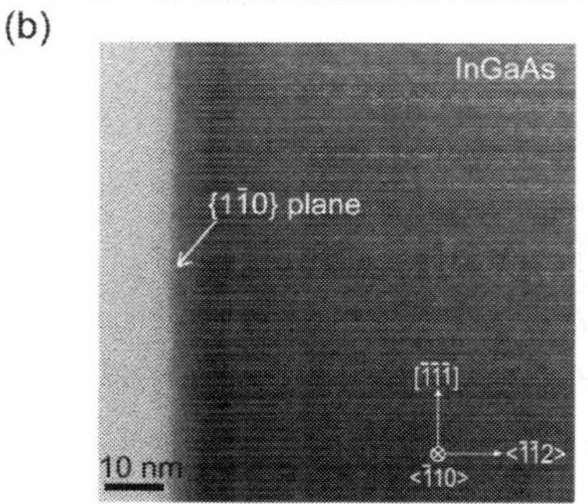

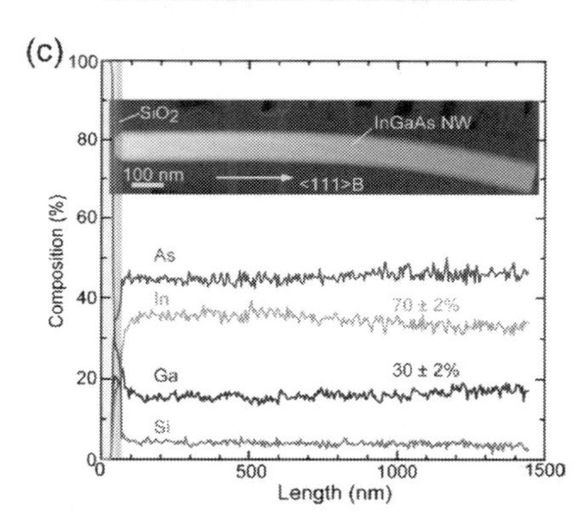

図３　Si(111)基板上のInGaAsナノワイヤ選択成長，(a)作製結果のSEM像，(b)InGaAsナノワイヤの高分解TEM像，(c)エネルギー分散型X線分光法による元素線分析プロファイル

(Transmission electron microscopy：TEM）像である。図から，作製したInGaAsナノワイヤは，閃亜鉛鉱型結晶構造をとり，双晶欠陥を含むことがわかるが，｛1-10｝面は原子的に平坦であることがわかる。エネルギー分散型X線（Energy Dispersive X-ray：EDX）分光法による線分析から［図3(c)］，作製したInGaAsナノワイヤのIn組成とGa組成はそれぞれ，70±2%，30±2%であることがわかる。今回は，ナノワイヤ成長中にモノシラン（SiH_4）によるn型ドーピングを行った。InGaAsナノワイヤの四端子測定とEDX線分析結果から，キャリア密度は，$1\times10^{18}cm^{-3}$である。

4 ナノワイヤ縦型トランジスタの作製

図4に垂直ナノワイヤSGT構造の作製工程を示す。SA-MOVPE法で作製した$In_{0.7}Ga_{0.3}As$ナノワイヤ（直径90nm，高さ1.2μm）について［図4(a)］，ALD法により$Hf_{0.8}Al_{0.2}Ox$ゲート酸化膜を堆積する［図4(b)］。ゲート酸化膜は，10〜20nmである。$Hf_{0.8}Al_{0.2}Ox$の誘電率は有効媒質近似から20.3であり，実効的酸化膜厚（Effective Oxide Thickness：EOT）は1.86〜3.72nmである。次に，RFプラズマスパッタリング法によりゲート電極のタングステン（W）を堆積する。RFプラズマスパッタリング法では，ナノワイヤの側壁全面にゲート電極が堆積される。その後，低誘電率ポリマー（Benzocyclobutene：BCB）樹脂により，ナノワイヤ試料全体を包埋し［図4(c)］，反応性イオンエッチング（Reactive Ion Etching：RIE）でBCB樹脂，Wゲート電極，$Hf_{0.8}Al_{0.2}O_x$ゲート酸化膜を同時にエッチングする［図4(d)］。RIEのエッチング時間で，ゲート長（L_G）を調整することができ，ここではL_G=200nmである。また，ゲート・ドレイン間距離（L_{D-G}）はおよそ50nmとした。RIE行程後，ゲート電極とドレイン電極を分離するため，BCB樹脂で試料を再度コーティングし，RIEによりナノワイヤの頂上部をBCBから露出させ［図4(e)］，電子線（Electron-beam：EB）蒸着法によりドレイン電極にNi/Ge/Au/Ni/Au，ソース電極にTi/Auを堆積することで，縦型トランジスタ構造を作製することができる［図4(f)］。

図5(a)，(b)にInGaAsナノワイヤSGT構造のキャパシタンス（C-V_G）特性とゲートリーク（I_G-V_G）特性をそれぞれ示す。図5(a)から，周波数の変化に対する，蓄積領域におけるゲート容量の変位は4%程度と非常に小さく，周波数変化によるフラットバンド電位シフトがないことがわ

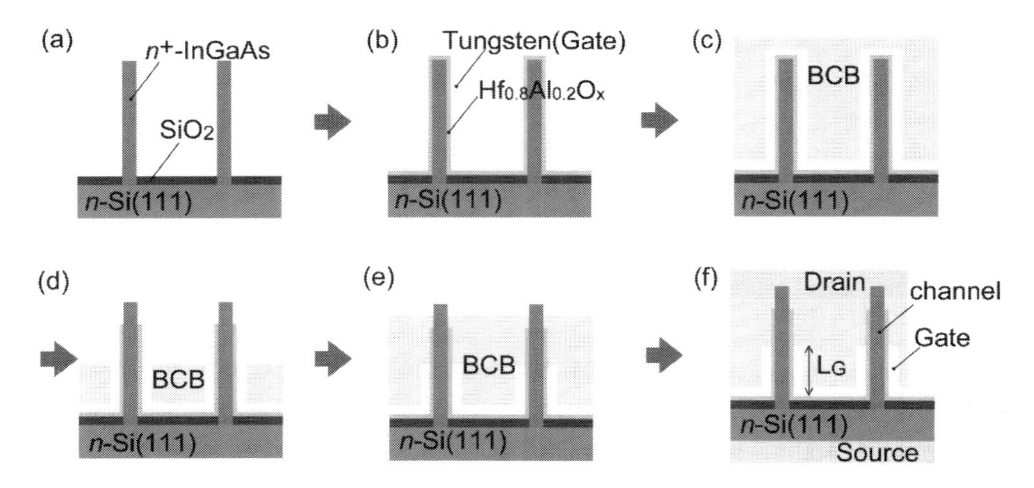

図4 ナノワイヤ縦型トランジスタの作製工程，(a)ナノワイヤ選択成長，(b)ALD法によるゲート酸化膜の堆積とスパッタリング法によるゲート電極の堆積，(c)ポリマー樹脂または層間絶縁膜によるナノワイヤの包埋，(d)反応性イオンエッチングによるポリマー樹脂およびゲート酸化膜・電極のエッチング，(e)ポリマー樹脂によるナノワイヤの包埋と反応性イオンエッチングによるエッチング，(f)蒸着法によるドレイン電極，ソース電極の堆積

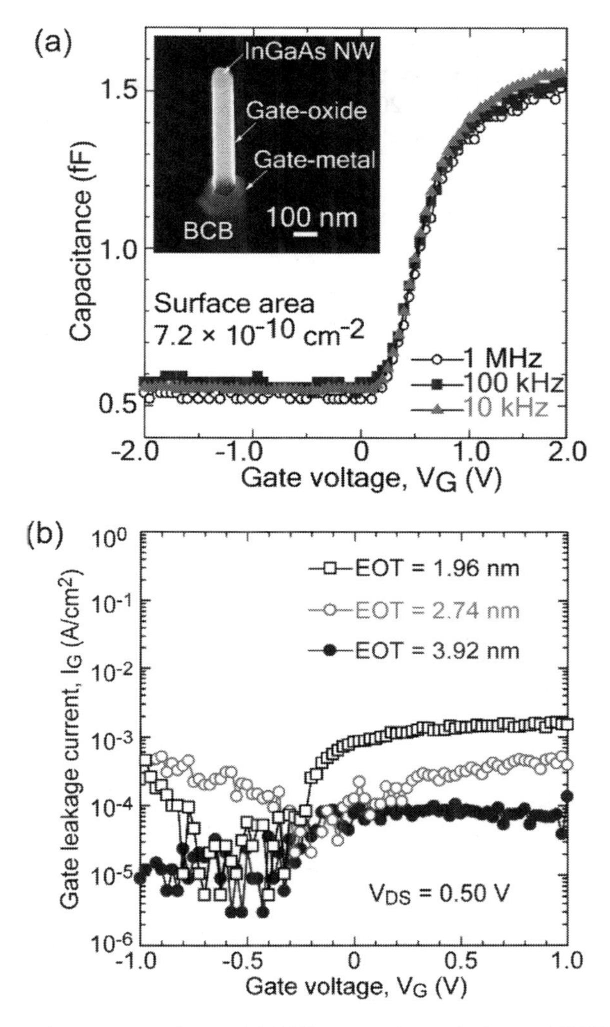

図5　Si 上の InGaAs ナノワイヤ縦型 FET のキャパシタンス-電圧特性(a)とゲートリーク特性(b)

かる。また，図5(b)の I_G-V_G 特性では，EOT の変化に対して，I_G は 10^{-3}～10^{-5}A/cm^2 程度と，従来のⅢ-V MOSFET のゲートリーク特性と比較すると小さいことがわかる。これらの結果から，今回作製した InGaAs SGT 構造の HfAlO/InGaAs 界面は良好な界面特性を有していると考えられる。

図6(a),(b)に InGaAs ナノワイヤ SGT の出力特性と伝達特性を示す。ドレイン電流（I_D）は，実験値をナノワイヤ本数とゲート外周で規格化した。図から，作製した SGT の閾地電圧（V_T）は，0.18V で，n 型 FET 特性を示し，サブスレショルド（SS）係数は 85mV/dec，ドレイン誘起障壁低下（Drain-induced barrier lowering：DIBL）効果は 48mV/V であった。また，伝達

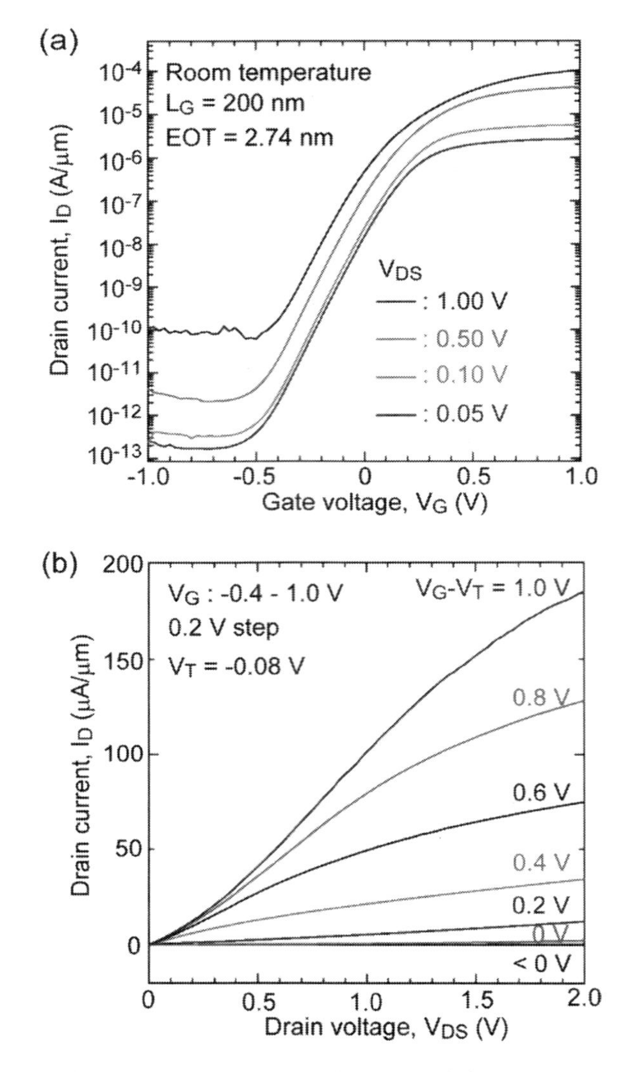

図6　Si上のInGaAsナノワイヤ縦型FETの伝達特性(a)と出力特性(b)。電流値は，ナノワイヤの数で一本あたりの電流値をゲート外周長で規格化している。測定は，室温・暗条件で行った。

特性におけるon/off比は10^6，相互コンダクタンス（G_m）はV_{DS}＝1.00Vの時160μS/μmであり，これらのトランジスタ特性は，従来のSi上のⅢ–VナノワイヤSGT特性よりも良好な特性を示している。しかし，$V_{DS}=V_G$＝1.00Vにおるon電流は，100μA/μm，$V_{DS}=V_G$＝0.50Vにおるon電流は，40μA/μmであり，次世代Si-MOSFETの性能指標と比べると，on電流やG_mが小さく，性能向上のためさらなる改善が必要であることがわかる。

5　InGaAs/InP/InAlAs/InGaAs コアマルチシェルナノワイヤチャネル

前節の InGaAs ナノワイヤ SGT 特性から，図7に示す InGaAs/InP/InAlAs/δ-dope InAlAs/InAlAs/InGaAs CMS ナノワイヤを設計した。作製には，選択成長法の横方向成長モードを利用し，InGaAs ナノワイヤの側壁に変調ドープ構造からなる高移動度トランジスタ（High-electron mobility transistor：HEMT）構造を成膜する。コアの InGaAs ナノワイヤはノンドープ層でキャリア密度は $1\times10^{16}\mathrm{cm}^{-3}$ である。InP シェル層は，バリア層，InAlAs/δ-dope InAlAs/InAlAs シェル層は，電子供給層，最表面の InGaAs キャップ層は，酸化膜/InGaAs 界面特性を維持しながら，ゲート制御性を得るためである。図7(b)は，一次元ポアソン・シュレーディンガー方程

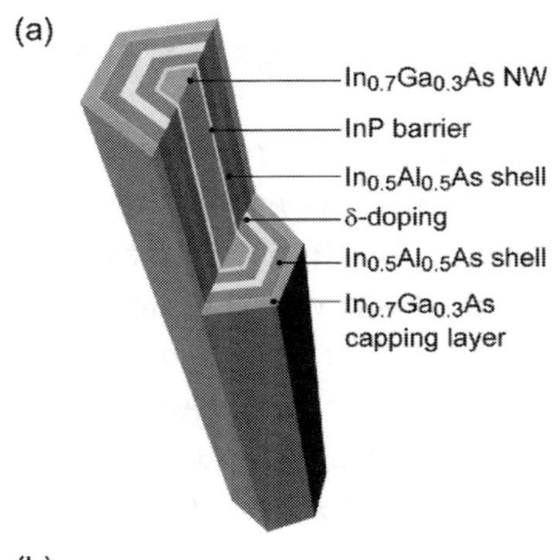

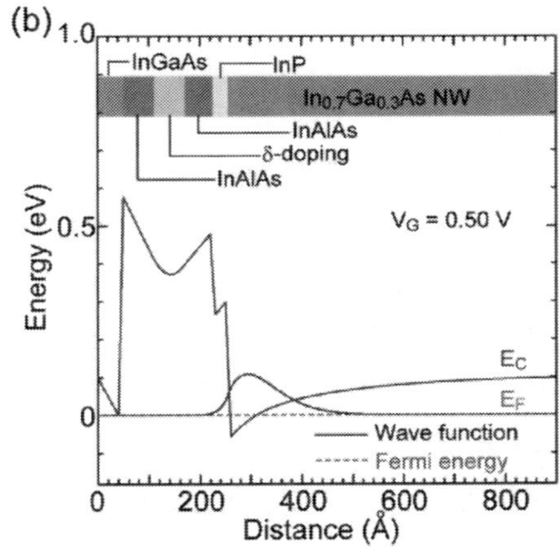

図7　(a) InGaAs/InP/InAlAs/InGaAs コア・マルチシェルナノワイヤの構造模式図，(b)一次元ポアソン・シュレーディンガー方程式による電子構造のシミュレーション結果。ゲート電圧（VG）0.50V で電子の波動関数が InGaAs コアナノワイヤの表面近傍に閉じ込められることがわかる。

式によるCMS層の伝導帯とキャリアの波動関数，フェルミ準位をシミュレーションした結果である。ここでは，V_G=0.50Vとした。V_Gを印加すると，キャリアの波動関数は，コアInGaAsナノワイヤ表面近傍に閉じ込められることがわかる。V_G=0Vの場合は，最表面InGaAsシェル層にキャリアが閉じ込められるが，ドレイン電極と電気的に分離しているため，電流に寄与しない。これらのV_Gに対するキャリア波動関数の振舞いから，ここで設計したInGaAs CMSナノワイヤ縦型トランジスタは，ノーマリーオフ型HEMT構造を形成できることがわかる。

図8(a)，(b)にInGaAs CMSナノワイヤ縦型トランジスタの出力特性と伝達特性を示す。L_Gは200nm，L_{D-G}は50nmである。図8(a)から，SS特性は，室温で75mV/decとなりMOSFETの理論限界に近い値を示した。また，DIBLは35mV/V，on/off比は10^8，オフ電流は10pA/μm以下になった。また，図8(b)の出力特性から，V_T=0.40Vのn型エンハンスメントモード（ノーマリオフ）スイッチング特性を示すことがわかる。また，L_{D-G}を50nmに縮小することで良好な飽和領域を有した出力特性が得られ，オン電流は$V_{DS}=V_G-V_T$=0.50Vの時，0.45mA/μmになることがわかる。

図8(c)にV_{DS}=0.50VにおけるInGaAsナノワイヤチャネル，InGaAs/InAlAs CSナノワイヤチャネル，InGaAs/InP/InAlAs/InGaAs CMSチャネルの相互コンダクタンス曲線を示す。図中μ_{eff}は，C-V_G曲線とG_mから算出したそれぞれのナノワイヤチャネルの電界効果移動度である。図7(c)から，InGaAs CMSナノワイヤSGTのG_mは1.42mS/μmとなり，L_{D-G}を微細化することで，G_mが大幅に改善され，InGaAsナノワイヤSGTのG_mに対して，およそ14倍に増大することが明らかになった。また，InGaAsナノワイヤチャネルSGTのμ_{eff}が1060cm^2/Vsに対して，CMSナノワイヤチャネル構造によるμ_{eff}は，およそ7850cm^2/Vsとなる。これは，Si-MOSFETの移動度（universal mobility）のおよそ10倍になる[49]。

6 まとめ

ナノワイヤのトランジスタ応用について，技術動向と縦型トランジスタの作製手法と近年の研究成果について述べた。今回，本章を執筆するに当たり，これまでに報告されたナノワイヤFETに関する論文をすべてライブラリ化した。その際，ナノワイヤFET応用は，論文報告例が乱立していることが明らかになった。単純にFET素子構造を作製するだけに留まる報告例が無数にあるため，技術的課題・技術進展の明確さが損なわれている印象を受ける。現状ナノワイヤ横型・縦型FET構造自体もはや新規性がなく，今後はそれぞれの素子特性・性能を向上できるような技術進展や新しい物性・特性を示すことができるかどうかが重要になる。これらを明確にし，更にナノワイヤFET分野を発展させるためには，電子デバイス応用，センサー応用など，それぞれの応用・分野で問題になっている課題，性能指標を十分に把握し，それをナノワイヤFET応用へと踏襲することが今後重要になる。

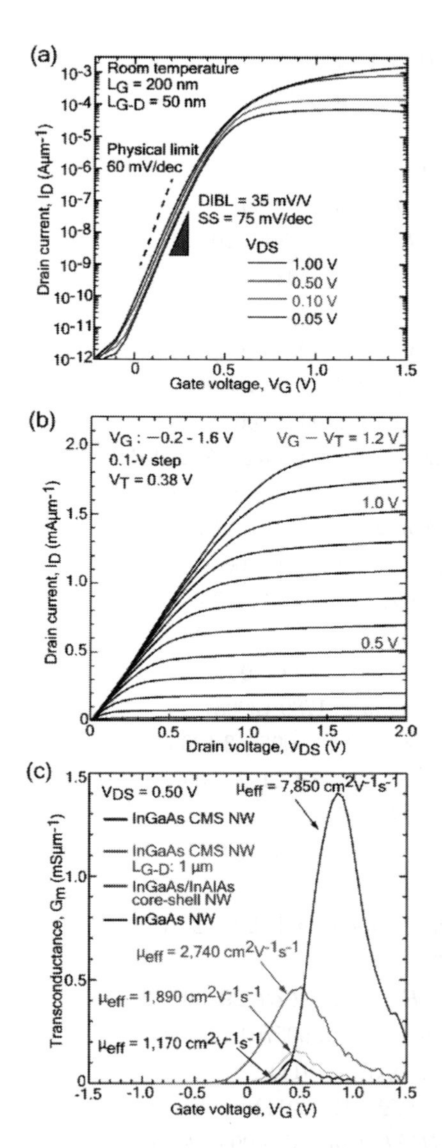

図8　Si 上の InGaAs/InP/InAlAs/InGaAs コア・マルチシェルナノワイヤ縦型 FET の伝達特性(a)と出力特性(b)。電流値は，ナノワイヤの数で一本あたりの電流値をゲート外周長で規格化している。測定は，室温・暗条件で行った。(c) InGaAs/InP/InAlAs/InGaAs コア・マルチシェルナノワイヤ，InGaAs/InAlAs コア・シェルナノワイヤ，InGaAs ナノワイヤ縦型 FET の相互コンダクタンス。図中には，それぞれ相互コンダクタンスとキャパシタンス-電圧特性から求めた電界効果移動度を記した。

文　献

1) Y. Cui *et al.*, *Science* **291**, 851 (2001)
2) Y. Huang *et al.*, *Science* **291**, 851 (2001)
3) Q. Lai *et al.*, *Nano Lett.* **8**, 876 (2008)
4) H. Yan *et al.*, *Nature* **470**, 240 (2011)
5) W-I. Park. *et al.*, *Adv. Mat.* **17**, 1393 (2005)
6) S. Roy *et al.*, *Nanotechnology* **21**, 245306 (2010)
7) Z. Fan *et al.*, *Appl. Phys. Lett.* **85**, 5923 (2004)
8) F. Patolsky *et al.*, *Anal. Chem.* **7**, 4261 (2006)
9) Y. Cui *et al.*, *Nano Lett.* **3**, 149 (2003) Si NW
10) F. Patolsky *et al.*, *Nature Prot.* **1**, 1711 (2006)
11) F. Patolsky *et al.*, *Science* **313**, 1100 (2006)
12) B. P. Timko *et al.*, *IEEE Trans. Nanotech.* **9**, 269 (2010)
13) T. Cohen-Karni *et al.*, *Nano Lett.* **10**, 1098 (2010)
14) X. Duan *et al.*, *Nature Nanotech.* **7**, 174 (2012)
15) D. Kang *et al.*, *J. Appl. Phys.* **96**, 7574 (2004)
16) P. Jiang *et al.*, *J. Mat. Chem.* **22**, 6856 (2012)
17) M. C. McAlpine *et al.*, *Nano Lett* **3**, 1531 (2003)
18) G. Gengfeng *et al.*, *Adv Mat.* **16**, 1890 (2004)
19) B. A. Sheriff *et al.*, *ACS Nano* **2**, 1789 (2008)
20) Y. Shan *et al.*, *Appl. Phys. Lett.* **91**, 093518 (2007)
21) D. Wang *et al.*, *Appl. Phys. Lett.* **83**, 2432 (2003)
22) X. Duan *et al.*, *Nano Lett.* **2**, 487 (2002)
23) C. Thelander *et al.*, *Solid State Comm.* **131**, 573 (2004)
24) Y. Huang *et al.*, *Nano Lett.* **2**, 101 (2002)
25) J-P. Colinge *et al.*, *Nature Nanotech.* **5**, 225 (2010)
26) Y. Wu *et al.*, *Nature* **430**, 61 (2004)
27) T-Y. Liow *et al.*, *IEEE Elec. Dev. Lett.* **29**, 808 (2008)
28) J. Tang *et al.*, *Nanotechnology* **21**, 505704 (2010)
29) I. Ferain *et al.*, *Nature* **479**, 310 (2011)
30) J. A. del Alamo, *Nature* **479**, 317 (2011)
31) A. C. Seabaugh *et al.*, *IEEE Proc.* **98**, 2095 (2010)
32) H. Takato *et al.*, *IEEE Elec. Dev. Lett.* **38**, 573 (1991)
33) J. Chen *et al.*, *Appl. Phys. Lett.* **82**, 4782 (2003)
34) H. T. Ng *et al.*, *Nano Lett.* **4**, 1247 (2004)
35) J. Goldberger *et al.*, *Nano Lett.* **6**, 973 (2006)
36) T. Bryllert *et al.*, *IEEE Elec. Dev. Lett.* **27**, 323 (2006)
37) M. Radosavljevic *et al.*, *IEEE IEDM Tech. Dig.* 765 (2011)
38) X. Jiang *et al.*, *Nano Lett.* **7**, 3214 (2007)

39）Q-T. Do *et al., IEEE Elec. Dev. Lett.* **28**, 682 (2007)
40）J. Xiang *et al., Nature* **441**, 489 (2006)
41）C. Thelander *et al., IEEE Trans. Elec. Dev.* **55**, 3030 (2008)
42）C. Rehnstedt *et al., IEEE Trans. Elec. Dev.* **55**, 3037 (2008)
43）X. Li *et al., IEEE Elec. Dev. Lett.* **32**, 1492 (2011)
44）T. Tanaka *et al., Appl. Phys. Exp* **3**, 025003 (2010)
45）K. Tomioka *et al., Nature* **488**, 189 (2012)
46）D-H. Kim *et al., IEEE IEDM Tech. Dig.* 692 (2010)
47）K. Tomioka *et al., Nanotechnology* **20**, 145302 (2009)
48）K. Tomioka *et al., Nano Lett.* **8**, 3475 (2008)
49）S. Takagi *et al., IEEE Trans. Elec. Dev.* **41**, 2357 (1994)
50）Y. Li *et al., Nano Lett.* **6**, 1468 (2006)

第4章　ナノワイヤを活用した不揮発性メモリ
—ナノワイヤメモリスタ—

柳田　剛*

1　はじめに

近年のモバイル電子デバイス情報通信量の増大化・高性能化に伴い，不揮発性メモリ素子の大容量化が大きな技術課題となっている。不揮発性メモリ素子の開発競争は企業間で激烈な様相を呈しており，Tbit級の不揮発性メモリ素子の開発が急ピッチで行われている。例えば，強誘電性を利用したFeRAM，トンネル磁気抵抗を利用したMRAM，結晶相変化を利用したPRAM等が代表的な素子群として挙げられるが，近年になって金属酸化物を用いたReRAMがその素子構造の簡便性，高速スイッチング特性等からTbit級の有望な不揮発性メモリ素子として非常に注目を浴びつつある。微細加工技術の限界が視野に入ってきた現在，全く新たな観点での不揮発性メモリ素子の微細化に関する技術開発が求められている。このような背景のもと，数ナノメートルの精度でサイズ制御可能な自己組織化ナノワイヤを不揮発性メモリ素子へと適用した事例について紹介する。

ゲート絶縁膜に閾値以上の電圧を加えた際に生じる絶縁破壊は，既存の電子デバイスにおいて克服すべき重要な課題であった。近年，この絶縁破壊における抵抗値変化が可逆的に操作可能であることが示され，材料や操作条件によっては数百ピコ秒で駆動する超高速の不揮発性メモリ効果が実現可能であることが明らかになりつつある[1~6]。これらのデバイスはメモリスタ若しくはReRAMと呼ばれ，世界中の産官学研究機関で研究開発が進んでいる。メモリスタは最も単純な2端子構造で構成されるために，高密度メモリに向けた高集積化に大きな期待が寄せられている。またメモリ素子としての応用に留まらず，レジスタ，キャパシタ，インダクタに次ぐ第四の新しい回路素子として展開されるに至っている[7]。これらデバイス応用の礎となる電界誘起メモリ現象が本質的に制限されたナノ空間において特異的に発現していることがこれまでの研究で明らかになってきたが[2~4]，従来の薄膜素子では固体内部で発現する不揮発性メモリ現象を直接的な手法で明らかにするのは困難であった。ここでは，自己組織化現象を介して形成される10nm級の金属酸化物ナノワイヤ構造体を用いてシリコン基板上でプレーナー型メモリスタデバイスを構築することにより，従来薄膜素子では固体内部に潜んでいた不揮発性メモリ現象のメカニズムについて検証した結果について紹介する。

---

*　Takeshi Yanagida　大阪大学　産業科学研究所　極微材料プロセス研究分野　准教授

2　自己組織化酸化物ナノワイヤを用いたプレーナー型メモリスタ素子

自己組織化現象を用いた酸化物ナノワイヤの創製，及びプレーナー型ナノワイヤメモリスタ素子の作製について説明する。金属触媒を介した気・液・固相（Vapor-Liquid-Solid：VLS）結晶成長メカニズムを介して酸化物ナノワイヤを作製した。VLS成長を用いて得られる結晶はほぼ例外なく単結晶である。VLS法では気体・液体・固体の三相に跨る複雑な物質移動現象に基づいた動的非平衡プロセスを制御する必要がある。温度・圧力・原料ガス供給量・酸素分圧・触媒サイズ・触媒間距離等の制御因子と自己組織化形成メカニズムの相関性を理解することにより初めて高度に形状が規定された単結晶酸化物ナノワイヤ構造体の形成が可能となる。特にVLS成長と同時に進行するVS薄膜成長を如何に制御するかがナノワイヤ形成の重要な鍵となる[8～29]。分子動力学法を用いた数値計算と実験との比較検討から，固液界面においてのみ結晶成長が選択的に生じるメカニズムが，金属触媒原子の存在により固液界面における臨界核生成サイズが気固界面と比較して大幅に減少していることが本質であることを明らかにしてきた[30～31]。このVLSナノワイヤをナノスケールのテンプレートとしてin-situプロセスでメモリスタ材料を堆積し，メモリスタ材料のナノワイヤ構造化をコアシェルヘテロナノワイヤとして実現した。清浄なヘテロ界面を実現するためには，大気暴露を伴わないin-situプロセスの導入，ナノワイヤ-シェル層間の3次元的な結晶格子整合を考慮した材料選択が重要となる[19～22]。図1に実際に作製されたMgO/CoOxヘテロナノワイヤのFESEM・HRTEM像を示す。約5nmの厚みで均一に堆積され

図1　作製されたMgO/CoO_xナノワイヤの走査型電子顕微鏡像及び透過型電子顕微鏡像とプレーナー型酸化物ナノワイヤメモリスタ素子の走査型電子顕微鏡像

た CoOx シェル層が実現されている。次いで，形成された酸化物ナノワイヤを用いてプレーナー型メモリスタ素子構造を EB リソグラフィー法により形成した[23, 24]。図１に作製されたプレーナー型ナノワイヤメモリスタ素子の FESEM 像を示す。

3　ナノワイヤメモリスタを用いた極微素子特性の解明

ナノワイヤ素子におけるメモリ層の実効断面積は－$10^2 nm^2$ であり，得られた電流-電圧特性を図２に示す。初期状態が高抵抗であるナノワイヤ素子に電界を印加すると 106V/cm 付近でソフトな絶縁破壊を示唆する急激な電流値の上昇が見られた。Compliance current により素子に流れる電流を nA 程度に制限すると，電圧印加により電気抵抗が可逆的に変化する抵抗スイッチング効果が観測された。正方向の電界印加により高抵抗（OFF）状態から低抵抗（ON）状態へと変化し，負方向の電界印加により低抵抗状態から高抵抗状態へ変化した。以降，OFF→ON の過程を SET，ON→OFF の過程を RESET と呼ぶことにする。ナノワイヤ素子構造の対称性から正負の電圧極性は任意に定義可能であるが，初期の Forming と呼ばれる絶縁破壊過程と SET は同じ電圧極性で行われると定義する。抵抗変化には両極性を必要とし，ON，OFF の両状態は電界不印加下でも維持されることから，ナノワイヤ素子で観測されたこの現象はバイポーラ型の不揮発性抵抗変化メモリ効果であることが明らかとなった。メモリスタ動作には正負どちらか一方の電圧極性で駆動するユニポーラ型[26]と本結果の様に両極性を必要とするバイポーラ型が存在するが，以降の議論をバイポーラ型に基づいて進めていく。ナノワイヤ素子において，メモリ駆動に必要な電界強度は従来のキャパシタ型薄膜素子と同程度であることから，ナノワイヤ素子で

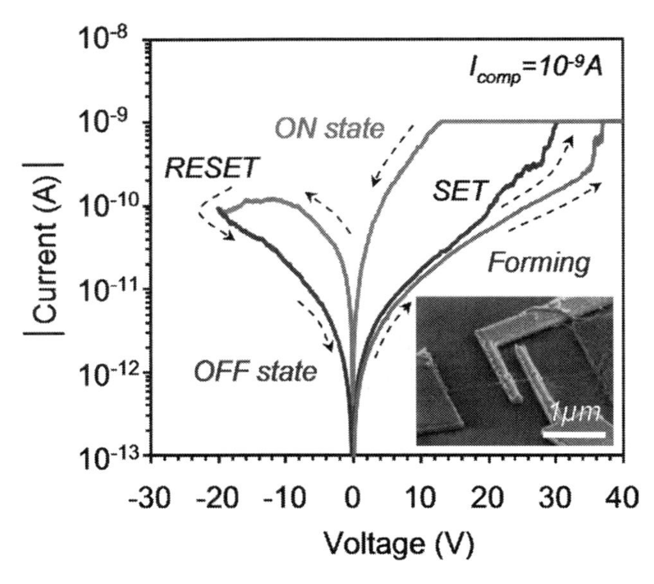

図２　ナノワイヤメモリスタ素子における電流-電圧特性

得られた伝導特性は薄膜素子中に発生するナノスケール伝導パスと同様のものであることが示唆され，同時に10nmスケールにおいてもメモリスタ動作が原理的に可能であることが明らかとなった。図3にナノワイヤメモリスタ素子の抵抗スイッチング繰り返し耐性を示す。作製されたナノワイヤ素子において，1億回（10^8回）以上の安定した繰り返し耐性が観測された。また図3には制限電流値を変化させたときに得られる多値化動作を実証した結果を示している。このように，10nm級のサイズにおいて，極めて安定な繰り返し耐性と高密度化を可能とする多値化動作が可能であることを実証した。次節では，ナノワイヤメモリスタ素子を用いてキャパシタ構造では固体内部に隠れていた動作起源を解明することを試みる(図4)。

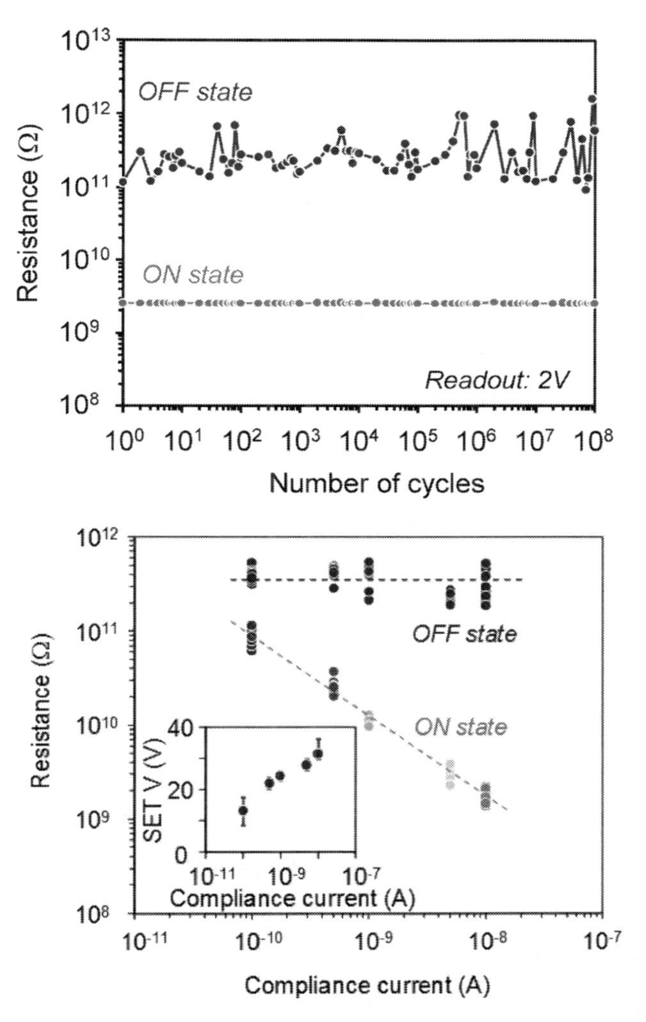

図3　ナノワイヤメモリスタ素子の抵抗スイッチング繰り返し耐性と多値化動作特性

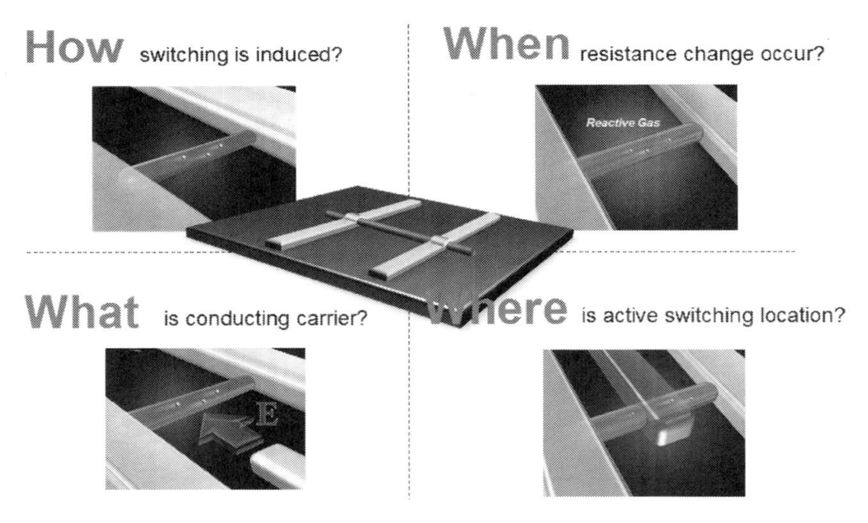

図4　ナノワイヤメモリスタ素子を用いた動作起源へのアプローチ

4　ナノワイヤメモリスタ素子を用いた動作起源の解明

2端子キャパシタ構造では内部で生じるナノスケールの現象を抽出することが極めて困難であり，その動作メカニズムは現在も議論の対象となっている。従来研究において，①閾値以上の電界印加に伴い酸化物中の酸素イオンが陽極側に移動し，②陰極側から酸素欠損或いは金属原子が鎖状に繋がりナノスケールの伝導パスを形成し，③最終的に伝導パスが到達する陽極近傍で抵抗変化が生じる，といった酸素欠損伝導モデルがメカニズムとして提唱されているが，その直接的な実験証拠を得ることは難しかった。プレーナー型ナノワイヤメモリスタ素子では，伝導パスの形成が面内で生じ，加えてナノワイヤ中に制限されているため，従来薄膜キャパシタ構造では困難であったナノ伝導パスの直接的・空間的な評価が可能である。例えば，これまでにジュール熱による効果と電界による効果の競合現象が議論の対象になっていたが，これら両因子を実験的に区別することは困難であった。我々はナノワイヤ素子の規定されたナノ制限空間においてこれらの因子を区別することを試みた。我々の素子では電流変化幅≫電圧幅であったことから，ジュール熱効果（電力）では主に電流が，電界効果では電圧が支配的な因子である。図5にナノワイヤメモリスタ素子におけるSET電流-RESET電流，及びSET電圧-RESET電圧の相関関係を示す。SET電流-RESET電流には有意な相関性が見られなかったが，一方でSET電圧-RESET電圧では強い相関性が確認された。SET過程で印加電界を増加させると，RESET過程ではこの増加に相当する印加電界強度が必要となることを意味している。従って，本結果よりバイポーラメモリスタ動作は電界誘起現象であり，電界が本現象の制御因子であることが明らかとなった。ナノワイヤ素子では，キャパシタ型薄膜素子と異なり抵抗変化部位が雰囲気中に暴露されていることから，周囲の環境雰囲気の影響を強く受ける。この効果を利用して，抵抗変化時の組成変化

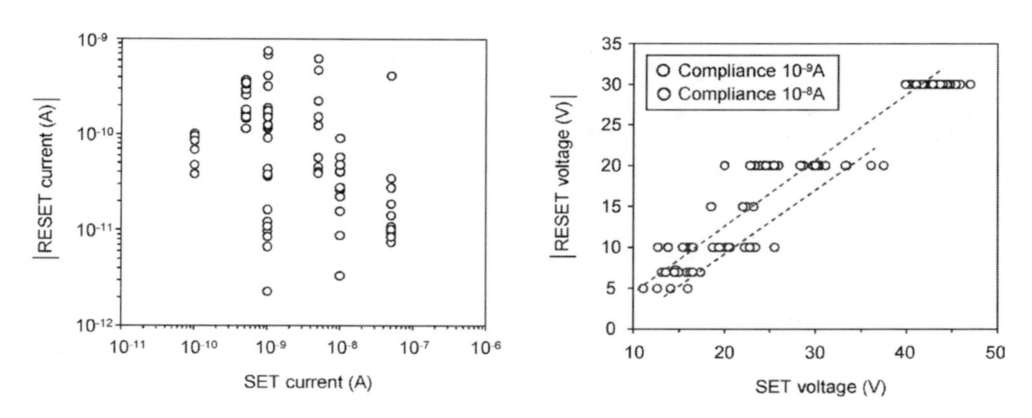

図5　ナノワイヤメモリスタ素子のSET電流－RESET電流相関性，及びSET電圧－RESET電圧相関性

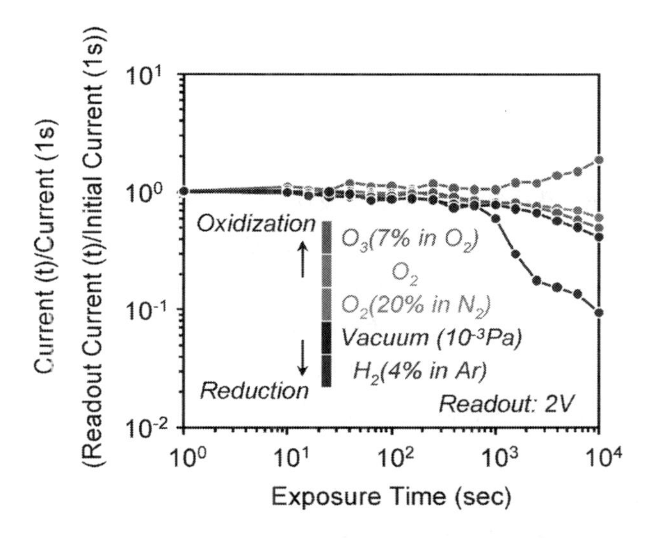

図6　ON状態の環境雰囲気変化による電流応答変化

現象を検証する。実験では，はじめにナノワイヤ素子を大気中でON状態にしておき，その後に雰囲気ガスを変化させた際の電流応答の変化を計測した。図6にON状態の雰囲気ガスに対する電流応答の経時変化を示す。図から明らかなように，酸化還元雰囲気に対して系統的な電流応答の変化が観測され，抵抗変化に対する酸化還元反応の寄与が明らかとなった。更にON状態は酸化雰囲気でその状態が維持され，一方で還元雰囲気ではOFF状態への転移が観測された。これらの結果は，コバルト酸化物における抵抗スイッチング効果において従来の酸素欠損或いは金属析出に基づく伝導モデルは適用できないことを示唆するものである。次いで，上記で得られた結果を更に検証するために伝導キャリアタイプの検討を試みた。ここでは，ナノワイヤ素子中の伝導パスに対し，ゲート電極を用いた電界変調による検証を行った。図7に実際に利用したサイド

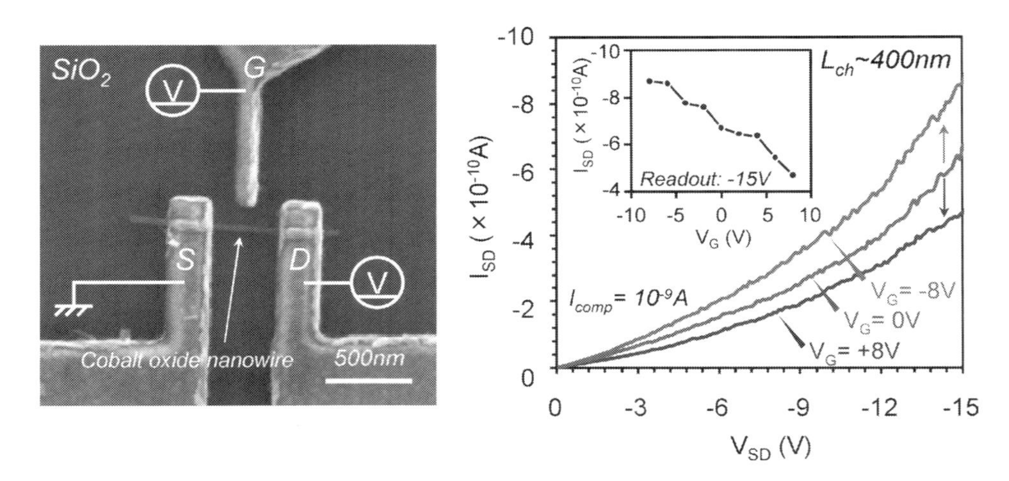

図７　サイドゲート型ナノワイヤ FET の走査型電子顕微鏡像及びゲート電圧印加下のソースドレイン電流−電圧特性

ゲート型ナノワイヤ FET 構造の FESEM 像，及びゲート電圧変化時のソース-ドレイン電流依存性を示す。正電界を印加すると電流応答が減少し，逆に負電界を印加すると電流応答の増幅する傾向が確認された。本結果はコバルト酸化物中で生じる伝導パス内の伝導機構は従来モデルである酸素欠損を介した電子伝導ではなく，ホール伝導であることを示唆する結果である。コバルト酸化物の電気伝導はカチオン欠損型のホール伝導であることが知られているが，ナノワイヤ素子により得られた結果はこの伝導機構と一致するものである。従って，本報の結果は絶縁体コバルト酸化物中にナノスケールのカチオン欠損伝導パスが存在することを強く示唆している。更に，本カチオン欠損伝導モデルでは伝導パスが陽極側から陰極側へ向かって形成され，陰極付近で抵抗変化現象が生じることが予測される。そこで，更に多端子法を用いて抵抗変化前後における局所的な抵抗変化現象を検証した。図８に多端子素子の FESEM 像を示す。ここで用いた素子は三端子から成るもので，それぞれ電極 A（陽極），電極 B（プローブ電極），電極 C（陰極）とし，SET 時の極性を用いて陽極，陰極と定義した。表１に抵抗変化前後における A-B（陽極側），B-C（陰極側），A-C（全体）間それぞれの抵抗変化を示す。表から明らかなように，素子全体の抵抗変化率が B-C 間の抵抗変化に支配されており，コバルト酸化物中の抵抗変化は陰極側で生じていることを初めて実証した。このように，ナノワイヤ素子を用いてメモリスタのナノスケール伝導を直接的・空間的に評価することにより従来薄膜素子では困難であった直接的な評価が可能となり，得られた一連の結果は固体内部に潜んでいたメモリスタの動作起源の本質に迫る重要なものである。

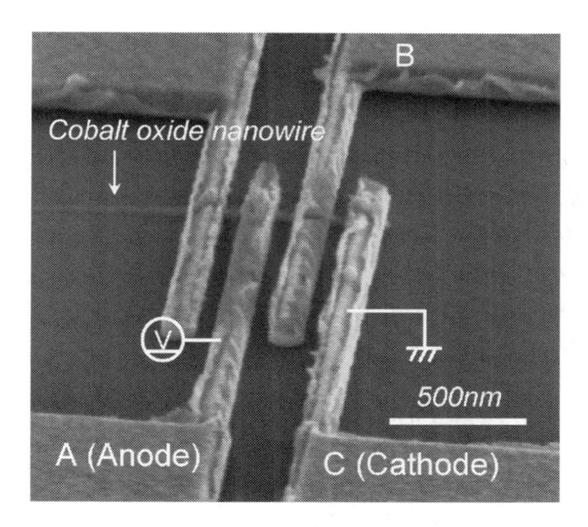

図8　多端子素子の走査型電子顕微鏡像

表1　多端子法により測定した抵抗変化前後における各部位の抵抗値

Measured area	ON state resistance (Ω)	OFF state resistance (Ω)	ON/OFF ratio
A(Anode)-C(Cathode)	2.06×10^{10}	3.02×10^{11}	14.7
A-B(Anode side)	4.74×10^{9}	1.06×10^{10}	2.2
B-C(Cathode side)	1.20×10^{10}	2.05×10^{11}	17.1

5　おわりに

自己組織化的に形成されるナノワイヤ構造を不揮発性メモリ素子–メモリスタに適用した例を紹介した。ナノワイヤ構造を用いた素子の特徴は，その極微なサイズと従来素子では抽出が困難であったナノスケールにおける不揮発性メモリ動作に関する本質的なメカニズムに迫れる点にある。現在多種多様な機能性酸化物ナノワイヤを作製することが可能になってきており，今後メモリ素子に留まらずシリコン・化合物半導体材料では発現が困難な機能ナノデバイスが次々と見出されることが期待される。加えて従来技術では困難であった異種材料の機能性をナノワイヤデバイスという舞台の上でインテグレートする新たな研究分野が世界的に生まれつつあり，今後のナノワイヤの基礎・応用研究の進展に期待したい。

文　献

1) M.-J. Lee *et al., Nature Materials* **10**, 625 (2011).
2) Pershin, Y. V. and Ventra, M. D., *Adv. Phys.* **60**, 145 (2011).
3) D.-H. Kwon *et al., Nature Nanotechnology* **5**, 148 (2010).
4) R. Waser *et al., Advanced Materials* **21**, 2632 (2009).
5) D. B. Strukov *et al., Nature* **453**, 80 (2008).
6) J. J. Yang *et al., Nature Nanotechnology* **3**, 429 (2008).
7) J. Borghetti *et al., Nature* **464**, 873 (2010).
8) K. Nagashima *et al., Appl. Phys. Lett.* **90**, 233103 (2007).
9) K. Nagashima *et al., J. Appl. Phys.* **101**, 124304 (2007).
10) T. Yanagida *et al., Appl. Phys. Lett.* **91**, 061502 (2007).
11) A. Marcu *et al., J. Appl. Phys.* **102**, 016102 (2007).
12) K. Nagashima *et al., Appl. Phys. Lett.* **93**, 153103 (2008).
13) T. Yanagida *et al., J. Appl. Phys.* **104**, 016101 (2008).
14) T. Yanagida *et al., J. Phys. Chem. C* **112**, 18923 (2008).
15) A. Klamchuen *et al., Appl. Phys. Lett.* **95**, 053105 (2009).
16) A. Klamchuen *et al., Appl. Phys. Lett.* **97**, 073114 (2010).
17) A. Klamchuen *et al., Appl. Phys. Lett.* **98**, 053107 (2011).
18) K. Nagashima *et al., J. Am. Chem. Soc.* **130**, 5378 (2008).
19) A. Marcu *et al., Appl. Phys. Lett.* **92**, 173119 (2008).
20) K. Oka *et al., J. Am. Chem. Soc.* **131**, 3434 (2009).
21) K. Oka *et al., Appl. Phys. Lett.* **95**, 133110 (2009).
22) K. Nagashima *et al., Appl. Phys. Lett.* **96**, 073110 (2010).
23) K. Oka *et al., J. Am. Chem. Soc.* **132**, 6634 (2010).
24) K. Nagashima *et al., Nano Lett.* **10**, 1359 (2010).
25) K. Nagashima *et al., Appl. Phys. Lett.* **94**, 242902 (2009).
26) K. Nagashima *et al., Nano Lett.* **11**, 2114 (2011).
27) A. Klamchuen *et al., Appl. Phys. Lett.*, **99**, 193105 (2011).
28) K. Oka *et al., J. Am. Chem. Soc.*, **133**, 12482 (2011).
29) K. Oka *et al., J. Am. Chem. Soc.* **134**, 2535 (2012).
30) M. Suzuki *et al., Phys. Rev. E*, **82**, 011605 (2010).
31) M. Suzuki *et al., Phys. Rev. E*, **83**, 061606 (2011).

第５章　Ⅲ-Ⅴ族化合物半導体ナノワイヤ太陽電池

福井孝志[*1]，吉村正利[*2]

1　はじめに

深刻化しつつある地球環境問題や化石燃料枯渇問題を解決する手段として，太陽電池を中心としたクリーンで持続可能な発電システムに世界中から大きな期待が寄せられている。しかし，化石燃料の発電コストと比較して太陽光発電の発電コストは非常に高いため，主要なエネルギー源の１つに発展させるためには太陽電池の技術革新が必要である。Ⅲ-Ⅴ族化合物半導体ナノワイヤは太陽電池応用に有利な多くの構造的特長を有するため，低コストかつ高効率を目指す次世代太陽電池の一つとして期待されている。本章では，Ⅲ-Ⅴ族化合物半導体ナノワイヤ太陽電池の構造と特徴，最新の研究動向および将来展望を紹介する。

2　ナノワイヤの特長

太陽電池における光電変換のプロセスは，光吸収，電子正孔対生成，電子正孔対分離，電荷収集の４つの段階を経る。図１(a)に示すようなナノワイヤアレイ構造はこの内，光吸収，電荷分離プロセスにおいて利点があり，太陽電池を作る上で非常に魅力的である。ナノワイヤ太陽電池はpn接合が軸方向に形成されている縦接合型（図1b）と，動径方向に形成されているコアシェル型（図1c）の２種類に分類することができ，それぞれpn接合部の面積や入射光に対する内部電界の方向が異なるため，構造的特長も大きく異なる。

2.1　光トラッピング

図１(a)に示すような周期的なナノワイヤアレイ構造には光吸収を増幅させる効果があることが報告されている[1,2]。Kupecらが報告した，高さ２μmの垂直なInPナノワイヤアレイの直径とピッチを変化させたときの光吸収率のシミュレーション結果を図２に示す[3]。直径180nm，ピッチ360nmの場合，反射防止膜を設けていないにもかかわらず，波長300-900nmにわたって入射光をほぼ100％吸収している。また，Huangらの理論的な実証により，垂直形成されたNWを有するSi基板は広い波長域にわたって偏光および入射光角度依存性がなく，反射率が非常に低

＊1　Takashi Fukui　北海道大学　大学院情報科学研究科　教授

＊2　Masatoshi Yoshimura　北海道大学　大学院情報科学研究科；㈱日本学術振興会　特別研究員

いことが明らかになった[4]。これらの光吸収の改善は，アレイ構造の実効屈折率が基板からの距離に比例して減少するので反射率が低下することに加え，内部で光が散乱して光路長が増加するためである[5]。

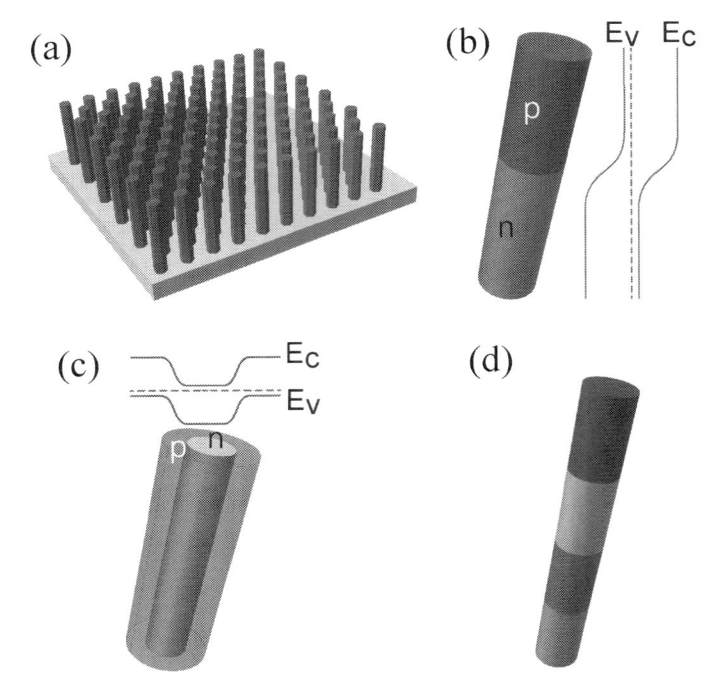

図１　ナノワイヤ太陽電池の種類

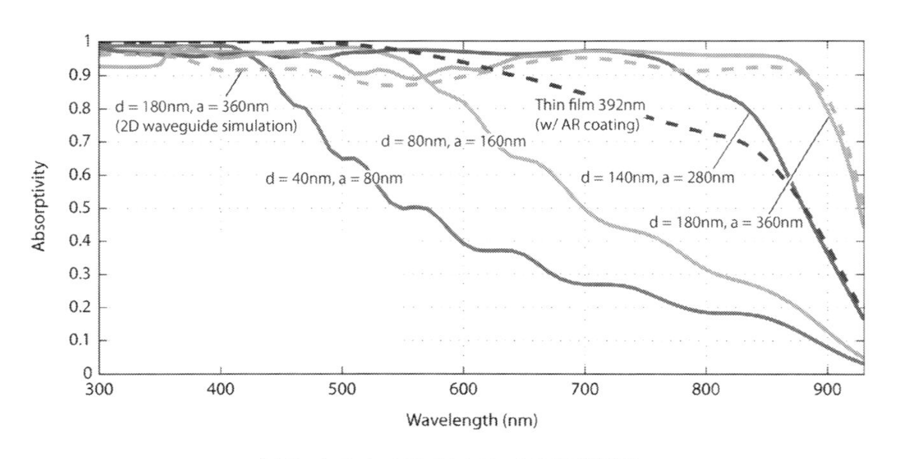

図２　InP ナノワイヤアレイの光吸収率

2.2　電子正孔対分離の改善

通常のⅢ-Ⅴ族化合物半導体薄膜型太陽電池は，少数キャリア拡散長を稼ぐために低濃度にドープされた数μmの厚さのp型ベース層の上に，数10nmの薄い高濃度ドープレベルのn型エミッタ層を有する構造をとる。この場合，吸収係数が高い短波長光は浅い領域で吸収されるため，pn接合近傍で生成された少数キャリアは容易に接合部に到達できる。それに対し，長波長光は深いところまで侵入するため，深い領域で生成した少数キャリアは裏面の表面再結合速度や拡散長によっては再結合してしまい，接合部まで到達できずに損失となる。そのため，長波長側の量子効率を高めるために高品質の結晶性が要求される。

一方，図1(c)に示すようなpn接合部を動径方向に有するコアシェル型ナノワイヤ太陽電池は，入射光を垂直方向に吸収して，キャリア分離を動径方向で行うため，少数キャリアの分離距離が入射光を吸収する深さに依らず，ワイヤの半径と同程度で済む。そのため，膜型よりも変換効率の少数キャリア拡散長依存性が少ないという利点がある[6]。

2.3　格子不整合の緩和

バンドギャップエネルギーの異なる材料からなるセルを複数積層した多接合太陽電池は，太陽光スペクトルを効率よく利用できるため理論的には4接合セルで50%以上の高効率が可能である[7]。Ⅲ-Ⅴ族化合物半導体は，このバンドギャップエネルギーを混晶の材料と組成比で大きく制御できるため，多接合太陽電池に非常に有利である。現在，太陽電池の最高効率は3接合型Ⅲ-Ⅴ族化合物半導体太陽電池の集光動作で43.5%まで実現されており，4接合，5接合の多接合化によりさらなる超高効率化が期待できる。しかし，材料の種類と混晶比によって格子定数も異なり，接合するセル同士の格子定数が異なる場合，格子定数差に起因する転位が発生して太陽電池の効率低下を招く。その為，4接合以上の多接合太陽電池における最適なバンドギャップエネルギーの組み合わせで，2元や3元混晶の格子整合する組み合わせが存在しないので高効率化を実現できていない。

それに対し，ナノワイヤは側面での弾性緩和により歪みエネルギーを逃がすことが出来るため，ナノワイヤの半径の減少に伴って臨界膜厚が増加することがGlasにより報告されている（図3）[8]。例えば，格子不整合率が3%あっても半径50nm以下であればミスフィット転位が発生しないことがわかる。この特長を活かすことで，図1(d)に示すような格子整合に縛られない4接合以上の超高効率多接合太陽電池を実現できると考えられる。

2.4　省資源化

2.1項でナノワイヤアレイ構造には光トラッピング効果があることを述べたが，ナノワイヤ間に隙間があり，反射防止膜を必要としないということは省資源化に繋がる。また，Ⅲ-Ⅴ族化合物半導体は直接遷移であるため吸収係数が高く，厚さ数ミクロン程度の薄膜でほぼ100%の太陽光を吸収できる。これらと4.2項で説明する基板転写技術を組み合わせることで，超省資源太陽

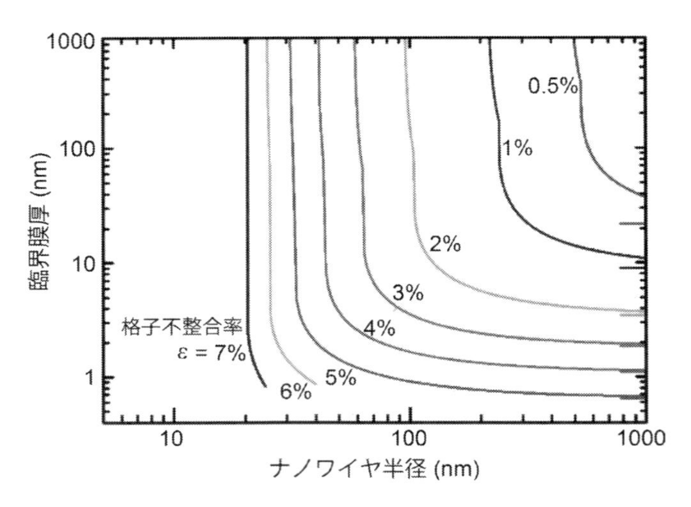

図3　ナノワイヤ半径と臨界膜厚の関係

表1　大規模発電（5MW）に必要な材料使用量

太陽電池材料	変換効率 (%)	材料原単位 (g/W)	5MWに必要な原料 (t)
結晶Si型 (モジュール)	14.1	3.3	17
結晶Si型 (研究段階)	16.7	0.62	3.1
InP NW (研究段階)	6.35	0.014	0.071
InP NW (将来)	15.0	0.006	0.032

電池が作製可能となる。約1700世帯を賄える5MWの大規模発電に必要な材料使用量の試算結果を表1に示す。現行の結晶シリコン型太陽電池の場合は5MWの発電に17tも材料が必要であるのに対し，我々が作製したInPナノワイヤアレイ太陽電池だとその約240分の1である71kgで済む。将来的には，高効率化や構造の最適化によりその半分弱の32kgで済む上，集光技術と組み合わせることでさらに飛躍的に材料使用量を削減できる。省資源化は貴重な元素を使用するⅢ-Ⅴ族化合物半導体にとって非常に重要なファクターであり，コストの削減にも有効である。

3　Ⅲ-Ⅴ族化合物半導体ナノワイヤ太陽電池の動向

前節で説明したように，太陽電池にⅢ-Ⅴ族ナノワイヤアレイ構造を採用することで得られる利点は数多い。そのため様々な種類や材料での研究が進められている。表2に代表的なⅢ-Ⅴ族化合物半導体ナノワイヤ太陽電池の変換効率をまとめたものを示す。

LaPierreらのグループは，MBEによるVLS法で作製したGaAsコアシェルナノワイヤ太陽

表2　各種Ⅲ-Ⅴ族化合物半導体ナノワイヤ太陽電池の性能

Material	Structure	Junction type	Synthesis	V_{OC} (V)	J_{SC} (mA/cm^2)	FF (%)	η (%)	Ref
GaAs	Array	p-n RA	MBE	0.2	15.5	0.267	0.83	[9]
	Array	p-n RA	MBE	0.14	29.4	0.265	1.09	[18]
	Array	p-n RA	MOVPE	0.39	17.6	0.37	2.54	[10]
	Single	p-i-n RD	MBE	-	-	0.65	4.5	[11]
InAs	Array	p-n AX	MOVPE	-	-	-	0.76	[12]
InP	Single	p-n AX	MOVPE	0.69	8.25	0.58	3.3	[20]
	Array	p-n RA	MOVPE	0.43	13.7	0.57	3.37	[13]
	Array	p-n RA	MOVPE	0.67	11.1	0.59	4.23	[19]
	Array	p-n RA	MOVPE	0.46	23.4	0.60	6.35	[14]
GaN	Single	p-i-n RD	MOVPE	1.0	0.39	0.56	0.19	[15]
	Array	p-n AX	VPE	0.95	7.6	0.38	2.73	[16]

RD: 横方向接合、AX: 縦方向接合、RA: 縦横両方向接合

電池を報告している[9]。透明電極であるITOを用いたアレイ構造での実証であったが，ナノワイヤ形状のバラつきが大きく整流性と開放電圧が低いため，変換効率は0.83%に留まっている。一方，Huffakerらのグループも透明電極を用いたGaAsコアシェルナノワイヤアレイ太陽電池を作製しており（図4(a)），2.54%の変換効率を達成している[10]。金属触媒を使わないMOVPE選択成長法を用いており，ナノワイヤアレイの均一性が非常に良好であることが特性向上に繋がっていると考えられる。他にも，単一のGaAsコアシェルpin型ナノワイヤ太陽電池[11]や，長波長光の吸収を目的としたSi基板上のInAsナノワイヤアレイ太陽電池[12]が報告されている（図4(b)）。

図4(c)に著者らのグループが作製したInPコアシェルナノワイヤアレイ太陽電池の特性を示す[13]。SiO_2マスク基板を用いた選択成長法を用いており，ナノワイヤアレイの均一性が非常に高く，曲線因子も0.58と良好であり変換効率3.37%を達成している。InPは単接合太陽電池において最適なバンドギャップを有する材料の一つであり，透明電極であるITOと良好なオーミック特性を得られるため，コアシェルナノワイヤアレイ太陽電池との相性が非常に良い。さらに，AlInP窓層を導入したInP/AlInPコアマルチシェルナノワイヤアレイ型で，変換効率を6.35%まで改善することに成功している[14]。

また，GaNなどの窒化物系は太陽光スペクトルを全てカバーできるバンドギャップエネルギーの制御性があるため，多接合型太陽電池材料として魅力的である。しかし，GaN系太陽電池は組成により格子定数が大きく変化するため，格子不整合に起因する結晶欠陥が懸念される。ナノ

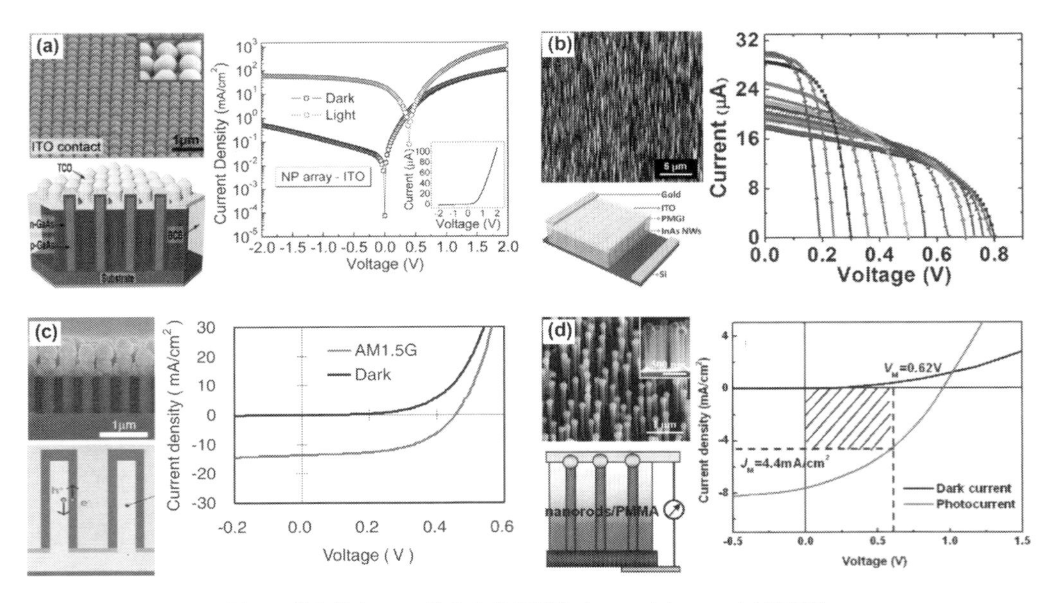

図４　代表的なⅢ-Ⅴ族化合物半導体ナノワイヤアレイ太陽電池

ワイヤ構造は2.3項で説明した格子不整合歪みの緩和効果が発現するためGaN系多接合型太陽電池での高効率が期待できる。既に，バンドギャップ制御を目的としてi型InGaN層を挿入した，コアマルチシェルGaNナノワイヤ太陽電池が報告されている[15]。他方，Tangらのグループはn型Si基板上にMgをドープしたp型GaNナノワイヤアレイのヘテロ構造太陽電池を作製し，低い逆飽和電流密度と高い整流比特性により変換効率2.73%を達成している（図4(d)）[16]。

4　今後の展開

4.1 高効率化

Ⅲ-Ⅴ族薄膜型太陽電池のAM1.5G下での最高効率は，単接合で28.8%，多接合で36.9%であるのに対し[17]，Ⅲ-Ⅴ族ナノワイヤ太陽電池は未だ10%を超えていない。

このようにナノワイヤ太陽電池の効率を抑制している原因には，ナノワイヤアレイの表面積が薄膜より非常に大きくなることに起因する表面再結合の増加が考えられる。pn接合部が軸と動径方向の両方に存在するコアシェル型の場合は，pn接合の位置や構造の制御が困難であることも効率を低下させている大きな理由である。表面再結合の抑制には，表面に拡散する少数キャリアをバンド障壁により反射させる窓層の導入や，再結合速度の低いパッシベーション膜を表面に堆積する方法がある。

著者らのグループは，InPナノワイヤアレイ太陽電池にAlInP窓層を導入することで，表面再結合を抑制し変換効率を大幅に向上させた[14]。AlInP窓層を導入することで広い波長域にわたっ

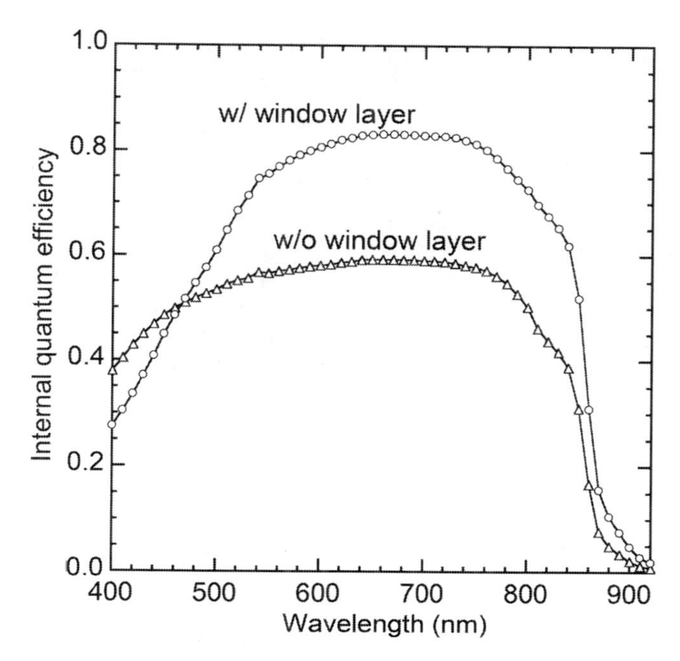

図5　AlInP 窓層有無を比較した InP ナノワイヤアレイ太陽電池の内部量子効率特性

て内部量子効率が大幅に増加しており，表面再結合を抑制していることを示している（図5）。AlInP は InP に対して格子不整合系であるが，臨界膜厚以下に膜厚を抑えることで結晶性の劣化を防いでいる。一方，Lapierre らのグループは GaAs ナノワイヤ太陽電池の表面に S（硫黄）パッシベーションを施すことで，表面再結合速度が低下して変換効率が向上したことを報告している[18]。

また，ナノワイヤの格子不整合歪み緩和効果を活かすことで，多接合型太陽電池の材料選択の幅が大幅に広がる。著者らのグループでも格子不整合型4接合ナノワイヤアレイ太陽電池を提案しており[19]，理論的には効率50％以上を期待することができる。Lund 大の Samuelson らのグループは，モノリシック型多接合太陽電池に必要なトンネルダイオードを InP ナノワイヤで作製することに成功している[20]。

しかし，ナノワイヤはナノスケールの三次元構造であるため測定や分析が困難であり，キャリアやドーパントの濃度を測定するホール測定や SIMS 測定等の既存の分析方法が適用できない。定量的なドーピング制御は太陽電池において非常に重要であるため，これらに代わる定量的なキャリア密度測定方法が求められている。

4.2　低コスト化

GaAs や InP などを用いたⅢ-Ⅴ族化合物半導体ナノワイヤ太陽電池は，Si 太陽電池と比較し

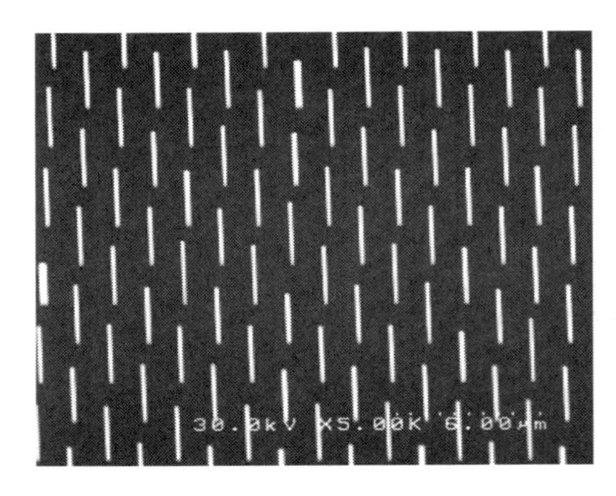

図6　再成長させたGaAsナノワイヤアレイのSEM像
(a) 一回目の成長　(b) 二回目の成長

て高効率，薄膜化，高集光動作，格子不整合系多接合による高効率化が望め，次世代太陽電池として非常に期待できる。しかし，高価なⅢ-Ⅴ族化合物半導体基板を用いていることに加え，ナノワイヤの作製には触媒やマスク形成が必要であるためコストが高くなってしまう。そこで，セルを基板から剥離する転写技術と剥離した成長基板の再利用により，基板のコストを限りなく少なくする方法が注目されている。

著者らのグループは，透明絶縁性樹脂で包埋されたInPナノワイヤアレイをInPマスク基板から剥離し，優れた光学特性を維持していることを報告している[21]。また，ナノワイアレイを剥離した選択成長マスク基板の再利用も試みている。図6に一回目に成長したGaAsナノワイヤアレイと，ナノワイヤアレイを除去後に再成長させたGaAsナノワイヤアレイの比較SEM像を示す。二回目の成長においても，一回目の成長とほぼ変わらない均一性を保っている。このことから，選択成長マスク基板の再利用によるコスト削減の可能性が示された。

また，フレキシブルナノワイヤアレイ太陽電池の利点は低コスト化だけではない。ナノワイヤアレイの転写と成長基板の再利用により，材料使用量を2桁も削減することができる。地球上に豊富に存在するSiと異なり化合物半導体は資源の枯渇が懸念されるため，これらの技術は元素戦略の面からも非常に重要である。

さらに，フレキシブル構造ではセル直下に光反射率の高い裏面電極が形成されており，裏面金属で反射された入射光を再度ナノワイヤアレイで吸収することができるため，光閉じ込め効果による高効率化や薄膜化が可能となる。成長基板の再利用が可能になれば基板コストの制約も無くなるため，高品質な基板上にエピタキシャル成長した均一性の良い単結晶ナノワイヤアレイを使用できる。半導体基板の代わりに薄い金属フィルムを支持基板として用いることで軽量かつフレキシブルになるため，大規模発電用途だけではなく，民生機器や通信・宇宙機器への応用も期待される。

5　まとめ

Ⅲ-Ⅴ族ナノワイヤ太陽電池の利点は非常に多く，産業界，学界両方で世界的に研究開発が行われている。単接合型においては，光吸収増幅やキャリア分離の改善を見込めるコアシェルナノワイヤアレイ構造が非常に有望である。多接合型においては，縦接合型ナノワイヤアレイ構造をとることで格子不整合歪みが緩和されるため，材料選択の幅が広がり4接合以上での高効率化も期待される。ナノワイヤアレイの構造的特長により，薄膜太陽電池よりも少ない原料使用量で同等の吸収・変換効率を稼ぐポテンシャルがあることは材料コストの削減に繋がる。さらに，基板転写による軽量かつフレキシブルなⅢ-Ⅴ族ナノワイヤ太陽電池が実現できれば，基板のコストを削減できるだけではなく，ポータブルな医療，軍事及び民生機器にも応用が広がるため非常に興味深い。

結晶成長や解析，デバイス作製の面で課題は多く残っているが，既存の薄膜太陽電池を凌駕するポテンシャルを持つⅢ-Ⅴ族ナノワイヤ太陽電池のさらなる研究進展を期待したい。

文　　献

1) L. Hu *et al., Nano letters*, **7**, 3249 (2007)
2) E. C. Garnett *et al., Journal of the American Chemical Society*, **130**, 9224 (2008)
3) J. Kupec *et al., Optics Express*, **18**, 4651 (2010)
4) Y.-F. Huang *et al., Nature nanotechnology*, **2**, 770 (2007)
5) O. L. Muskens *et al., Nano Letters*, **8**, 2638 (2008)
6) B. M. Kayes *et al., Journal of Applied Physics*, **97**, 114302 (2005)
7) S. P. Bremner *et al., Progress in Photovoltaics: Research and Applications*, **16**, 225 (2008)
8) F. Glas, *Physical Review B*, **74**, 2 (2006)
9) J. A. Czaban *et al., Nano letters*, **9**, 148 (2009)
10) G. Mariani *et al., Nano Letters*, **11**, 2490 (2011)
11) C. Colombo *et al. Applied Physics Letters*, **94**, 173108 (2009)
12) W. Wei *et al., Nano letters*, **9**, 2926 (2009)
13) H. Goto *et al., Applied Physics Express*, **2**, 035004 (2009)
14) 吉村正利 他，第73回応用物理学会学術講演会，18a-C1-6 (2012)
15) Y. Dong *et al., Nano letters*, **9**, 2183 (2009)
16) Y. B. Tang *et al., Nano letters*, **8**, 4191 (2008)
17) M. Green *et al., Progress in Photovoltaics: Research and Applications*, **20**, 606 (2012)
18) N. Tajik *et al., Nanotechnology*, **22**, 225402 (2011)
19) T. Fukui *et al., AMBIO*, **41**, 119 (2012)
20) M. Heurlin *et al., Nano letters*, **11**, 2028 (2011)
21) 遠藤隆人 他，第73回応用物理学会学術講演会，12p-PB11-1 (2012)

ナノワイヤ最新技術の基礎と応用展開《普及版》(B1306)

2013年 3月1日　初　版　第1刷発行
2019年12月10日　普及版　第1刷発行

監　修　福井孝志　Printed in Japan
発行者　辻　賢司
発行所　株式会社シーエムシー出版
東京都千代田区神田錦町1-17-1
電話 03(3293)7066
大阪市中央区内平野町1-3-12
電話 06(4794)8234
https://www.cmcbooks.co.jp/

〔印刷　あさひ高速印刷株式会社〕

ISBN978-4-7813-1389-4 C3054 ¥5800E